薄膜体声波谐振器结构分析的二维振动理论

Two-dimensional Vibration Theory for Structural Analysis of Film Bulk Acoustic Resonators

钱征华 李 念 黄浩宇 李 鹏 著

科学出版社

北 京

内 容 简 介

薄膜体声波谐振器(FBAR)是一种利用压电效应制成的高精度频率基准器件,广泛应用于通信与传感领域。与传统谐振器相比,FBAR 具有高频率、微尺寸、易加工、易集成等优势,更符合现代电子器件的发展趋势。然而,FBAR 的结构振动分析涉及结构的复杂性、材料各向异性、高频率振动、多模态耦合、多物理场耦合等多方面的技术难题,目前,无论在学术界还是工业界,依然缺乏高效可靠的理论分析工具供研发人员使用。本书从线弹性压电理论出发,详细介绍两种适用于 FBAR 结构振动分析的二维近似理论,即基于幂级数展开法的高阶板理论及基于小扰动假设的二维标量微分方程理论。通过介绍这两种近似方法的应用,探讨 FBAR 结构振动分析中的一系列常见问题,包括模态耦合效应的基本规律、能陷效应及其应用、寄生模态的特征分析及抑制等。

本书不仅适合高年级研究生对压电结构振动问题的学习,而且能够帮助谐振器相关领域的从业人员加深对器件工作机理的认识和理解,也可为 FBAR 的性能优化与结构设计提供借鉴。

图书在版编目(CIP)数据

薄膜体声波谐振器结构分析的二维振动理论/钱征华等著. —北京:科学出版社,2021.11
 ISBN 978-7-03-070356-9

Ⅰ. ①薄… Ⅱ. ①钱… Ⅲ. ①薄膜-声表面波谐振器-结构分析 Ⅳ. ①TN62

中国版本图书馆 CIP 数据核字(2021)第 218705 号

责任编辑:李涪汁 沈 旭/责任校对:宁辉彩
责任印制:赵 博/封面设计:许 瑞

科 学 出 版 社 出版
北京东黄城根北街 16 号
邮政编码:100717
http://www.sciencep.com
三河市骏杰印刷有限公司印刷
科学出版社发行 各地新华书店经销
*
2021 年 11 月第 一 版 开本:720×1000 1/16
2025 年 2 月第三次印刷 印张:12 1/4
字数:250 000
定价:99.00 元
(如有印装质量问题,我社负责调换)

序　言

声波谐振器利用压电材料实现电信号和机械信号间的转换与调控，是无线通信技术中各种电子元器件的重要组成元素，如滤波器、双工器、压控振荡器、频率计及可调放大器等。近十年来，无线通信技术进入高频化时代，需要进行带宽更大、速度更快的信号数据传输，这对谐振器的性能提出了更高的要求。

从通信领域到传感领域，谐振器的研究发展已经超过 70 年的时间。声波谐振器可分为声表面波（SAW）器件和体声波（BAW）器件两大类，简单来说，SAW器件适合于在频段较低的范围内工作，而 BAW 器件适合于在频段较高的范围内工作。随着通信技术进入高频化时代，BAW 器件的研究工作成为推动高性能通信发展的一大研究热点。

20 世纪 80 年代，薄膜体声波谐振器（FBAR）的问世，将 BAW 器件的工作频率从 100MHz 一跃提高到 500MHz，这为人们研究制造高频 BAW 器件提供了思路。至今，工作频率从亚 GHz 到几十 GHz 不等的 FBAR 器件在实验室及工程上已有较多的应用案例。目前关于 FBAR 的专著大多着重介绍 FBAR 的加工工艺及材料的选择，相关器件结构分析理论的研究有所欠缺；现有的理论方法也基本限于等效电路法，只能计算谐振频率、理想情况下的导纳等信息，对器件研发的帮助存在很大的局限性。关于如何通过系统地理论仿真分析来选取器件的几何尺寸与结构特征的专著，目前尚未有报道。

钱征华教授课题组长期从事固体力学与弹性波理论及其器件应用的研究，在该领域取得了丰硕的成果，承担国家自然科学基金项目、江苏省杰出青年基金等科研课题多项。近十年来，钱教授带领团队致力于 FBAR 理论建模分析研究，建立了一套高效、系统、完整的 FABR 理论分析工具与技术指标体系。

钱教授课题组在上述研究基础上，总结写成专著，系统介绍了求解 FBAR 结构振动问题的高效可靠的理论分析工具，即二维振动理论，该理论可用于分析求解各类常见 FBAR 构型中的基本振动规律及内在工作机理。同时，钱教授课题组在该书中从基础的线弹性压电学理论出发，循序渐进地延伸到二维振动理论的建立与应用，既方便读者阅读，也扩大了该书的受众面。该书逻辑完整，层次清晰，可读性强，且主要内容已在相关学术期刊上发表，获得了学术界的认可，相关成果可用于实际压电声波器件的分析与设计工作。该书不仅适合相关学者对压电结构振动问题的学习，而且能够帮助谐振器相关领域的从业人员加深对器件工作机理的理解，也为 FBAR 的性能优化与结构设计提供借鉴。

　　我很乐于向广大读者推荐此书并作序。

杨嘉实

2021 年 11 月于美国内布拉斯加州林肯市

前　　言

随着信息化时代的到来，电子器件的微型化、集成化、高频化发展成为必然趋势，传统的晶体、陶瓷谐振器受到材料本身工艺的限制，难以满足新时代谐振器的发展需求。近年来，一种新型谐振器产品成功问世，在多方面表现出超越传统谐振器的工作性能，研究人员评估其为传统谐振器的有力替代产品。这种新型谐振器是基于压电薄膜制备的体声波器件，因此被命名为薄膜体声波谐振器(film bulk acoustic wave resonator，FBAR)。

与传统谐振器相比，FBAR 的结构更为复杂、工作频率更高，耦合模态种类也更多，因此传统谐振器的结构振动分析方法对其并不适用。近十年来，作者及团队成员一直致力于 FBAR 振动特性的相关研究，从基础的频散关系出发，结合压电声波器件的经典振动理论，通过对不同振动问题的深入研究，获得了对 FBAR 振动特性的系统认识，从而具备了撰写成书的基础。

本书参考石英晶体谐振器的经典理论分析方法(Mindlin 板理论和 Tiersten 二维标量微分方程理论)，提出了适用于 FBAR 结构分析的两种二维振动理论，即基于幂级数展开法的高阶板理论及基于小扰动假设的二维标量微分方程理论。这两套近似理论的侧重点有所不同：高阶板理论用于描述耦合模态的振动信息，能够准确阐明器件的工作机理、物理规律等，且分析效率优于传统的有限元法；二维标量微分方程仅关注工作模态的振动特征，分析求解的效率得到进一步提升，能够作为三维实体器件模型定量化仿真分析的可靠工具。

全书共分 8 章，第 1 章介绍 FBAR 的发展背景及涉及的基本物理知识；第 2 章介绍本团队自主研发的一种超越方程求解方法，即模值收敛判别法，同时利用这种方法实现对 FBAR 频散曲线的求解；第 3 章和第 4 章介绍适用于厚度拉伸模态 FBAR 的高阶板理论，详细给出其理论推导过程，通过对二维截面模型的分析得到 FBAR 耦合振动的基本规律；第 5 章和第 6 章介绍适用于厚度剪切模态 FBAR 的高阶板理论，并通过二维截面模型的分析获取耦合振动的定性化结果，在此基础上建立等效的三维模型，结合有限元法给出 FBAR 真实三维器件中耦合振动的定量化结果；第 7 章和第 8 章针对厚度拉伸模态 FBAR，考虑弱耦合效应的情况，基于小扰动假设推导二维标量微分方程，结合 COMSOL 软件的 PDE 模块，建立等效三维模型，对不同电极形状的影响展开详细的讨论。

　　承蒙美国内布拉斯加大学林肯分校的杨嘉实教授对本团队工作的长期支持与肯定，作者在此表示衷心的感谢！同时，感谢本团队朱峰博士、张雨杏硕士在频散关系研究工作中的付出，也感谢赵梓楠博士、赵鑫涛硕士、戴晓昀硕士在研究成果总结与讨论过程中做出的贡献。

　　本书旨在从力学专业的角度，为 FBAR 的器件设计分析工作提供指导和帮助。由于作者能力有限，本书不足之处在所难免，望各位读者批评指正。

作　者

2021 年 5 月 24 日

目　　录

第1章 绪 论

1.1 声波器件基础

1.1.1 体声波与声表面波

体声波(bulk acoustic wave, BAW)是指在固体中传播的弹性波,按照传播方向与质点运动方向的不同可分为纵波(或称压缩波)及横波(或称剪切波),如图 1.1 所示[1]。纵波的偏振方向与传播方向平行,而横波的偏振方向与传播方向垂直。在三维模型中,为了方便区分,通常将质点偏振方向与材料表面进行对应,偏振方向垂直于材料表面的剪切波称为竖直剪切波(shear-vertical wave, SV 波),偏振方向平行于材料表面的剪切波称为水平剪切波(shear-horizontal wave, SH 波)。需要强调的是,在压电晶体等各向异性材料中,并不存在纯压缩波和纯剪切波,这两种波相互耦合成准压缩波和准剪切波。

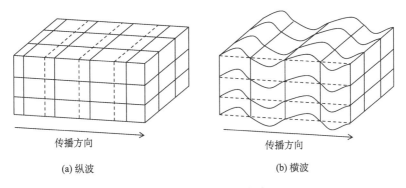

(a) 纵波　　　　　　　　　　　　　　(b) 横波

图 1.1　固体中的体声波

用物体在半无限介质表面敲击,能够激励声波在介质中传播,如图 1.2 所示[1]。根据能量守恒定律,能量密度随渗透距离的增加而衰减,能量集中分布于介质表面。这种沿介质表面传播的弹性波被称为声表面波(surface acoustic wave, SAW)。不同的边界条件和传播介质组合能够激发出不同形式的声表面波,包括瑞利波、广义瑞利波、SH 型声表面波、漏波、BG(Bleustein-Gulyaev)波等。

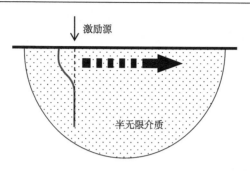

图 1.2　声表面波的激励和传播

　　体声波和声表面波是各种声波器件的基础,广泛应用于检测、通信、传感等多个领域[2]。在器件结构中,声波以一系列频率进行振荡,其频率大小、波型及最终器件的性能表现都与结构的形状、材料、几何尺寸等直接相关,因此本书介绍的声波器件振动理论研究及相应的建模仿真工作具有重要的工程意义。

1.1.2　基本压电方程

　　压电材料是一种受到压力作用时会在两端面间产生压电电荷的晶体材料,也是各类声波器件的主要功能材料。1880 年,法国物理学家 P. 居里和 J. 居里兄弟发现,将重物放置于石英晶体上,晶体表面会产生电荷,且电荷量与压力呈比例关系,这一现象即为压电效应。随后,居里兄弟又发现石英晶体的逆压电效应,即在外电场作用下压电体会产生形变。压电效应的机理是:具有压电性的晶体对称性较低,当结构在外力作用下发生变形时,晶胞中正负离子的相对位移使正负电荷中心不再重合,导致晶体发生宏观极化,而晶体表面电荷面密度等于极化强度在表面法向上的投影,所以压电材料受压力作用形变时两端面会出现异性电荷;反之,压电材料在电场中发生极化时,会因电荷中心的位移导致材料变形。利用压电材料的这种特性可以实现机械振动(声波)和交流电的相互转换,因而压电材料被广泛应用于声波的激励和检测中。

　　Tiersten 在 *Linear Piezoelectric Plate Vibrations* 一书中,基于小变形假设,系统地推导了用于描述压电体变形的线弹性压电理论,本节将对基本压电方程进行简要的概括。对于无体力及外力作用的压电体,应力运动方程为[3]

$$T_{ij,i} = \rho \ddot{u}_j \tag{1.1}$$

式中,T 表示应力;ρ 表示压电体的密度;u 表示位移。静电场高斯方程为

$$D_{i,i} = 0 \tag{1.2}$$

本构方程为

$$T_{ij} = c_{ijkl}S_{kl} - e_{kij}E_k \tag{1.3}$$
$$D_i = e_{ikl}S_{kl} + \varepsilon_{ik}E_k$$

式中，c 为弹性常数；e 为压电系数；ε 为介电常数；S 代表应变；E 代表电场；i、j、k、l 代表张量指标。几何方程为

$$S_{kl} = \frac{1}{2}(u_{k,l} + u_{l,k}) \tag{1.4}$$
$$E_k = -\varphi_{,k}$$

式中，φ 表示电势。在实际分析过程中，为方便运算，通常采用缩并指标对上述方程中的张量指标进行替换。将指标 ij 或 kl 替换为 p 或 q，i、j、k、l 取值范围为 $1\sim3$，p、q 取值范围为 $1\sim6$，具体的对应关系已在表 1.1 中列出。

表 1.1　张量指标与缩并指标的对应关系

ij 或 kl	p 或 q
11	1
22	2
33	3
23 或 32	4
31 或 13	5
12 或 21	6

压电方程中，指标替换前后各个物理量的对应关系为

$$c_{ijkl} = c_{pq}, \quad e_{ikl} = e_{ip}, \quad T_{ij} = T_p$$
$$S_{ij} = S_p, \quad \text{当} i = j, p = 1, 2, 3 \text{时} \tag{1.5}$$
$$2S_{ij} = S_p, \quad \text{当} i \neq j, p = 4, 5, 6 \text{时}$$

采用缩并指标表示的弹性常数 c、压电系数 e、介电常数 ε 均可表示为矩阵形式，它们的具体数值可在参考文献[3]中查得。

1.2　FBAR 简介

1.2.1　FBAR 的发展

薄膜体声波谐振器的设计灵感来源于石英谐振器。20 世纪 60 年代，为提高石英谐振器的工作频率范围，研究者提出了一种基于硫化镉薄膜的复合谐振器，然而由于材料加工工艺不够成熟，这种谐振器未能实现具体的工程应用[4]。而同一时间，微电子技术的飞速发展带动了 SAW 器件的发展，在加工工艺、生产成

本、稳定性等方面，SAW 器件具有显著优势，也因此成为当时市场上应用最为广泛的一种频控器件。信息技术的进一步发展，对谐振器的性能需求也越来越高，微尺寸、高频率、集成化等成为主要发展方向，SAW 器件在这些方面存在明显的技术瓶颈，研究人员开始重新将目光转向薄膜谐振器的研究[5]。到 20 世纪 80 年代，国际上多个研究组报道了有关薄膜谐振器的研究成果，标志着薄膜体声波谐振器的诞生，同时谐振器的工作频率也得到了显著的突破，由 100MHz 跃升至 500MHz[6-9]。此后，更多研究者投入薄膜谐振器的相关研究工作中，器件的材料、结构、工艺等技术得到了优化与改善。20 世纪 90 年代，薄膜谐振器的工作频率可以稳定地达到 GHz 的超高频率(ultra-high frequency, UHF)范围，"FBAR"一词也正式进入人们的视野[10, 11]。

1.2.2　FBAR 的基本结构

FBAR 的基本结构与常见的石英谐振器不同，早期结构为上电极层、压电薄膜、下电极层、基底组成的复合板结构。其中，基底层是溅射镀膜工艺中必不可少的基础结构。由于基底层本身不具备压电效应，其中分布的振动能量无法转换为电能，因而器件整体的机电转换效率较低。如何设计 FBAR 的构型、改进其加工工艺，以消除基底层的不利影响，成为 FBAR 技术研究的一个重要方向。

图 1.3 是为早期的薄膜谐振器结构，其压电薄膜厚度远小于基底层，这种结构的谐振器也被称为多模谐振器(over-moded resonator)。如前所述，多模谐振器的机电转化系数较低，不能作为理想的电子器件结构。此外，多模谐振器在工作时会激发出多个频率相近的厚度方向模态，造成实际器件应用时工作频率识别与选择方面的困难。这些特性限制了这种结构在无线通信领域的应用，仅在压电换能器方面有一些成功应用的案例[12-15]。

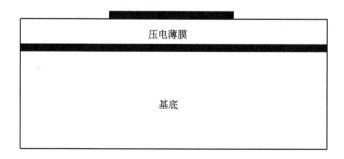

图 1.3　早期薄膜谐振器基本构型截面图

随着研究的不断深入及制备工艺的成熟，FBAR 的构型得到了显著的优化，基底层的不利影响也得到了良好的抑制。图 1.4 给出了目前比较常见的两种 FBAR 结构，分别是硅基底反刻蚀型及空气隙型[5]。这两种构型的基本工作原理类似，都是利用空气阻抗近似为零的特点，在 FBAR 下表面形成声波边界，从而将振动能量集中于压电薄膜区域，减少工作时的机械能损耗。在基底及下电极层之间，通常还需保留一层附加弹性层，以起到温度补偿或绝缘的作用[16-19]。

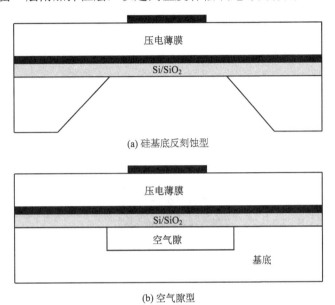

图 1.4　常见 FBAR 的基本构型截面图

另一种应用较多的 FBAR 构型为固态装配型(solidly mounted resonator)结构 (图 1.5)，其工作原理与前两种结构略有不同，在加工时利用交替沉积高低声阻材料的方法在底部形成布拉格反射层，使得厚度方向的振动位移在薄膜外侧快速衰减，从而将大部分的机械能约束在压电薄膜区域，获得较高的机电耦合系数[20]。

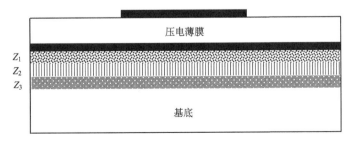

图 1.5　固态装配型 FBAR 基本构型截面图

Z_1、Z_2、Z_3 表示不同材料的阻抗

本书关于二维振动理论的研究工作，主要针对如图 1.4 所示的两种 FBAR 结构展开。针对硅基底反刻蚀型及空气隙型 FBAR 的核心工作区域，提取出如图 1.6 所示的多层板简化模型[20, 21]。

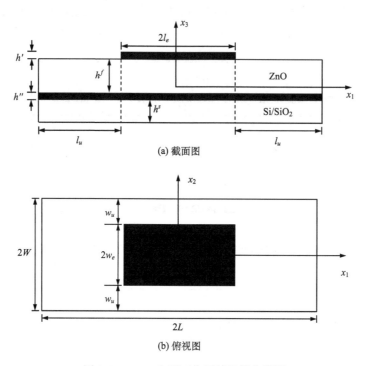

(a) 截面图

(b) 俯视图

图 1.6　FBAR 主要工作区域的简化模型

1.2.3　几种常见的工作模态

按照 FBAR 的电极排布形式，我们还可以将 FBAR 分为横向电场激励的声表面波型及纵向电场激励的体声波型，如图 1.7 所示。两者中应用较广泛的是体声波型结构，也是本书选定的研究对象[22]。

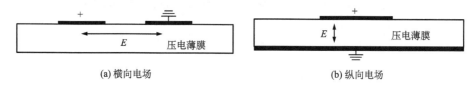

(a) 横向电场　　　　　　　　　　　(b) 纵向电场

图 1.7　FBAR 激励方式

模态分析是结构振动分析的常用方法，能够描述结构固有的振动特性，也是本书主要采用的分析手段。我们知道，任何结构中都具有无穷多的特征模态数目，因此需要根据实际需求合理选择模态种类及数目。对于 FBAR 而言，我们仅需分析其工作频率范围内的几种特征模态即可。以 TE-FBAR(工作模态为 TE 的 FBAR 器件)为例，在其工作频率范围内需要关注的特征模态包括厚度拉伸(thickness extension, TE)工作模态、二阶厚度剪切(second-order thickness shear, TS2)模态、一阶厚度剪切(first-order thickness shear, TS1)模态、弯曲(flexure, F)模态及面内拉伸(in-plane extension, E)模态，各特征模态的振型示意图如图 1.8 所示。图中只给出了 x_1-x_3 平面内的模态，真实的三维结构中，除了这些模态以外，还应包括与图 1.8 中面内模态对应的反平面模态，包括一阶、二阶厚度扭转(thickness twist, TT)模态及面切(face shear, FS)模态[23]。

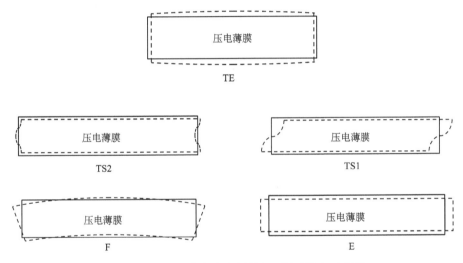

图 1.8 FBAR 工作频率范围的主要振动模态示意图

实线表示变形前，虚线表示变形后

除了上述介绍的 TE-FBAR，我们还可以通过改变压电薄膜的 c 轴取向，实现对不同特征模态的激发。目前已见报道的能够作为 FBAR 工作模态的包括 TE、TS、E 这三种模态：

(1) TE-FBAR 是最早研发的也是目前市面上应用最广的一种类型，其 c 轴沿着薄膜平面的法向(即厚度方向)，主要应用于滤波器、双工器、振荡器等通信系统的射频器件中。

(2) 以基本厚度剪切(TS)为工作模态的 FBAR(TS-FBAR)，在材料加工时通过特定工艺，使压电薄膜的 c 轴与压电薄膜沿厚度方向的激励电场形成倾角，从而激发出以 TS 模态为主的振动响应。TS-FBAR 可以在与液体接触时保持较高的品质因数，通常作为传感器应用于液体或生化信息检测工作中[24-26]。

(3) 以面内拉伸 (E) 为工作模态的 FBAR 通常称为 contour-mode FBAR，也是通过倾斜压电薄膜的 c 轴来实现的。其主要特征是：器件的谐振频率受电极横向尺寸影响较大，因此在器件的集成应用方面有较为明显的优势[27-29]。

以上所讨论的这些模态都只存在于理想的无限大结构当中。在真实的有限大器件中，工作模态无法被单独激发，通常会与其他多种特征模态相互耦合，组成复杂的耦合振动模态。不同模态的波长差距较大，因此，耦合振动问题的数值求解难度极高。根据石英谐振器耦合振动研究结果，我们知道耦合效应能够通过长厚比进行调控，当耦合效应较弱时，谐振器的工作模态占据主导地位，其他模态的位移分量相对较小。因此，首先我们需要建立能够分析 FBAR 模态耦合效应的二维板理论，给出 FBAR 中强耦合效应的规避方法。进一步，考虑弱耦合效应的情况，假设耦合模态的位移分量为对工作模态位移的小扰动，在控制方程中忽略高阶小扰动项，据此推导仅关注工作模态振动的二维标量方程理论。

1.3　FBAR 的力学简化模型

FBAR 的技术研究可以分为理论研究与实验研究两个方面。实验研究主要针对 FBAR 的加工工艺展开，包括优质压电薄膜的制造、材料的选取、结构的设计等；理论研究的内容包括可靠仿真模型的建立、谐振频率及机电耦合系数的计算等。实验研究能够直观地给出真实的器件工作情况及相关的影响因素；理论研究可以作为实验研究的基础，能够对实验观测到的现象进行解释和预测，指导实验方案的调整，缩短器件的设计周期。因此，开发稳定可靠的理论分析模型在 FBAR 的整个设计与研究流程中具有十分重要的意义。

通过查阅有关文献，本节对 FBAR 理论分析的现有研究工作进行了简单的概括与归类。

1.3.1　一维无限大板模型

FBAR 的尺寸特征为：长度及宽度方向尺寸远远大于厚度方向尺寸，它们之间的比例通常可达 10^2 量级[30]。因此，大部分研究工作将 FBAR 近似为无限大板 (仅厚度有限大)，只关注位移在厚度方向的变化，而忽略它们在长度及宽度方向的变化 (或将长度方向与宽度方向的位移假设为简谐波形式)。这其中包括常见的等效电路模型的建立[Mason 或 BVD(Butterworth-van Dyke)模型][31-34]和无限大板频散关系的研究[35-38]。等效电路分析法作为应用最广的一种谐振器分析方法，主要提供器件基本的谐振频率信息及主要模态的导纳响应等结果，更方便与集成化器件(如滤波器、双工器等)的分析工作相结合。频散关系研究可以精确求得FBAR 结构中固有的特征模态种类、频率及振型结果，是 FBAR 理论分析工作中的一项重要内容，为其他更复杂的分析工作奠定基础。

由于真实的 FBAR 结构在长度和宽度方向均为有限大尺寸，忽略位移在面内方向的变化显然使结果不够精确，很多现象仅通过一维模型无法进行预测及讨论。例如，FBAR 实际工作时，位移场主要集中分布于器件的中心电极区域，在不覆盖电极的区域迅速衰减，这种现象在 BAW 器件中普遍存在，被称为能陷效应。此外，在有限大板模型中，声波传播到横向边界处会发生反射，不同的特征模态在该处经反射叠加形成复杂的耦合模态，这一现象在真实器件中是无法消除的，准确地分析模型同样需要考虑耦合模态的影响。以上这些问题都无法在一维模型的分析中得到解决，在器件分析时仍需借助其他方法。

1.3.2 二维截面模型

二维截面模型能够描述 FBAR 的耦合振动、能陷效应等规律，在谐振器的理论分析工作中占据重要地位，常见方法包括一维有限元法、有限差分法等。一维有限元法最初由 Sekimoto 等提出，用于分析石英谐振器的耦合振动问题。具体的步骤是：首先建立一维模型，用有限元法求解满足该一维模型边界条件的导波模态；再利用伽辽金法对所得导波模态进行叠加，使其满足另一方向的边界条件[39, 40]。进一步，Sekimoto 等又将 Mindlin 二维板方程与一维有限元法结合，成功求解了三维有限大石英晶体板的耦合振动情况[40]。南京大学 Gong 等将一维有限元法推广应用于氮化铝(AlN)压电薄膜复合结构的振动分析工作中，给出了 AlN 薄膜谐振器二维截面模型的耦合振动频谱结果[41]。有限差分法是一种常见的偏微分方程数值解法，通过有限差分来近似连续导数，实现对偏微分方程的求解。Lakin 等最早将有限差分法应用于 FBAR 耦合振动问题的分析中，分析对象同样为二维截面模型，并给出了 TE-FBAR 在外加电压激励下的受迫振动导纳响应曲线及位移分布曲线等结果[42, 43]。

二维截面模型虽然能够描述 FBAR 振动工作时各种物理机制的定性特征，但其分析结论仍然需要三维模型的验证及补充，且由于对模型维度的简化，无法得到可供器件设计参考的定量化分析结果。因此，三维模型的分析是 FBAR 理论研究必不可少的关键环节。

1.3.3　等效三维模型

由于 FBAR 结构的复杂性及材料的各向异性,三维精确模型的求解存在相当大的难度。通常我们需要设定一系列合理的近似假设,才能获得三维有限大模型的分析结果。本书中,我们把这种采用近似手段处理的三维模型称为等效三维模型,以便与真实的三维模型进行区分。

Tiersten 二维标量微分方程是一种比较成功的近似求解方法,通过忽略 FBAR 耦合振动中非工作模态位移的影响,得到完全覆盖电极模型及无覆盖电极模型结构各自的二维标量微分方程[21]。结合中心电极区域与无电极区域交界处的位移、应力连续性条件及无电极区域外围的应力自由边界条件,即可研究 FBAR 等效三维模型工作模态的位移分布情况。南京航空航天大学的 Zhao 等将 Tiersten 二维标量微分方程与 Ritz 法结合,成功分析了 FBAR 三维等效模型中的 TE 模态振动情况,验证了 FBAR 中能陷效应的存在及强弱,并总结了结构尺寸改变对工作模态振型的影响规律[44, 45]。

已有研究表明,Tiersten 二维标量微分方程能够有效预测工作模态、寄生模态的变化规律,给出它们的振型及频率等信息。该理论的缺点是只包含了单一的 TE 模态位移,无法分析 FBAR 中固有的多模态耦合振动问题,因此我们仍需建立能够考虑耦合效应的理论,以对其进行补充。

1.3.4　三维精确模型

有限元法作为最常用的结构分析工具,同样能够应用于 FBAR 的分析工作中。只要网格数量足够多、质量足够好,有限元法就可以准确描述 FBAR 振动的所有信息,包括前文提及的多模态耦合、寄生模态、能陷效应等现象。然而在实际应用于 FBAR 结构分析工作时,有限元法存在以下难题需要解决:

· 求解所需的网格数目由耦合模态中波长最短的波型决定。由于 FBAR 的工作频率很高,模态耦合也十分剧烈,耦合模态中存在大量的短波长模态,因此要得到足够精的计算结果所需要的网格数目也极为庞大,对计算机的性能要求极高,求解所需的时间成本也极高。

· 运用有限元进行模态分析工作时,计算完成后需要在众多模态中,通过对振型的判断来选取我们所关注的工作模态、寄生模态等。模态的识别与选取工作需要额外占用大量时间,影响问题的分析效率。

· 为寻找 FBAR 振动特性随尺寸、频率变化的规律,仅针对某个固定模型或固定频率进行计算是不够的,我们需要在一个范围内连续改变结构的尺寸或外加电压的频率进行多次求解（通常需要数百次），才能根据计算结果分析总结有意义的物理规律。

根据文献调研结果，目前报道的关于 FBAR 有限元分析的工作，大多需要结合近似或简化处理的手段才能实现，且并未给出关于耦合振动问题的研究结果，网格的收敛性也缺乏验证[46-50]。按现有的计算机硬件水平，直接采用有限元法建立 FBAR 三维实体模型这种分析方法很难实现。

基于 FBAR 的理论研究现状，本书提出了关于 FBAR 振动研究的两种二维理论：其一为考虑耦合模态振动的高阶板理论，主要用于研究 FBAR 中耦合振动的基本规律，总结强耦合效应的规避方法；其二为针对 FBAR 理想振动状况（弱耦合效应）的二维标量方程理论，用于研究 FBAR 主要工作模态的变化规律及频率响应特征。以上两种二维振动理论能够作为 FBAR 器件研发的可靠工具，相关研究成果也可为 FBAR 的设计和优化提供参考。

参 考 文 献

[1] Achenbach J D. Wave Propagation in Elastic Solids. Netherlands: North Holland, 1973.

[2] Hashimoto K. Surface Acoustic Wave Devices in Telecommunications Modelling and Simulation. Berline: Springer, 2014.

[3] Tiersten H F. Linear Piezoelectric Plate Vibrations. Boston: Springer, 1969.

[4] Sliker T R, Roberts D A. A thin-film CdS-quartz composite resonator. Journal of Applied Physics, 1967, 38(5): 2350-2358.

[5] Lakin K M. Thin film resonator technology. Proceedings of the 2003 IEEE International Frequency Control Symposium, Tampa, 2003.

[6] Grudkowski T W, Black J F, Reeder T M, et al. Fundamental-mode VHF/UHF minature acoustic resonators and filters on silicon. Applied Physics Letters, 1980, 37(11): 993-995.

[7] Lakin K M, Wang J S. Acoustic bulk wave composite resonators. Applied Physics Letters, 1981, 38(3): 125-127.

[8] Nakamura K, Sasaki H, Shimizu H. ZnO/SiO$_2$-diaphragm composite resonator on a silicon wafer. Electronics Letters, 1981, 17(14): 507.

[9] Kitayama M, Fukuichi T, Shiosaki T, et al. VHF/UHF composite resonator on a silicon substrate. Japanese Journal of Applied Physics, 1983, 22(S3): 139.

[10] Kline G R, Lakin K M. 1.0-GHz thin-film bulk acoustic wave resonators on GaAs. Applied Physics Letters, 1983, 43(8): 750-751.

[11] Krishnaswamy S V, Rosenbaum J, Horwitz S, et al. Film bulk acoustic wave resonator technology. Proceedings of the 1990 Ultrasonics Symposium, Honolulu, 1990.

[12] Lakin K M, Kline G R, Mccarron K T. High-Q microwave acoustic resonators and filters. IEEE Transactions on Microwave Theory and Techniques, 1993, 41(12): 2139-2146.

[13] Ferre-pikal E S, Delgado Aramburo M C, Walls F L, et al. 1/f frequency noise of 2 GHz high-Q over-moded sapphire resonators. Proceedings of the International Frequency Control Symposium and Exhibition, Missouri, 2000.

[14] Zhang Y X, Wang Z Q, David J, et al. Resonant spectrum method to characterize piezoelectric films in composite resonators. IEEE Transactions on Ultrasonics, Ferroelectrics, and Frequency Control, 2003, 50(3): 321-333.

[15] Bahr A J, Court I N. Determination of the electromechanical coupling coefficient of thin-film cadmium sulphide. Journal of Applied Physics, 1968, 39(6): 2863-2868.

[16] Satoh H, Ebata Y, Suzuki H, et al. An air-gap type piezoelectric composite thin film resonator. Proceedings of the 39th Annual Symposium on Frequency Control, Pennsylvania, 1985.

[17] Nakamura K, Ohashi Y, Shimizu H. UHF bulk-acoustic-wave filters utilizing thin ZnO/SiO$_2$-diaphragms on silicon. Japanese Journal of Applied Physics, 1986, 25(3): 371-375.

[18] Pang W, Zhang H, Kim E S. Micromachined acoustic wave resonator isolated from substrate. IEEE Transactions on Ultrasonics, Ferroelectrics, and Frequency Control, 2005, 52(8): 1239-1246.

[19] Taniguchi S, Yokoyama T, Iwaki M, et al. 7E-1 An air-gap type FBAR filter fabricated using a thin sacrificed layer on a flat substrate. Proceedings of the IEEE Ultrasonics Symposium, New York, 2007.

[20] Lakin K M. Thin film resonators and filters. Proceedings of the IEEE Ultrasonics Symposium, Nevada, 1999.

[21] Tiersten H F, Stevens D S. An analysis of thickness-extensional trapped energy resonant device structures with rectangular electrodes in the piezoelectric thin film on silicon configuration. Journal of Applied Physics, 1983, 54(10): 5893-5910.

[22] Lee P C Y, Yu J D, Lin W S. A new two-dimensional theory for vibrations of piezoelectric crystal plates with electroded faces. Journal of Applied Physics, 1998, 83(3): 1213-1223.

[23] Link M, Schreiter M, Weber J, et al. c-axis inclined ZnO films for shear-wave transducers deposited by reactive sputtering using an additional blind. Journal of Vacuum Science and Technology A: Vacuum, Surfaces, and Films, 2006, 24(2): 218-222.

[24] Wang J S, Lakin K M. Sputtered c-axis inclined ZnO films for shear wave resonators. Proceedings of the Ultrasonics Symposium, California, 1982.

[25] Lehmann H W, Widmer R. RF sputtering of ZnO shear-wave transducers. Journal of Applied Physics, 1973, 44(9): 3868-3879.

[26] Gevorgian S S, Tagantsev A K, Vorobiev A K. Tuneable Film Bulk Acoustic Wave Resonators. New York: Springer, 2013.

[27] Piazza G, Stephanou P J, Pisano A P. Piezoelectric aluminum nitride vibrating contour-mode MEMS resonators. Journal of Microelectromechanical Systems, 2006, 15(6): 1406-1418.

[28] Piazza G, Stephanou P J, Pisano A P. One and two port piezoelectric higher order contour-mode MEMS resonators for mechanical signal processing. Solid-State Electronics, 2007, 51(11-12):

1596-1608.

[29] Lakin K M. A review of thin-film resonator technology. IEEE Microwave Magazine, 2003, 4(4): 61-67.

[30] Mahon S, Aigner R. Bulk acoustic wave devices – why, how, and where they are going. Proceedings of the CS Mantech Conference, Texas, 2007.

[31] Chao M C, Huang Z N, Pao S Y, et al. Modified BVD-equivalent circuit of FBAR by taking electrodes into account. Proceedings of the Ultrasonics Symposium, Munich, Germany, 2002.

[32] Sung P H, Fang C M, Chang P Z, et al. The method for integrating FBAR with circuitry on CMOS chip. Proceedings of the IEEE International Frequency Control Symposium and Exposition, Montreal, 2004.

[33] Larson J D, Bradley P D, Wartenberg S, et al. Modified Butterworth-Van Dyke circuit for FBAR resonators and automated measurement system. Proceedings of the IEEE Ultrasonics Symposium, San Juan, 2000.

[34] Qin L, Chen Q, Cheng H, et al. Analytical study of dual-mode thin film bulk acoustic resonators (FBARs) based on ZnO and AlN films with tilted c-axis orientation. IEEE Transactions on Ultrasonics, Ferroelectrics, and Frequency Control, 2010, 57(8): 1840-1853.

[35] Zhang H, Kosinski J A. Correspondence-analysis of thickness vibrations of c-axis inclined zig-zag two-layered zinc oxide thin-film resonators. IEEE Transactions on Ultrasonics Ferroelectrics, and Frequency Control, 2012, 59(12): 2831-2836.

[36] Zhu F, Zhang Y X, Wang B, et al. An elastic electrode model for wave propagation analysis in piezoelectric layered structures of film bulk acoustic resonators. Acta Mechanica Solida Sinica, 2017, 30(3): 263-270.

[37] Li H, Du H, Xu L, et al. Analysis of multilayered thin-film piezoelectric transducer arrays. IEEE Transactions on Ultrasonics Ferroelectrics, and Frequency Control, 2009, 56(11): 2571-2577.

[38] Ishizaki A, Sekimoto H, Tajima D, et al. Analysis of spurious vibrations in mesa-shaped AT-cut quartz plates. Proceedings of the IEEE Ultrasonics Symposium, Seattle, 1995.

[39] Sekimoto H, Watanabe Y, Nakazawa M. Two-dimensional analysis of thickness-shear and flexural vibrations in rectangular AT-cut quartz plates using a one-dimensional finite element method. Proceedings of the 44th Annual Symposium on Frequency Control, Baltimore, 1990.

[40] Ishizaki A, Sekimoto H, Watanabe Y. Three-dimensional analysis of spurious vibrations of rectangular AT-cut quartz plates. Japanese Journal of Applied Physics, 1997, 36: 1194-1200.

[41] Gong X, Han M, Shang X, et al. Two-dimensional analysis of spurious modes in aluminum nitride film resonators. IEEE Transactions on Ultrasonics, Ferroelectrics, and Frequency Control, 2007, 54(6): 1171-1176.

[42] Lakin K M. Numerical analysis of two dimensional thin film resonators. Proceedings of the IEEE International Frequency Control Symposium, Salt Lake City, 1993.

[43] Lakin K M, Lakin K G. Numerical analysis of thin film BAW resonators. Proceedings of the

IEEE Symposium on Ultrasonics, Honolulu, 2003.

[44] Zhao Z N, Qian Z H, Wang B. Energy trapping of thickness-extensional modes in thin film bulk acoustic wave filters. AIP Advances, 2016, 6(1): 015002.

[45] Zhao Z N, Qian Z H, Wang B, et al. Energy trapping of thickness-extensional modes in thin film bulk acoustic wave resonators. Journal of Mechanical Science and Technology, 2015, 29(7): 2767-2773.

[46] Campanella H, Martincic E, Nouet P, et al. Analytical and finite-element modeling of localized-mass sensitivity of thin-film bulk acoustic-wave resonators (FBAR). IEEE Sensors Journal, 2009, 9(8): 892-901.

[47] Buccella C, de Santis V, Feliziani M, et al. Finite element modelling of a thin-film bulk acoustic resonator (FBAR). COMPEL – The International Journal for Computation and Mathematics in Electrical and Electronic Engineering, 2008, 27(6): 1296-1306.

[48] Makkonen T, Holappa A, Ella J, et al. Finite element simulations of thin-film composite BAW resonators. IEEE Transactions on Ultrasonics, Ferroelectrics, and Frequency Control, 2001, 48(5): 1241-1258.

[49] Jung J H, Lee Y H, Lee J H, et al. Vibration mode analysis of RF film bulk acoustic wave resonator using the finite element method. Proceedings of the IEEE Ultrasonics Symposium, Atlanta, 2003.

[50] Mindlin R D. High frequency vibrations of crystal plates. Quarterly of Applied Mathematics, 1961, 19(1): 51-61.

第 2 章 FBAR 的频散曲线

2.1 简   介

结构中波传播问题的研究方法为推导并求解解析形式的波动频散方程。推导解析波动频散方程的过程为：首先假设简谐波解，代入波动控制方程中，可以得到满足控制方程的一般解；再将简谐波的一般解代入相应的边界条件和连续性条件中，可以得到频率与波数(或者频率与相速度)的依赖关系，即频散方程，不同材料、结构中的波动方程、边界条件及连续性条件各不相同，最终得到的频散方程形式差别也很大。在极少数情况下，频散方程具有简单形式，能够直接求解，例如单层板中的 SH 波[1]。绝大多数情况下，频散方程为一个关于频率 ω 和传播方向上的波数 k 的复杂超越方程 $g(\omega, k)=0$，方程形式复杂甚至并无显式表达式，且求解范围涉及复数域空间，求解难度极大。2019 年，Zhu 等提出了一种新型超越方程求解方法，能够很好地解决各种波动频散方程的求解问题，本书相关的频散曲线求解工作主要基于这种方法进行计算[2]。

在 FBAR 的振动分析工作中，频散曲线的研究同样重要。本书的主要研究工作为二维振动理论的建立与应用，具体为基于幂级数展开的高阶板理论及基于小扰动假设的二维标量微分方程。频散曲线能够提供结构振动最基本的信息，因此二维理论的正确性需要通过频散曲线的对比来验证。传统的石英谐振器结构为单层石英板上下覆盖有驱动电极。由于石英板的尺寸较大，其刚度足够，不需要额外的支撑层，同时，相较于石英板的较大厚度，驱动电极很薄，可视为附加惯性层而忽略其弹性效应。因此，传统的石英谐振器可视为一个单层板的结构。但为了使 FBAR 获得更高的 GHz 工作频率，其厚度较小，因此需要额外的衬底增加结构刚度。该衬底对整个结构振动特性的影响是不容忽视的，再考虑上驱动电极，FBAR 的构造是一个由电极、压电薄膜和支撑基底组成的压电复合"三明治"结构[3]。由于结构的复杂性，精确的频散关系也变得难以求解。本章将重点介绍 FBAR 无限大复合结构中的精确频散曲线、各阶模态频率及振型。

2.2　模值收敛算法

模值收敛方法的主要思路为寻找函数模值的极小值点，再从中区分零点和非零极小值点，同时采用独特的极小值点搜索方式和零点判别法则，克服了现存算法的一些缺陷，例如漏根或模态丢失。该算法的详细介绍可参考 Zhu 等的系列研究工作[4-8]，本节仅对该算法进行简单介绍，以阐明其求解思路。

对于任意单变量方程 $f(x)$，$f(x)=0$ 可以等价为 $f(x)$ 的模值(或绝对值)等于零，即 $|f(x)|=0$。求解方程 $|f(x)|=0$ 根的过程包含两步：

(1) 找出函数 $|f(x)|$ 的所有局部极小值点。

(2) 由于 $|f(x)|\geqslant0$，因此零点也在所有的局部极小值点中，再从这些局部极小值点中区分出零点与非零点即可得到方程的解。

这两个步骤的具体过程如下。

2.2.1　寻找函数模的局部极小值点

考虑方程 $|f(x)|=0$ 具有如图 2.1 所示的图像，讨论搜索 $|f(x)|$ 的局部极小值点。

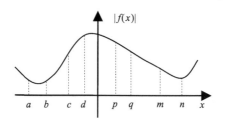

图 2.1　函数 $|f(x)|$ 的图像 1

在 x 轴上设置一个小的区间范围，如图 2.2 所示，用离散的节点把小区间分成几个小段并比较这些离散节点上 $|f(x)|$ 的值，找出最小值的节点位置。根据最小值节点的位置可以判断这个小区间内是否存在 $|f(x)|$ 的局部极小值点。如图 2.1 所示，当小区间为 $[c, d]$ 或 $[p, q]$ 时，可以发现此时具有最小值的节点处于区间的起始

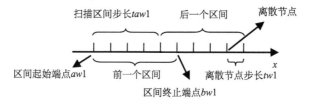

图 2.2　x 轴扫描示意图

端点或者区间的终止端点，因此，这个区间内不存在函数模的局部极小值点。另外，当小区间为[a, b]时，可以发现此时具有最小值的节点处于区间的内部而非端点处，这表明区间内存在函数模的局部极小值点。

此外，存在一个特殊情况，即局部极小值点恰好处于小区间的端点位置，如区间[m, n]。为了避免这种情况，当沿着 x 轴正向移动小区间来搜索所有的局部极小值点时，后一个区间和前一个区间必须部分重合，如图 2.2 所示，以保证前一个区间的终止端点落在后一个区间内部，同时后一个区间的起始端点也落在前一个区间的内部。按照这种方式就可以找出指定范围内的所有局部极小值点。这种快速粗略寻找局部极小值点的过程提高了算法的计算效率。

2.2.2　从局部极小值点中区分出零点

由于$|f(x)| \geqslant 0$，$|f(x)|$的所有局部极小值点可以分为两类，即非零局部极小值点和零点。如图 2.3 所示，函数$|f(x)|$在区间[a, b]内存在一个非零局部极小值点 c，而在区间[d, e]内存在一个零点 s。为了区分这两者，首先需要得到局部极小值点的精确值。

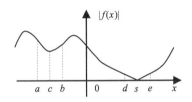

图 2.3　函数$|f(x)|$的图像 2

如图 2.4 所示，对于 x 轴上的任意小区间[m, n]，用离散的节点将该区间划分为几个小段。

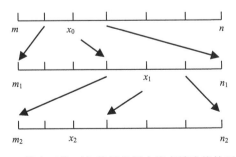

图 2.4　搜索函数$|f(x)|$的局部极小值点精确值的示意图

比较这些节点上的函数模值。若此区间具有局部极小值点，记为 x_0。由 2.2.1 节可知，x_0 一定不处于端点 m 和 n 上。将 x_0 左右两侧的邻近节点取出，组成新的小区间 $[m_1, n_1]$。同样地，取新的离散节点划分小区间 $[m_1, n_1]$，并在新的节点中保留节点 x_0。比较新区间 $[m_1, n_1]$ 中的离散节点的函数模，由于 $|f(x_0)|<|f(m_1)|$ 且 $|f(x_0)|<|f(n_1)|$，所以在新区间 $[m_1, n_1]$ 中，具有最小模值的节点一定不处于端点 m_1 和 n_1 上，记该节点为 x_1，并且可得 $|f(x_0)|\geqslant|f(x_1)|$。重复上述过程，可以得到一个数列 $x_0, x_1, \cdots, x_n$。该数列代表了区间 $[m, n]$ 中的极小值点在不同精度下的值，结合函数 $|f(x)|$ 的连续性可得如下关系：

$$|f(x_0)|\geqslant|f(x_1)|\geqslant|f(x_2)|\geqslant\cdots\geqslant|f(\kappa)|$$
$$\lim_{n\to\infty}|f(x_n)|=|f(\kappa)| \tag{2.1}$$
$$\lim_{n\to\infty}x_n=\kappa$$

式中，κ 为区间 $[m, n]$ 中极小值点的精确值。回顾图 2.3 中的两种局部极小值点。第一种是非零极小值点，如区间 $[a, b]$ 中的点 c，最小模值 $|f(c)|$ 是一个大于零的常数，由式 (2.1) 可得

$$\lim_{n\to\infty}\frac{|f(x_0)|}{|f(x_n)|}=\frac{|f(x_0)|}{|f(c)|}$$
$$\frac{|f(x_0)|}{|f(x_n)|}\leqslant\frac{|f(x_0)|}{|f(c)|}<\frac{T}{|f(c)|} \tag{2.2}$$

式中，T 是 $|f(a)|$ 和 $|f(b)|$ 中较小的那个值。因此，可以得到结论，如果一个局部极小值点是非零点，那么

$$\frac{|f(x_0)|}{|f(x_n)|}<M \tag{2.3}$$

式中，M 为一个有限大正数。由于 x_0 和 x_n 很接近，因此 $|f(x_0)|$ 和 $|f(x_n)|$ 的量级相当，所以 M 的值不需要很大而且与 $|f(x_0)|$ 的量级无关。

对于第二种局部极小值点为零点的情况，如区间 $[d, e]$ 中的点 s，由于 $|f(s)|=0$，由式 (2.1) 可得

$$\lim_{n\to\infty}\frac{|f(x_0)|}{|f(x_n)|}=\infty \tag{2.4}$$

在这种情况下，对于任意给定的正数 M，只要经过图 2.4 中的几步迭代，就可以很快得到如下关系：

$$\frac{|f(x_0)|}{|f(x_n)|}>M \tag{2.5}$$

对比式 (2.3) 和式 (2.5)，可以发现非零局部极小值点和零点两者附近的函数模的比值分别具有收敛性和发散性。利用这个性质，可以很好地从所有的局部极小值点中区分出方程 $|f(x)|=0$ 的零点。

2.2.3　纯实数、纯虚数频散方程的求解

本节介绍的模值收敛算法适用于一般任意元超越方程 (组) 的求解，针对本书介绍的 FBAR 振动问题，在这一小节我们将具体介绍波数为纯实数或纯虚数情况的求解流程。首先将 $g(\omega, k)=0$ 转化为 $|g(\omega, k)|=0$。此时的频散方程为一个二元方程，对应的解 (即频散曲线) 为 (ω, k) 平面内的曲线。选择线单元对 (ω, k) 平面进行扫描，如图 2.5 所示。

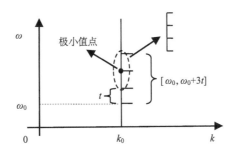

图 2.5　线单元扫描局部极小值点和进一步计算精确值

对于频率 ω 和波数 k，可以固定其中的任意一个，并对另一个变量进行扫描，搜索 $|g(\omega, k)|$ 的局部极小值。不妨假设固定 $k=k_0$，方程变为 $|f(\omega)|=|g(\omega, k)|=0$。此时可以按照 2.2.1 节中的求解单变量方程的过程来寻找直线 $k=k_0$ 上的局部极小值。若存在极小值，可以进一步细化小区间求解其精确值。当完成对 $k=k_0$ 的扫描后，可继续扫描 $k=k_0+\Delta k$ 等，直至遍历整个待求的 (ω, k) 平面。如此即可得到整个求解空间的频散曲线。

2.3　FBAR 频散方程

在第 1 章中我们已经介绍，FBAR 的典型构型有硅基底反刻蚀型、空气隙型及固态装配型，并且针对前两种构型的核心工作区域建立了部分覆盖电极多层板的力学分析模型。为了便于频散分析，我们针对部分覆盖电极的力学分析模型进行区域划分，按照电极覆盖情况分为如图 2.6 所示的完全覆盖电极模型及无覆盖电极模型。

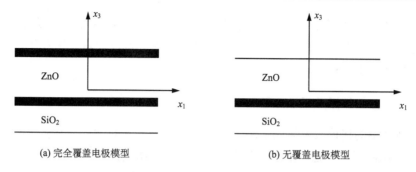

(a) 完全覆盖电极模型   (b) 无覆盖电极模型

图 2.6   FBAR 的无限大复合模型

对于 FBAR 的多层板结构，其运动方程主要分为两组：一组为描述薄膜压电材料的运动方程；另一组为描述电极及补偿层弹性材料的控制方程。压电材料的控制方程已在 1.1.2 节中进行了介绍。对于电极及补偿层的纯弹性材料，其运动方程、几何方程压电材料的方程相同，本构方程为

$$T_p = c_{pq}^t S_q, \quad T_p = c_{pq}^b S_q, \quad T_p = c_{pq}^s S_q \tag{2.6}$$

式中，c_{pq}^t、c_{pq}^b、c_{pq}^s 分别表示上电极层、下电极层及补偿层的弹性常数。FBAR 常用的压电薄膜为氮化铝(AlN)或氧化锌(ZnO)材料，属于 6mm 晶系，其材料参数矩阵如下[9]：

$$\begin{pmatrix} c_{11} & c_{12} & c_{13} & 0 & 0 & 0 \\ c_{21} & c_{11} & c_{13} & 0 & 0 & 0 \\ c_{31} & c_{31} & c_{33} & 0 & 0 & 0 \\ 0 & 0 & 0 & c_{44} & 0 & 0 \\ 0 & 0 & 0 & 0 & c_{44} & 0 \\ 0 & 0 & 0 & 0 & 0 & c_{66} \end{pmatrix}, \quad c_{66} = \frac{1}{2}(c_{11} - c_{12}),$$

$$\begin{pmatrix} 0 & 0 & 0 & 0 & e_{15} & 0 \\ 0 & 0 & 0 & e_{15} & 0 & 0 \\ e_{31} & e_{31} & e_{33} & 0 & 0 & 0 \end{pmatrix}, \quad \begin{pmatrix} \varepsilon_{11} & 0 & 0 \\ 0 & \varepsilon_{11} & 0 \\ 0 & 0 & \varepsilon_{33} \end{pmatrix} \tag{2.7}$$

分别为弹性常数矩阵、压电系数矩阵、介电常数矩阵。根据直峰波假设，沿 x_1 方向传播的波可以分为平面应变波和反平面波。对于平面应变波，含有位移分量 u_1 和 u_3 以及电势 ϕ，且对 x_2 方向的偏导数为零，即$\partial/\partial x_2=0$。对于反平面波，只含有位移分量 u_2 且$\partial/\partial x_2=0$。由于 FBAR 的工作模式为厚度拉伸模式，主导位移分量为 u_3，因此本书重点关注平面应变波的频散特性。对于平面应变波，压电层的运动方程为

$$T_{1,1} + T_{5,3} = \rho \ddot{u}_1$$
$$T_{5,1} + T_{3,3} = \rho \ddot{u}_3 \qquad (2.8)$$
$$D_{1,1} + D_{3,3} = 0$$

对应于 6mm 晶系的特定材料矩阵，本构方程为

$$T_1 = c_{11}u_{1,1} + c_{13}u_{3,3} + e_{31}\phi_{,3}$$
$$T_3 = c_{13}u_{1,1} + c_{33}u_{3,3} + e_{33}\phi_{,3}$$
$$T_5 = c_{44}(u_{3,1} + u_{1,3}) + e_{15}\phi_{,1} \qquad (2.9)$$
$$D_1 = e_{15}(u_{3,1} + u_{1,3}) - \varepsilon_{11}\phi_{,1}$$
$$D_3 = e_{31}u_{1,1} + e_{33}u_{3,3} - \varepsilon_{33}\phi_{,3}$$

将式 (2.9) 代入式 (2.8) 可得

$$c_{11}u_{1,11} + c_{44}u_{1,33} + (c_{13} + c_{44})u_{3,13} + (e_{31} + e_{15})\phi_{,13} = \rho \ddot{u}_1$$
$$c_{44}u_{3,11} + c_{33}u_{3,33} + (c_{44} + c_{13})u_{1,31} + e_{15}\phi_{,11} + e_{33}\phi_{,33} = \rho \ddot{u}_3 \qquad (2.10)$$
$$(e_{15} + e_{31})u_{1,13} + e_{15}u_{3,11} + e_{33}u_{3,33} - \varepsilon_{11}\phi_{,11} - \varepsilon_{33}\phi_{,33} = 0$$

上式为典型的二阶偏微分方程组，假设其具有简谐形式基本解，如下所示：

$$u_1 = A \exp k_3 x_3 \cos k_1 x_1 \exp(\mathrm{i}\omega t)$$
$$u_3 = B \exp k_3 x_3 \sin k_1 x_1 \exp(\mathrm{i}\omega t) \qquad (2.11)$$
$$\phi = C \exp k_3 x_3 \sin k_1 x_1 \exp(\mathrm{i}\omega t)$$

式中，k_1、k_3 分别是 x_1、x_3 方向的波数；ω 是圆频率；A、B、C 是待定的系数。将式 (2.11) 代入式 (2.10) 可得 A、B、C 的三个齐次线性方程组。为了确保 A、B、C 具有非平凡解，需保证该方程组的系数矩阵行列式为零，由此可得一个六次多项式方程，方程的根为 $k_3(m)(\omega, k_1)$，其中 $m=1\sim6$。这六个根的线性组合即为满足式 (2.10) 的基础解系：

$$u_1 = \sum_{m=1}^{6} A(m) \exp(k_3(m)x_3) \cos(k_1 x_1) \exp(\mathrm{i}\omega t)$$
$$u_3 = \sum_{m=1}^{6} A(m)\alpha(m) \exp(k_3(m)x_3) \sin(k_1 x_1) \exp(\mathrm{i}\omega t) \qquad (2.12)$$
$$\phi = \sum_{m=1}^{6} A(m)\beta(m) \exp(k_3(m)x_3) \sin(k_1 x_1) \exp(\mathrm{i}\omega t)$$

式中，α 和 β 是待定系数的比值，即 $A(m) : B(m) : C(m) = 1 : \alpha(m) : \beta(m)$。

类似地，对于弹性补偿层，其材料为立方晶格的二氧化硅，由位移分量表示的控制方程为

$$c_{11}^s u_{1,11} + c_{44}^s u_{1,33} + (c_{13}^s + c_{44}^s)u_{3,13} = \rho^s \ddot{u}_1$$
$$c_{44}^s u_{3,11} + c_{33}^s u_{3,33} + (c_{44}^s + c_{13}^s)u_{1,31} = \rho^s \ddot{u}_3$$

(2.13)

相应的简谐波基本解可表示为

$$u_1 = \sum_{n=1}^{4} F(n)\exp(k_3^s(n)x_3)\cos(k_1 x_1)\exp(\mathrm{i}\omega t)$$

$$u_3 = \sum_{n=1}^{4} F(n)\gamma(n)\exp(k_3^s(n)x_3)\sin(k_1 x_1)\exp(\mathrm{i}\omega t)$$

(2.14)

式中，k_3^s 为硅基底中 x_3 方向的波数；$F(n)$ 为四个待定系数；$\gamma(n)$ 为该层位移 u_3 和 u_1 的幅值比。对于同为立方晶系的电极层，其简谐波基本解为

$$u_1 = \sum_{n=1}^{4} H(n)\exp(k_3^t(n)x_3)\cos(k_1 x_1)\exp(\mathrm{i}\omega t)$$

$$u_3 = \sum_{n=1}^{4} H(n)\kappa(n)\exp(k_3^t(n)x_3)\sin(k_1 x_1)\exp(\mathrm{i}\omega t)$$

(2.15)

$$u_1 = \sum_{n=1}^{4} J(n)\exp(k_3^b(n)x_3)\cos(k_1 x_1)\exp(\mathrm{i}\omega t)$$

$$u_3 = \sum_{n=1}^{4} J(n)\eta(n)\exp(k_3^b(n)x_3)\sin(k_1 x_1)\exp(\mathrm{i}\omega t)$$

(2.16)

式中，k_3^t 和 k_3^b 分别为上电极和下电极中 x_3 方向的波数；$H(n)$ 和 $J(n)$ 为待定系数；$\kappa(n)$ 和 $\eta(n)$ 表示位移 u_3 和 u_1 的幅值比。

进一步考察层与层之间的连续性条件和最外层的边界条件。在如图 2.6 所示的复合结构中，定义 h^t、h^e、h^b 和 h^s 分别表示上电极层、压电层、下电极层和补偿层的厚度，$2h=h^t+h^e+h^b+h^s$ 为复合板总厚度（对于无覆盖电极模型则 h^t=0）。对于完全覆盖电极模型，即图 2.6(a)，在上表面 $x_3=h$ 处有

$$T_3(h) = 0, \quad T_5(h) = 0$$

(2.17)

在上电极和压电薄膜之间，有应力、位移的连续性条件及电学短路边界条件：

$$u_1(h-h^t)^+ = u_1(h-h^t)^-, \quad u_3(h-h^t)^+ = u_3(h-h^t)^-$$
$$T_3(h-h^t)^+ = T_3(h-h^t)^-, \quad T_5(h-h^t)^+ = T_5(h-h^t)^-$$
$$\varphi(h-h^t) = 0$$

(2.18)

在压电薄膜和下电极之间有

$$u_1(h-h^t-h^f)^+ = u_1(h-h^t-h^f)^-, \quad u_3(h-h^t-h^f)^+ = u_3(h-h^t-h^f)^-$$
$$T_3(h-h^t-h^f)^+ = T_3(h-h^t-h^f)^-, \quad T_5(h-h^t-h^f)^+ = T_5(h-h^t-h^f)^- \quad (2.19)$$
$$\varphi(h-h^t-h^f) = 0$$

在下电极和弹性补偿层之间有

$$u_1(-h+h^s)^+ = u_1(-h+h^s)^-, \quad u_3(-h+h^s)^+ = u_3(-h+h^s)^-$$
$$T_3(-h+h^s)^+ = T_3(-h+h^s)^-, \quad T_5(-h+h^s)^+ = T_5(-h+h^s)^- \tag{2.20}$$

在补偿层下表面有应力自由边界条件：

$$T_3(-h) = 0, \quad T_5(-h) = 0 \tag{2.21}$$

以上针对完全覆盖电极模型，共有 18 个边界条件。

对于无覆盖电极模型，考虑电学开路边界条件，在压电薄膜上表面有

$$T_3(h) = 0, \quad T_5(h) = 0, \quad D(h) = 0 \tag{2.22}$$

在压电薄膜和下电极之间有

$$u_1(h-h^f)^+ = u_1(h-h^f)^-, \quad u_3(h-h^f)^+ = u_3(h-h^f)^-$$
$$T_3(h-h^f)^+ = T_3(h-h^f)^-, \quad T_5(h-h^f)^+ = T_5(h-h^f)^- \tag{2.23}$$
$$D_3(h-h^f) = 0$$

下电极与弹性补偿层之间有应力和位移的连续性条件，补偿层下表面有应力自由边界条件，形式与式(2.20)和式(2.21)完全相同。以上针对无覆盖电极模型，共有 14 个边界条件。

将压电薄膜中的谐波解式(2.12)、弹性补偿层及上下电极中的谐波解式(2.14)~式(2.16)代入边界条件的表达式中，可得到关于 $A(m)$、$F(n)$、$H(n)$ 及 $J(n)$ 共计 18 个齐次线性方程。为确保该方程组具有非平凡解，需保证 $A(m)$、$F(n)$、$H(n)$ 及 $J(n)$ 的系数矩阵行列式为零，据此可得到完全覆盖电极模型的频散方程。同样地，对于无覆盖电极模型，将压电薄膜、下电极及弹性补偿层的谐波解代入边界条件中，可得 $A(m)$、$F(n)$ 及 $J(n)$ 共计 14 个齐次线性方程，根据非平凡解的条件可得到无覆盖电极模型的频散方程。

2.4　结果与讨论

根据 2.3 节介绍的频散方程，结合 FBAR 的具体材料参数及结构尺寸，采用模值收敛判别法进行计算，即可得到如图 2.7 所示的两种结构的频散曲线。

图 2.7 给出的求解范围为纯虚波数[0, 10i]、纯实波数[0, 10]和频率[0, 25]。这里的波数和频率均是无量纲的值，实际的频率在 GHz 范围内。基于频散曲线的结果，可以进一步计算位移 u_1 和 u_3 的分布。任意选取图 2.7(a)中的点，这里统一选取前六阶曲线上无量纲波数 k_i'=0.1 处的点计算复合结构上下表面及厚度方向的位移。

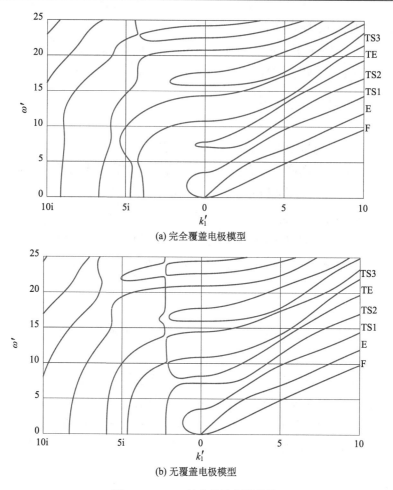

(a) 完全覆盖电极模型

(b) 无覆盖电极模型

图 2.7　FBAR 复合结构频散曲线

　　图 2.8 中各个模态的判定准则为：①位移在上下表面呈弯曲型，此时的位移 u_3 较大而 u_1 较小，在厚度方向无明显变形，为典型的弯曲(F)模态；②复合板沿 x_1 方向在前半周期范围内受拉，在后半周期范围内受压，同时由于泊松效应，在受拉的范围内沿厚度 x_3 方向收缩，受压的范围内沿厚度 x_3 方向扩张，为典型的拉伸(E)模态；③左端边界处，上表面沿 x_1 负方向移动，而下表面沿 x_1 正方向移动，两者方向相反，位移沿厚度 x_3 方向呈曲线分布且具有 1 个零节点，为典型的一阶厚度剪切(TS1)模态；④在两端的界面上，从上表面到下表面，位移沿 x_1 的运动方向改变了两次，且位移在厚度方向呈曲线分布并具有 2 个零节点，为二阶厚度剪切(TS2)模态；⑤复合板沿 x_1 方向在厚度方向发生拉伸、压缩变形，u_3 方向位移占主导，为典型的厚度拉伸(TE)模态；⑥u_1 方向位移占主导，且在两端面上位

移沿厚度方向呈曲线分布，具有 3 个零节点，为典型的三阶厚度剪切(TS3)模态。

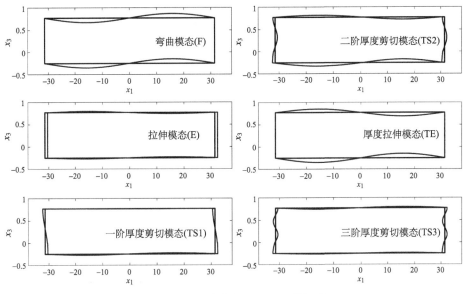

图 2.8 前六阶曲线 $k'_1 = 0.1$ 处的振型

除了振型，各阶频散曲线的截止频率(即波数为零时的频率值)也是后续有限大模型研究的重要基础。在表 2.1 中，按照相同的无量纲化方式，给出了两种模型前六阶截止频率的具体数值，可以发现无覆盖电极模型的截止频率略高于完全覆盖电极模型。这种频散特性的组合能够在实际的部分覆盖电极模型中产生所谓的能陷现象。真实器件的工作频率介于完全覆盖电极模型与无覆盖电极模型的截止频率之间。因此，在覆盖电极区域，波数为实数，表征波的传播；而在无覆盖电极区域，波数为纯虚数，表征波的衰减，从而使谐振器的振动能量集中分布于覆盖电极区域，形成能陷现象。

表 2.1 两种模型无量纲截止频率对比

模型/阶	完全覆盖电极模型	无覆盖电极模型
1&2	0	0
3	3.53	3.56
4	7.13	7.19
5	7.83	8.20
6	10.78	10.87

需要注意的是，这里的结果仅针对特定的材料参数、结构尺寸的组合，对于不同的压电材料，振型的分布顺序可能会发生改变。例如，按照本章的方法计算常用的氮化铝压电薄膜，发现在氮化铝组成的复合结构中，厚度拉伸(TE)模态在二阶厚度剪切(TS2)模态之下。

2.5　总　　结

本章首先介绍了模值收敛判别法的求解思路及在频散曲线求解问题中的应用流程。针对 FBAR 层状复合结构，从线弹性压电理论出发，详细推导了完全覆盖电极模型、无覆盖电极模型的频散方程，重点考察了平面应变波的频散特性，给出了 FBAR 振动问题的定性及定量化结果，为后续二维振动理论的研究提供基础。

参 考 文 献

[1] Achenbach J D. Wave Propagation in Elastic Solids. Netherlands: North Holland, 1973.

[2] Zhu F, Wang B, Qian Z H. A numerical algorithm to solve multivariate transcendental equation sets in complex domain and its application in wave dispersion curve characterization. Acta Mechanica, 2019, 230(4): 1303-1321.

[3] Zhang Y F, Chen D. Multilayer Integrated Film Bulk Acoustic Resonators. Shanghai: Shanghai Jiao Tong University Press, 2012.

[4] Zhu F, Pan E N, Qian Z H, et al. Waves in a generally anisotropic viscoelastic composite laminated bilayer: Impact of the imperfect interface from perfect to complete delamination. International Journal of Solids and Structures, 2020, 202: 262-277.

[5] Zhu F, Wang B, Qian Z H, et al. Influence of surface conductivity on dispersion curves, mode shapes, stress, and potential for Lamb waves propagating in piezoelectric plate. IEEE Transactions on Ultrasonics, Ferroelectrics, and Frequency Control, 2020, 67(4): 855-862.

[6] Zhu F, Pan E N, Qian Z H, et al. Dispersion curves, mode shapes, stresses and energies of SH and Lamb waves in layered elastic nanoplates with surface/interface effect. International Journal of Engineering Science, 2019, 142: 170-184.

[7] Zhu F, Ji S H, Zhu J Q, et al. Study on the influence of semiconductive property for the improvement of nanogenerator by wave mode approach. Nano Energy, 2018, 52: 474-484.

[8] Zhu F, Zhang Y X, Wang B, et al. An elastic electrode model for wave propagation analysis in piezoelectric layered structures of film bulk acoustic resonators. Acta Mechanica Solida Sinica, 2017, 30(3): 263-270.

[9] Auld B A. Acoustic Fields and Waves in Solids. Malabar: Krieger Publishing Company, 1990.

第 3 章　TE-FBAR 二维高阶板理论建立

3.1　理 论 基 础

3.1.1　二维高阶板理论

在 2.3 节中，我们按照电极的覆盖情况将 FBAR 划分为完全覆盖电极模型和无覆盖电极模型。这两种模型的频散特性存在差异，因此我们需要推导两组不同的板方程，再辅以合适的边界条件，以实现对 FBAR 整体结构的分析。我们知道，谐振器的研究涉及力电耦合问题，其电场通常由两部分组成：一部分由外加电压决定；另一部分通过压电效应，由机械变形的耦合引起[1]。与外加电压引起的电场相比，由机械变形引起的电场很弱，所以本书有关二维高阶板理论的研究工作中，假设 FBAR 的有电极区域电场完全由外加电压决定，无电极区域电场近似为零[2]。基于此，我们可以仅推导完全覆盖电极模型(图 3.1)的二维板方程。对于无覆盖电极模型的二维板方程，通过将电场及上电极有关的材料参数设为零即可得到。

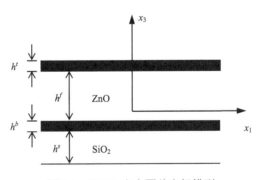

图 3.1　FBAR 完全覆盖电极模型

图 3.1 中，h^t、h^b、h^f、h^s 分别表示上、下电极层厚度、薄膜层厚度及弹性补偿层厚度。定义 FBAR 的板厚为 $2h = h^t + h^b + h^f + h^s$。参照 Mindlin 板理论的推导过程，首先将位移沿厚度方向按照幂级数形式展开为[3, 4]

$$u_i(x_1, x_2, x_3, t) = \sum_{n=0}^{\infty} x_3^n u_i^{(n)}(x_1, x_2, t) \tag{3.1}$$

将式(3.1)代入三维线弹性压电理论的应变方程(1.4)可得

$$S_{ij} = \sum_{n=0}^{\infty} x_3^n S_{ij}^{(n)} \tag{3.2}$$

式中,

$$S_{ij}^{(n)} = \frac{1}{2}\left[u_{j,i}^{(n)} + u_{i,j}^{(n)} + (n+1)(\delta_{i3}u_j^{(n+1)} + \delta_{3j}u_i^{(n+1)})\right] \tag{3.3}$$

将压电运动方程的两端同时乘以 $x_3^{(n)}$,沿板厚方向进行积分,结合式(3.1)可以得到二维高阶板理论的运动方程为

$$T_{ij,i}^{(n)} - nT_{3j}^{(n-1)} = \sum_{m=0}^{\infty} \rho^{(m+n)} \ddot{u}_j^{(m)} \tag{3.4}$$

式中,

$$T_{ij}^{(n)} = \int_{-h}^{h} T_{ij} x_3^n \mathrm{d}x_3$$
$$\rho^{(m+n)} = \int_{-h}^{h} \rho x_3^m x_3^n \mathrm{d}x_3 \tag{3.5}$$

将三维压电理论的本构方程代入式(3.5),可以得到二维高阶板理论的 n 阶应力本构方程:

$$T_{ij}^{(n)} = \sum_{m=0}^{\infty} c_{ijkl}^{(m+n)} S_{kl}^{(m)} - e_{kij}^{(n)} E_k$$
$$c_{ijkl}^{(m+n)} = \int_{-h}^{h} c_{ijkl} x_3^m x_3^n \mathrm{d}x_3, \quad e_{kij}^{(n)} = \int_{-h}^{h} e_{kij} x_3^n \mathrm{d}x_3 \tag{3.6}$$

3.1.2　二阶理论

对于工作模态为 TE 的 FBAR,其工作频率略高于 TE 模态截止频率(波数为零时 TE 模态的频率)。第 2 章中基于直峰波假设,应用模值收敛判别法,给出了无限大 TE-FBAR 模型中平面应变波的频散曲线。根据对频散曲线的分析得知,在 TE-FBAR 的工作频率范围内,包含 F、E、TS1、TS2、TE 五个特征模态,五个模态相互耦合组成有限大结构中的真实模态分布结果。因此,我们所推导的二维理论需要包含上述五个模态的基本位移形式。根据式(3.1),可将位移展开项保留为

$$u_a(x_1,x_2,x_3,t) \cong u_a^{(0)}(x_1,x_2,t) + u_a^{(1)}(x_1,x_2,t)x_3 + u_a^{(2)}(x_1,x_2,t)x_3^2 + u_a^{(3)}(x_1,x_2,t)x_3^3$$
$$u_3(x_1,x_2,x_3,t) \cong u_3^{(0)}(x_1,x_2,t) + u_3^{(1)}(x_1,x_2,t)x_3 + u_3^{(2)}(x_1,x_2,t)x_3^2 + u_3^{(3)}(x_1,x_2,t)x_3^3$$

$$\tag{3.7}$$

为方便后续使用，我们定义指标符号 a、b、c、d 的范围为从 1 到 2。上式两组位移分别代表平面内 x_1、x_2 方向的位移分量及垂直平面 x_3 方向的位移分量。$u_a^{(0)}(x_1,x_2,t)$ 表示 E/FS 模态位移，$u_a^{(1)}(x_1,x_2,t)$ 对应于 TS/TT 模态位移，$u_a^{(2)}(x_1,x_2,t)$ 对应于 TS2/TT2 模态位移，$u_3^{(0)}(x_1,x_2,t)$ 对应于 F 模态位移，$u_3^{(1)}(x_1,x_2,t)$ 对应于 TE 模态位移。由于低阶模态与高阶模态之间会通过泊松效应发生耦合，因此式 (3.7) 中保留了高阶量 $u_3^{(2)}(x_1,x_2,t)$ 及 $u_i^{(3)}(x_1,x_2,t)$，以提高所推导的二维理论的准确性。后续我们将参照 Mindlin 板理论的推导过程，通过应力释放 (stress relaxation) 的方式消去这些残余高阶位移分量。

基于上述结果可以得知，所需推导的 TE-FBAR 二维板方程包含 8 个仅与 x_1、x_2 和 t 有关的位移分量，即 $u_i^{(0)}$、$u_i^{(1)}$ 和 $u_a^{(2)}$。采用缩并指标的书写方式，二维二阶板方程的应变分量可以表示为

$$S_p \cong S_p^{(0)} + x_3 S_p^{(1)} + x_3^2 S_p^{(1)}, \quad p = 1,2,\cdots,6 \tag{3.8}$$

不同阶次的应变分量可具体表示为

$$\begin{aligned} &S_1^{(0)} = u_{1,1}^{(0)}, \ S_2^{(0)} = u_{2,2}^{(0)}, \ S_3^{(0)} = u_3^{(1)}, \\ &S_4^{(0)} = u_{3,2}^{(0)} + u_2^{(0)}, \ S_5^{(0)} = u_{3,1}^{(0)} + u_1^{(1)}, \ S_6^{(0)} = u_{1,2}^{(0)} + u_{2,1}^{(0)} \end{aligned} \tag{3.9}$$

$$\begin{aligned} &S_1^{(1)} = u_{1,1}^{(1)}, \ S_2^{(1)} = u_{2,2}^{(1)}, \ S_3^{(1)} = 2u_3^{(2)}, \\ &S_4^{(1)} = u_{3,2}^{(1)} + 2u_2^{(2)}, \ S_5^{(1)} = u_{3,1}^{(1)} + 2u_1^{(2)}, \ S_6^{(1)} = u_{1,2}^{(1)} + u_{2,1}^{(1)} \end{aligned} \tag{3.10}$$

$$\begin{aligned} &S_1^{(2)} = u_{1,1}^{(2)}, \ S_2^{(2)} = u_{2,2}^{(2)}, \ S_3^{(2)} = 3u_3^{(3)}, \\ &S_4^{(2)} = u_{3,2}^{(2)} + 3u_2^{(3)}, \ S_5^{(2)} = u_{3,1}^{(2)} + 3u_1^{(3)}, \ S_6^{(2)} = u_{1,2}^{(2)} + u_{2,1}^{(2)} \end{aligned} \tag{3.11}$$

式中，$S_3^{(1)}$、$S_3^{(2)}$、$S_4^{(2)}$ 和 $S_5^{(2)}$ 与式 (3.7) 中位移的残余高阶项相关。如果在推导过程中直接令这几项应变分量为零，会限制其他低阶应变分量由泊松效应引起的变形。因此，为提高板理论的准确度，我们针对这几项应变分量分别施加相应的应力自由条件，这样既能保证低阶应变分量的泊松变形，又可在板方程中消去位移的残余高阶项，也就是前文提到的应力释放法。

由式 (3.4) 可得，二维二阶板理论的运动方程为

$$\begin{aligned} T_{ab,a}^{(0)} &= \rho^{(0)}\ddot{u}_b^{(0)} + \rho^{(1)}\ddot{u}_b^{(1)} + \rho^{(2)}\ddot{u}_b^{(2)} \\ T_{a3,a}^{(0)} &= \rho^{(0)}\ddot{u}_3^{(0)} + \rho^{(1)}\ddot{u}_3^{(1)} \\ T_{ab,a}^{(1)} - T_{3b}^{(0)} &= \rho^{(1)}\ddot{u}_b^{(0)} + \rho^{(2)}\ddot{u}_b^{(1)} + \rho^{(3)}\ddot{u}_b^{(2)} \\ T_{a3,a}^{(1)} - T_{33}^{(0)} &= \rho^{(1)}\ddot{u}_3^{(0)} + \rho^{(2)}\ddot{u}_3^{(1)} \\ T_{ab,a}^{(2)} - 2T_{3b}^{(1)} &= \rho^{(2)}\ddot{u}_b^{(0)} + \rho^{(3)}\ddot{u}_b^{(1)} + \rho^{(4)}\ddot{u}_b^{(2)} \end{aligned} \tag{3.12}$$

相应的本构方程为

$$T_{ij}^{(0)} = c_{ijkl}^{(0)}S_{kl}^{(0)} + c_{ijkl}^{(1)}S_{kl}^{(1)} + c_{ijkl}^{(2)}S_{kl}^{(2)} - e_{kij}^{(0)}E_k$$
$$T_{ij}^{(1)} = c_{ijkl}^{(1)}S_{kl}^{(0)} + c_{ijkl}^{(2)}S_{kl}^{(1)} + c_{ijkl}^{(3)}S_{kl}^{(2)} - e_{kij}^{(1)}E_k \quad (3.13)$$
$$T_{ij}^{(2)} = c_{ijkl}^{(2)}S_{kl}^{(0)} + c_{ijkl}^{(3)}S_{kl}^{(1)} + c_{ijkl}^{(4)}S_{kl}^{(2)} - e_{kij}^{(2)}E_k$$

根据式 (3.13)，我们可以给出应力释放法需要用到的四个应力自由边界条件为

$$T_{33}^{(1)} = c_{33kl}^{(1)}S_{kl}^{(0)} + c_{33kl}^{(2)}S_{kl}^{(1)} + c_{33kl}^{(3)}S_{kl}^{(2)} - e_{k33}^{(1)}E_k = 0$$
$$T_{3j}^{(2)} = c_{3jkl}^{(2)}S_{kl}^{(0)} + c_{3jkl}^{(3)}S_{kl}^{(1)} + c_{3jkl}^{(4)}S_{kl}^{(2)} - e_{k3j}^{(2)}E_k = 0 \quad (3.14)$$

据此可以将应变 $S_3^{(1)}$、$S_3^{(2)}$、$S_4^{(2)}$ 和 $S_5^{(2)}$ 由式 (3.9)～式 (3.11) 中的其他应变分量来表示，也就消去了二维板方程中位移的残余高阶项。进一步将应变表达式代入本构方程 (3.13) 中，即可得到剩余的二维二阶板理论本构方程：

$$T_{ij}^{(0)} = \overline{c}_{ijkl}^{(0)}S_{kl}^{(0)} + \overline{c}_{ijkl}^{(1)}S_{kl}^{(1)} + \overline{c}_{ijkl}^{(2)}S_{kl}^{(2)} - \overline{e}_{kij}^{(0)}E_k$$
$$T_{ij}^{(1)} = \hat{c}_{ijkl}^{(1)}S_{kl}^{(0)} + \hat{c}_{ijkl}^{(2)}S_{kl}^{(1)} + \hat{c}_{ijkl}^{(3)}S_{kl}^{(2)} - \hat{e}_{kij}^{(1)}E_k, \quad ij \neq 33 \quad (3.15)$$
$$T_{ij}^{(2)} = \tilde{c}_{ijkl}^{(2)}S_{kl}^{(0)} + \tilde{c}_{ijkl}^{(3)}S_{kl}^{(1)} + \tilde{c}_{ijkl}^{(4)}S_{kl}^{(2)} - \tilde{e}_{kij}^{(2)}E_k, \quad i,j \neq 3$$

式中，$\overline{c}_{ijkl}^{(n)}$、$\hat{c}_{ijkl}^{(n)}$ 和 $\tilde{c}_{ijkl}^{(n)}$ 表示二维板理论的等效刚度系数，它们的表达式将在后续推导中进一步给出。至此，我们初步确定了二维二阶板理论，包括式 (3.12) 的 8 个运动方程、式 (3.15) 的 14 个本构方程及式 (3.9)～式 (3.11) 中的几何方程。

3.1.3 修正系数

3.1.2 节中，我们初步得到了二维二阶板方程的表达式。但是由于忽略了位移展开式中的高阶项，必然会引起所谓的截断误差，因此我们需要引入修正系数对截断误差进行修正。

首先给出二维二阶板理论的电焓能密度及动能密度表达式，分别为

$$\overline{H}(S_{kl}^{(0)}, S_{kl}^{(1)}, S_{kl}^{(2)}) = \int_{-h}^{h} H \mathrm{d}x_3$$
$$= \frac{1}{2}\overline{c}_{ijkl}^{(0)}S_{ij}^{(0)}S_{kl}^{(0)} + \frac{1}{2}\overline{c}_{ijkl}^{(2)}S_{ij}^{(1)}S_{kl}^{(1)} + \frac{1}{2}\overline{c}_{ijkl}^{(4)}S_{ij}^{(2)}S_{kl}^{(2)}$$
$$+ \overline{c}_{ijkl}^{(1)}S_{ij}^{(0)}S_{kl}^{(1)} + \overline{c}_{ijkl}^{(2)}S_{ij}^{(0)}S_{kl}^{(2)} + \overline{c}_{ijkl}^{(3)}S_{ij}^{(1)}S_{kl}^{(2)}$$
$$- \overline{e}_{kij}^{(0)}S_{ij}^{(0)}E_k - \overline{e}_{kij}^{(1)}S_{ij}^{(1)}E_k - \overline{e}_{kij}^{(2)}S_{kl}^{(2)}E_k \quad (3.16)$$
$$\overline{K} = \int_{-h}^{h} \frac{1}{2}\rho \dot{u}_i \dot{u}_i \mathrm{d}x_3$$
$$= \frac{1}{2}\rho^{(0)}\dot{u}_b^{(0)}\dot{u}_b^{(0)} + \frac{1}{2}\rho^{(2)}\dot{u}_b^{(2)}\dot{u}_b^{(1)} + \frac{1}{2}\rho^{(4)}\dot{u}_b^{(2)}\dot{u}_b^{(2)}$$

$$+\rho^{(1)}\dot{u}_b^{(0)}\dot{u}_b^{(1)}+\rho^{(2)}\dot{u}_b^{(0)}\dot{u}_b^{(2)}+\rho^{(3)}\dot{u}_b^{(1)}\dot{u}_b^{(2)}$$

$$+\frac{1}{2}\rho^{(0)}\dot{u}_3^{(0)}\dot{u}_3^{(0)}+\frac{1}{2}\rho^{(2)}\dot{u}_3^{(1)}\dot{u}_3^{(1)}+\rho^{(1)}\dot{u}_3^{(0)}\dot{u}_3^{(1)} \tag{3.17}$$

进而可以根据电焓能密度表达式推导式(3.15)所示的二维二阶理论本构方程为

$$T_{kl}^{(0)}=\frac{\partial \bar{H}}{\partial S_{kl}^{(0)}},\quad T_{kl}^{(1)}=\frac{\partial \bar{H}}{\partial S_{kl}^{(1)}},\quad T_{kl}^{(2)}=\frac{\partial \bar{H}}{\partial S_{kl}^{(2)}} \tag{3.18}$$

　　未引入修正系数时，由式(3.18)导出的结果与式(3.15)完全一致。为补偿截断误差，我们在电焓能密度表达式中引入修正系数。具体做法是在式(3.16)中将 $S_{3a}^{(0)}$ 替换为 $\kappa_0 S_{3a}^{(0)}$，$S_{33}^{(0)}$ 替换为 $\kappa_1 S_{33}^{(0)}$，$S_{3a}^{(1)}$ 替换为 $\kappa_2 S_{3a}^{(1)}$；在动能密度表达式中，将 $\dot{u}_3^{(1)}$ 替换为 $\kappa_3 \dot{u}_3^{(1)}$。$\kappa_i(i=0,1,2,3)$ 为待定常数，其具体值需要根据频散曲线的研究结果进一步确定。四个修正系数中，κ_0、κ_1 和 κ_2 主要影响频散曲线中 TS1、TE 和 TS2 模态的截止频率，κ_3 用于调整 TE 模态曲线截止频率处的曲率。经过修正的二维二阶板理论的本构关系可由式(3.18)确定，几何方程与 3.1.2 节中给出的相同，运动方程具有如下形式：

$$T_{ab,a}^{(0)}=\rho^{(0)}\ddot{u}_b^{(0)}+\rho^{(1)}\ddot{u}_b^{(1)}+\rho^{(2)}\ddot{u}_b^{(2)}$$

$$T_{a3,a}^{(0)}=\rho^{(0)}\ddot{u}_3^{(0)}+\rho^{(1)}\kappa_3\ddot{u}_3^{(1)}$$

$$T_{ab,a}^{(1)}-T_{3b}^{(0)}=\rho^{(1)}\ddot{u}_b^{(0)}+\rho^{(2)}\ddot{u}_b^{(1)}+\rho^{(3)}\ddot{u}_b^{(2)} \tag{3.19}$$

$$T_{a3,a}^{(1)}-T_{33}^{(0)}=\rho^{(1)}\kappa_3\ddot{u}_3^{(0)}+\rho^{(2)}\kappa_3^2\ddot{u}_3^{(1)}$$

$$T_{ab,a}^{(2)}-2T_{3b}^{(1)}=\rho^{(2)}\ddot{u}_b^{(0)}+\rho^{(3)}\ddot{u}_b^{(1)}+\rho^{(4)}\ddot{u}_b^{(2)}$$

3.2　FBAR 的二维二阶板理论

　　本节将针对具体的 TE-FBAR 结构，结合器件的实际材料参数，推导 TE-FBAR 的二维高阶板方程。FBAR 常用的压电薄膜为氮化铝(AlN)或氧化锌(ZnO)材料，属于 6mm 晶系，其材料参数矩阵已在式(2.7)中给出。考虑晶体的对称性，含有修正系数的 TE-FBAR 二维板理论的本构方程可由式(3.18)求得，为

$$T_1^{(0)}=\bar{c}_{11}^{(0)}S_1^{(0)}+\bar{c}_{12}^{(0)}S_2^{(0)}+\kappa_1\bar{c}_{13}^{(0)}S_3^{(0)}+\bar{c}_{11}^{(1)}S_1^{(1)}+\bar{c}_{12}^{(1)}S_2^{(1)}+\bar{c}_{11}^{(2)}S_1^{(2)}+\bar{c}_{12}^{(2)}S_2^{(2)}-\bar{e}_{31}^{(0)}E_3$$

$$T_2^{(0)}=\bar{c}_{12}^{(0)}S_1^{(0)}+\bar{c}_{11}^{(0)}S_2^{(0)}+\kappa_1\bar{c}_{13}^{(0)}S_3^{(0)}+\bar{c}_{12}^{(1)}S_1^{(1)}+\bar{c}_{11}^{(1)}S_2^{(1)}+\bar{c}_{12}^{(2)}S_1^{(2)}+\bar{c}_{11}^{(2)}S_2^{(2)}-\bar{e}_{31}^{(0)}E_3$$

$$T_3^{(0)}=\kappa_1\bar{c}_{31}^{(0)}\left[S_1^{(0)}+S_2^{(0)}\right]+\kappa_1^2\bar{c}_{33}^{(0)}S_3^{(0)}$$

$$\qquad+\kappa_1\bar{c}_{31}^{(1)}\left[S_1^{(1)}+S_2^{(1)}\right]+\kappa_1\bar{c}_{31}^{(2)}\left[S_1^{(2)}+S_2^{(2)}\right]-\kappa_1\bar{e}_{33}^{(0)}E_3$$

$$T_4^{(0)}=\kappa_0^2\bar{c}_{44}^{(0)}S_4^{(0)}+\kappa_0\kappa_2\bar{c}_{44}^{(1)}S_4^{(1)}$$

$$T_5^{(0)} = \kappa_0^2 \bar{c}_{44}^{(0)} S_5^{(0)} + \kappa_0 \kappa_2 \bar{c}_{44}^{(1)} S_5^{(1)}$$

$$T_6^{(0)} = c_{66}^{(0)} S_6^{(0)} + c_{66}^{(1)} S_6^{(1)} + c_{66}^{(2)} S_6^{(2)} \tag{3.20}$$

$$T_1^{(1)} = \hat{c}_{11}^{(1)} S_1^{(0)} + \hat{c}_{12}^{(1)} S_2^{(0)} + \kappa_1 \hat{c}_{13}^{(1)} S_3^{(0)} + \hat{c}_{11}^{(2)} S_1^{(1)} + \hat{c}_{12}^{(2)} S_2^{(1)} + \hat{c}_{11}^{(3)} S_1^{(2)} + \hat{c}_{12}^{(3)} S_2^{(2)} - \hat{e}_{31}^{(1)} E_3$$

$$T_2^{(1)} = \hat{c}_{12}^{(1)} S_1^{(0)} + \hat{c}_{11}^{(1)} S_2^{(0)} + \kappa_1 \hat{c}_{13}^{(1)} S_3^{(0)} + \hat{c}_{12}^{(2)} S_1^{(1)} + \hat{c}_{11}^{(2)} S_2^{(1)} + \hat{c}_{12}^{(3)} S_1^{(2)} + \hat{c}_{11}^{(3)} S_2^{(2)} - \hat{e}_{31}^{(1)} E_3$$

$$T_4^{(1)} = \kappa_0 \kappa_2 \hat{c}_{44}^{(1)} S_4^{(0)} + \kappa_2^2 \hat{c}_{44}^{(2)} S_4^{(1)}$$

$$T_5^{(1)} = \kappa_0 \kappa_2 \hat{c}_{44}^{(1)} S_5^{(0)} + \kappa_2^2 \hat{c}_{44}^{(2)} S_5^{(1)}$$

$$T_6^{(1)} = c_{66}^{(1)} S_6^{(0)} + c_{66}^{(2)} S_6^{(1)} + c_{66}^{(3)} S_6^{(2)} \tag{3.21}$$

$$T_1^{(2)} = \tilde{c}_{11}^{(2)} S_1^{(0)} + \tilde{c}_{12}^{(2)} S_2^{(0)} + \kappa_1 \tilde{c}_{13}^{(2)} S_3^{(0)} + \tilde{c}_{11}^{(3)} S_1^{(1)} + \tilde{c}_{12}^{(3)} S_2^{(1)} + \tilde{c}_{11}^{(4)} S_1^{(2)} + \tilde{c}_{12}^{(4)} S_2^{(2)} - \tilde{e}_{31}^{(2)} E_3$$

$$T_2^{(2)} = \tilde{c}_{12}^{(2)} S_1^{(0)} + \tilde{c}_{11}^{(2)} S_2^{(0)} + \kappa_1 \tilde{c}_{13}^{(2)} S_3^{(0)} + \tilde{c}_{12}^{(3)} S_1^{(1)} + \tilde{c}_{11}^{(3)} S_2^{(1)} + \tilde{c}_{12}^{(4)} S_1^{(2)} + \tilde{c}_{11}^{(4)} S_2^{(2)} - \tilde{e}_{31}^{(2)} E_3$$

$$T_6^{(2)} = c_{66}^{(2)} S_6^{(0)} + c_{66}^{(3)} S_6^{(1)} + c_{66}^{(4)} S_6^{(2)} \tag{3.22}$$

式(3.20)～式(3.22)中,

$$\bar{c}_{11}^{(0)} = c_{11}^{(0)} + c_{13}^{(1)} \gamma_{3110} + c_{13}^{(2)} \gamma_{3210}, \quad \bar{c}_{12}^{(0)} = c_{12}^{(0)} + c_{13}^{(1)} \gamma_{3110} + c_{13}^{(2)} \gamma_{3210},$$

$$\bar{c}_{13}^{(0)} = c_{13}^{(0)} + c_{33}^{(1)} \gamma_{3110} + c_{33}^{(2)} \gamma_{3210},$$

$$\bar{c}_{11}^{(1)} = c_{11}^{(1)} + c_{13}^{(2)} \gamma_{3110} + c_{13}^{(3)} \gamma_{3210}, \quad \bar{c}_{12}^{(1)} = c_{12}^{(1)} + c_{13}^{(2)} \gamma_{3110} + c_{13}^{(3)} \gamma_{3210},$$

$$\bar{c}_{11}^{(2)} = c_{11}^{(2)} + c_{13}^{(3)} \gamma_{3110} + c_{13}^{(4)} \gamma_{3210}, \quad \bar{c}_{12}^{(2)} = c_{12}^{(2)} + c_{13}^{(3)} \gamma_{3110} + c_{13}^{(4)} \gamma_{3210},$$

$$\bar{c}_{31}^{(0)} = c_{13}^{(0)} + c_{13}^{(1)} \gamma_{3130} + c_{13}^{(2)} \gamma_{3230}, \quad \bar{c}_{33}^{(0)} = c_{33}^{(0)} + c_{33}^{(1)} \gamma_{3130} + c_{33}^{(2)} \gamma_{3230},$$

$$\bar{c}_{31}^{(1)} = c_{13}^{(1)} + c_{13}^{(2)} \gamma_{3130} + c_{13}^{(3)} \gamma_{3230}, \quad \bar{c}_{31}^{(2)} = c_{13}^{(2)} + c_{13}^{(3)} \gamma_{3130} + c_{13}^{(4)} \gamma_{3230},$$

$$\bar{c}_{44}^{(0)} = c_{44}^{(0)} - c_{44}^{(2)} c_{44}^{(2)} / c_{44}^{(4)}, \quad \bar{c}_{44}^{(1)} = c_{44}^{(1)} - c_{44}^{(2)} c_{44}^{(3)} / c_{44}^{(4)},$$

$$\bar{e}_{31}^{(0)} = e_{31}^{(0)} + e_{33}^{(1)} \gamma_{3110} + e_{33}^{(2)} \gamma_{3210}, \quad \bar{e}_{33}^{(0)} = e_{33}^{(0)} + e_{33}^{(1)} \gamma_{3130} + e_{33}^{(2)} \gamma_{3230} \tag{3.23}$$

$$\hat{c}_{11}^{(1)} = c_{11}^{(1)} + c_{13}^{(1)} \gamma_{3111} + c_{13}^{(2)} \gamma_{3211}, \quad \hat{c}_{12}^{(1)} = c_{12}^{(1)} + c_{13}^{(1)} \gamma_{3111} + c_{13}^{(2)} \gamma_{3211},$$

$$\hat{c}_{13}^{(1)} = c_{13}^{(1)} + c_{33}^{(1)} \gamma_{3111} + c_{33}^{(2)} \gamma_{3211},$$

$$\hat{c}_{11}^{(2)} = c_{11}^{(2)} + c_{13}^{(2)} \gamma_{3111} + c_{13}^{(3)} \gamma_{3211}, \quad \hat{c}_{12}^{(2)} = c_{12}^{(2)} + c_{13}^{(2)} \gamma_{3111} + c_{13}^{(3)} \gamma_{3211},$$

$$\hat{c}_{11}^{(3)} = c_{11}^{(3)} + c_{13}^{(3)} \gamma_{3111} + c_{13}^{(4)} \gamma_{3211}, \quad \hat{c}_{12}^{(3)} = c_{12}^{(3)} + c_{13}^{(3)} \gamma_{3111} + c_{13}^{(4)} \gamma_{3211},$$

$$\hat{c}_{44}^{(1)} = c_{44}^{(1)} - c_{44}^{(2)} c_{44}^{(3)} / c_{44}^{(4)}, \quad \hat{c}_{44}^{(2)} = c_{44}^{(2)} - c_{44}^{(3)} c_{44}^{(3)} / c_{44}^{(4)},$$

$$\hat{e}_{31}^{(1)} = e_{31}^{(1)} + e_{33}^{(1)} \gamma_{3111} + e_{33}^{(2)} \gamma_{3211} \tag{3.24}$$

$$\tilde{c}_{11}^{(2)} = c_{11}^{(2)} + c_{13}^{(1)} \gamma_{3112} + c_{13}^{(2)} \gamma_{3212}, \quad \tilde{c}_{12}^{(2)} = c_{12}^{(2)} + c_{13}^{(1)} \gamma_{3112} + c_{13}^{(2)} \gamma_{3212},$$

$$\tilde{c}_{13}^{(2)} = c_{13}^{(2)} + c_{33}^{(1)} \gamma_{3112} + c_{33}^{(2)} \gamma_{3212},$$

$$\tilde{c}_{11}^{(3)} = c_{11}^{(3)} + c_{13}^{(2)} \gamma_{3112} + c_{13}^{(3)} \gamma_{3212}, \quad \tilde{c}_{12}^{(3)} = c_{12}^{(3)} + c_{13}^{(2)} \gamma_{3112} + c_{13}^{(3)} \gamma_{3212},$$

$$\tilde{c}_{11}^{(4)} = c_{11}^{(4)} + c_{13}^{(3)} \gamma_{3112} + c_{13}^{(4)} \gamma_{3212}, \quad \tilde{c}_{12}^{(4)} = c_{12}^{(4)} + c_{13}^{(3)} \gamma_{3112} + c_{13}^{(4)} \gamma_{3212},$$

$$\tilde{e}_{31}^{(2)} = e_{31}^{(2)} + e_{33}^{(1)} \gamma_{3112} + e_{33}^{(2)} \gamma_{3212} \tag{3.25}$$

式中，

$$\gamma_{3110} = \frac{c_{33}^{(3)}c_{13}^{(2)} - c_{33}^{(4)}c_{13}^{(1)}}{c_{33}^{(2)}c_{33}^{(4)} - c_{33}^{(3)}c_{33}^{(3)}}, \quad \gamma_{3130} = \frac{c_{33}^{(3)}c_{33}^{(2)} - c_{33}^{(4)}c_{33}^{(1)}}{c_{33}^{(2)}c_{33}^{(4)} - c_{33}^{(3)}c_{33}^{(3)}}, \quad \gamma_{3111} = \frac{c_{33}^{(3)}c_{13}^{(3)} - c_{33}^{(4)}c_{13}^{(2)}}{c_{33}^{(2)}c_{33}^{(4)} - c_{33}^{(3)}c_{33}^{(3)}},$$

$$\gamma_{3112} = \frac{c_{33}^{(3)}c_{13}^{(4)} - c_{33}^{(4)}c_{13}^{(3)}}{c_{33}^{(2)}c_{33}^{(4)} - c_{33}^{(3)}c_{33}^{(3)}}, \quad \gamma_{3210} = \frac{c_{33}^{(3)}c_{13}^{(1)} - c_{33}^{(2)}c_{13}^{(2)}}{c_{33}^{(2)}c_{33}^{(4)} - c_{33}^{(3)}c_{33}^{(3)}}, \quad \gamma_{3230} = \frac{c_{33}^{(3)}c_{33}^{(1)} - c_{33}^{(2)}c_{33}^{(2)}}{c_{33}^{(2)}c_{33}^{(4)} - c_{33}^{(3)}c_{33}^{(3)}}, \tag{3.26}$$

$$\gamma_{3211} = \frac{c_{33}^{(3)}c_{13}^{(2)} - c_{33}^{(2)}c_{13}^{(3)}}{c_{33}^{(2)}c_{33}^{(4)} - c_{33}^{(3)}c_{33}^{(3)}}, \quad \gamma_{3212} = \frac{c_{33}^{(3)}c_{13}^{(3)} - c_{33}^{(2)}c_{13}^{(4)}}{c_{33}^{(2)}c_{33}^{(4)} - c_{33}^{(3)}c_{33}^{(3)}}$$

3.3　频散关系验证

频散关系的求解在板状结构的振动问题研究中是十分重要的一个环节，它包含了结构振动的特征模态、谐振频率等基本信息。在石英谐振器高阶板理论的研究工作中，频散曲线对比是检验板理论准确性的主要依据。本节同样采用这种方式，将检验所推导的 FBAR 二维板理论的准确性。考虑 TE-FBAR 的无限大板状结构中沿着 x_1 方向传播的直峰波，即忽略位移在 x_2 方向的变化，推导由 TE-FBAR 二维高阶板理论所确定的频散关系，进一步与三维线弹性压电理论所得的频散关系结果进行匹配，即可确定修正系数的具体值。在直峰波假设下，FBAR 二维理论控制方程 (3.19) 的 8 个方程可以解耦为两组，一组为关于 $u_1^{(0)}$、$u_1^{(1)}$、$u_1^{(2)}$、$u_3^{(0)}$ 和 $u_3^{(1)}$ 的五个方程，即

$$\bar{c}_{11}^{(0)}u_{1,11}^{(0)} + \kappa_1\bar{c}_{13}^{(0)}u_{3,1}^{(1)} + \bar{c}_{11}^{(1)}u_{1,11}^{(1)} + \bar{c}_{11}^{(2)}u_{1,11}^{(2)} = \rho^{(0)}\ddot{u}_1^{(0)} + \rho^{(1)}\ddot{u}_1^{(1)} + \rho^{(2)}\ddot{u}_1^{(2)}$$

$$\kappa_0^2\bar{c}_{44}^{(0)}\left(u_{3,11}^{(0)} + u_{1,1}^{(1)}\right) + \kappa_0\kappa_2\bar{c}_{44}^{(1)}\left(u_{3,11}^{(1)} + 2u_{1,1}^{(2)}\right) = \rho^{(0)}\ddot{u}_3^{(0)} + \rho^{(1)}\kappa_3\ddot{u}_3^{(1)}$$

$$\hat{c}_{11}^{(1)}u_{1,11}^{(0)} + \kappa_1\hat{c}_{13}^{(1)}u_{3,1}^{(1)} + \hat{c}_{11}^{(2)}u_{1,11}^{(1)} + \hat{c}_{11}^{(3)}u_{1,11}^{(2)}$$
$$- \kappa_0^2\bar{c}_{44}^{(0)}\left(u_{3,1}^{(0)} + u_1^{(1)}\right) + \kappa_0\kappa_2\bar{c}_{44}^{(1)}\left(u_{3,1}^{(1)} + 2u_1^{(2)}\right) = \rho^{(1)}\ddot{u}_1^{(0)} + \rho^{(2)}\ddot{u}_1^{(1)} + \rho^{(3)}\ddot{u}_1^{(2)}$$

$$\kappa_0\kappa_2\hat{c}_{44}^{(1)}\left(u_{3,11}^{(0)} + u_{1,1}^{(1)}\right) + \kappa_2^2\hat{c}_{44}^{(2)}\left(u_{3,11}^{(1)} + 2u_{1,1}^{(2)}\right)$$
$$- \kappa_1\bar{c}_{31}^{(0)}u_{1,1}^{(0)} - \kappa_1^2\bar{c}_{33}^{(0)}u_3^{(1)} - \kappa_1\bar{c}_{31}^{(1)}u_{1,1}^{(1)} - \kappa_1\bar{c}_{31}^{(2)}u_{1,1}^{(2)} = \rho^{(1)}\kappa_3\ddot{u}_3^{(0)} + \rho^{(2)}\kappa_3^2\ddot{u}_3^{(1)}$$

$$\tilde{c}_{11}^{(2)}u_{1,11}^{(0)} + \kappa_1\tilde{c}_{13}^{(2)}u_{3,1}^{(1)} + \tilde{c}_{11}^{(3)}u_{1,11}^{(1)} + \tilde{c}_{11}^{(4)}u_{1,11}^{(2)}$$
$$- 2\kappa_0\kappa_2\hat{c}_{44}^{(1)}\left(u_{3,1}^{(0)} + u_1^{(1)}\right) - 2\kappa_2^2\hat{c}_{44}^{(2)}\left(u_{3,1}^{(1)} + 2u_1^{(2)}\right) = \rho^{(2)}\ddot{u}_1^{(0)} + \rho^{(3)}\ddot{u}_1^{(1)} + \rho^{(4)}\ddot{u}_1^{(2)}$$

$$\tag{3.27}$$

另一组为关于 $u_2^{(0)}$、$u_2^{(1)}$ 和 $u_2^{(2)}$ 的三个方程，即

$$c_{66}^{(0)} u_{2,11}^{(0)} + c_{66}^{(1)} u_{2,11}^{(1)} + c_{66}^{(2)} u_{2,11}^{(2)} = \rho^{(0)} \ddot{u}_2^{(0)} + \rho^{(1)} \ddot{u}_2^{(1)} + \rho^{(2)} \ddot{u}_2^{(2)}$$

$$c_{66}^{(1)} u_{2,11}^{(0)} + c_{66}^{(2)} u_{2,11}^{(1)} + c_{66}^{(3)} u_{2,11}^{(2)}$$

$$- \kappa_0^2 \bar{c}_{44}^{(0)} u_2^{(1)} - 2\kappa_0 \kappa_2 \bar{c}_{44}^{(1)} u_2^{(2)} = \rho^{(1)} \ddot{u}_2^{(0)} + \rho^{(2)} \ddot{u}_2^{(1)} + \rho^{(3)} \ddot{u}_2^{(2)} \qquad (3.28)$$

$$c_{66}^{(2)} u_{2,11}^{(0)} + c_{66}^{(3)} u_{2,11}^{(1)} + c_{66}^{(4)} u_{2,11}^{(2)}$$

$$- 2\kappa_0 \kappa_2 \hat{c}_{44}^{(1)} u_2^{(1)} - 4\kappa_2^2 \hat{c}_{44}^{(2)} u_2^{(2)} = \rho^{(2)} \ddot{u}_2^{(0)} + \rho^{(3)} \ddot{u}_2^{(1)} + \rho^{(4)} \ddot{u}_2^{(2)}$$

压电薄膜的材料属于 6mm 晶系，为面内各向同性材料，因此，我们仅需计算式(3.27)所确定的频散关系，将之与三维弹性理论确定的频散关系比较，即可得到修正系数的具体值。与控制方程相对应，二维板理论直峰波解的几何方程如下：

$$S_1^{(0)} = u_{1,1}^{(0)}, \quad S_3^{(0)} = u_3^{(1)}, \quad S_5^{(0)} = u_{3,1}^{(0)} + u_1^{(1)},$$

$$S_1^{(1)} = u_{1,1}^{(1)}, \quad S_5^{(1)} = u_{3,1}^{(1)} + 2u_1^{(2)}, \quad S_1^{(2)} = u_{1,1}^{(2)} \qquad (3.29)$$

本构方程如下：

$$T_1^{(0)} = \bar{c}_{11}^{(0)} S_1^{(0)} + \kappa_1 \bar{c}_{13}^{(0)} S_3^{(0)} + \bar{c}_{11}^{(1)} S_1^{(1)} + \bar{c}_{11}^{(2)} S_1^{(2)} - \bar{e}_{31}^{(0)} E_3$$

$$T_3^{(0)} = \kappa_1 \bar{c}_{31}^{(0)} S_1^{(0)} + \kappa_1^2 \bar{c}_{33}^{(0)} S_3^{(0)} + \kappa_1 \bar{c}_{31}^{(1)} S_1^{(1)} + \kappa_1 \bar{c}_{31}^{(2)} S_1^{(2)} - \kappa_1 \bar{e}_{33}^{(0)} E_3$$

$$T_5^{(0)} = \kappa_0^2 \bar{c}_{44}^{(0)} S_5^{(0)} + \kappa_0 \kappa_2 \bar{c}_{44}^{(1)} S_5^{(1)} \qquad (3.30)$$

$$T_1^{(1)} = \hat{c}_{11}^{(1)} S_1^{(0)} + \kappa_1 \hat{c}_{13}^{(1)} S_3^{(0)} + \hat{c}_{11}^{(2)} S_1^{(1)} + \hat{c}_{11}^{(3)} S_1^{(2)} - \hat{e}_{31}^{(1)} E_3$$

$$T_5^{(1)} = \kappa_0 \kappa_2 \hat{c}_{44}^{(1)} S_5^{(0)} + \kappa_2^2 \hat{c}_{44}^{(2)} S_5^{(1)}$$

$$T_1^{(2)} = \tilde{c}_{11}^{(2)} S_1^{(0)} + \kappa_1 \tilde{c}_{13}^{(2)} S_3^{(0)} + \tilde{c}_{11}^{(3)} S_1^{(1)} + \tilde{c}_{11}^{(4)} S_1^{(2)} - \tilde{e}_{31}^{(2)} E_3$$

根据控制方程(3.27)，考虑到各阶模态位移的对称性及 TE-FBAR 的实际工作情况，直峰波解的各位移分量可假设为

$$u_1^{(0)} = A_0 \sin kx_1 \exp(i\omega t), \quad u_3^{(0)} = B_0 \cos kx_1 \exp(i\omega t)$$

$$u_1^{(1)} = \frac{A_1 \sin kx_1 \exp(i\omega t)}{h^f}, \quad u_3^{(1)} = \frac{B_1 \cos kx_1 \exp(i\omega t)}{h^f}, \qquad (3.31)$$

$$u_1^{(2)} = \frac{A_2 \sin kx_1 \exp(i\omega t)}{(h^f)^2}$$

式中，A_0、A_1、A_2、B_0 和 B_1 为待定常数；k 为 x_1 方向波数；i 为虚数单位；ω 为频率。为方便后续计算及分析，定义频率及波数的无量纲化形式为

$$\Omega = \omega h^f \sqrt{\frac{\rho^f}{c_{44}^f}}, \quad \xi = kh^f \qquad (3.32)$$

将式(3.31)代入控制方程(3.27)，可以得到由五个方程组成的齐次线性方程

组，自变量为 A_0、A_1、A_2、B_0 和 B_1。为确保齐次线性方程组有非平凡解，必须保证该方程组的系数矩阵行列式等于 0，即

$$\det\left(\left[\Omega,\xi\right]_{5\times5}\right)=0 \qquad (3.33)$$

求解超越方程(3.33)即可得到 TE-FBAR 二维板理论所确定的频散曲线结果，频散曲线中共包含五个分支，分别对应 F、E、TS1、TS2 及 TE 模态。对于无限大 FBAR 结构，应用三维弹性理论结合直峰波假设，可以求得频散曲线的三维精确结果，具体结果已在第 2 章中给出。在式(3.33)中，令波数 ξ 为零，可以得到 TS1 模态、TS2 模态及 TE 模态的截止频率表达式，而 TE 模态的曲率表达式可按文献[5]中介绍的方法求得。如下所示，在二维板理论的截止频率、曲率表达式与三维弹性理论所确定的截止频率、曲率之间建立等式关系，得到由四个方程组成的方程组，求解该方程组即可确定四个修正系数的具体数值结果。

$$\begin{aligned}
\bar{\Omega}_{\mathrm{TS1}}(\kappa_0,\kappa_1,\kappa_2,\kappa_3)&=\tilde{\Omega}_{\mathrm{TS1}}\\
\bar{\Omega}_{\mathrm{TS2}}(\kappa_0,\kappa_1,\kappa_2,\kappa_3)&=\tilde{\Omega}_{\mathrm{TS2}}\\
\bar{\Omega}_{\mathrm{TE}}(\kappa_0,\kappa_1,\kappa_2,\kappa_3)&=\tilde{\Omega}_{\mathrm{TE}}\\
\bar{C}_{\mathrm{TE}}(\kappa_0,\kappa_1,\kappa_2,\kappa_3)&=\tilde{C}_{\mathrm{TE}}
\end{aligned} \qquad (3.34)$$

式中，等号左侧表示二维理论的截止频率、曲率的表达式；等号右侧表示根据三维弹性理论求得的精确数值，可以由第 2 章介绍的方法求得。

3.4　结果与讨论

根据文献调研结果，结合真实器件结构的尺寸信息，计算选择的 FBAR 各层厚度分别为

$$h^f=1.5\,\mu\mathrm{m},\ h^s=1\,\mu\mathrm{m},\ h^b=0.3\,\mu\mathrm{m} \qquad (3.35)$$

式中，h^f、h^s 和 h^b 分别对应压电薄膜、弹性补偿层、下电极的厚度。此外，定义 $R'=\rho^t h^t/(\rho^f h^f)$ 为覆盖电极模型的质量比。本章选择 ZnO 作为压电薄膜、SiO_2 作为弹性补偿层材料、Al 作为上下电极层材料，进行具体的算例研究，各材料的密度、弹性常数、压电系数、介电常数均可在文献[6]中查得。本章介绍的二维高阶板理论由两组形式一致的方程组成，分别对应上表面完全覆盖电极模型和上表面无覆盖电极模型，二者之间的区别主要在修正系数及等效材料参数的具体数值中体现。根据式(3.34)，我们计算了 TE-FBAR 二维板理论中不同质量比对应的修正系数的具体值，列于表 3.1 中，其中 $R'=0$ 对应无覆盖电极模型。

表 3.1　　TE-FBAR 二维板理论中不同质量比对应的修正系数结果

R'	κ_0	κ_1	κ_2	κ_3
0	1.3779	2.9382	0.7730	2.2517
0.01	1.3708	2.5402	0.7715	1.9715
0.02	1.3646	2.5551	0.7704	1.9857
0.03	1.3592	2.5633	0.7697	1.9949
0.04	1.3544	2.5543	0.7694	1.9911

确定修正系数以后，我们就可以计算二维板理论的频散曲线结果，将之与三维弹性理论的结果进行对比，以确定二维理论的准确性。图 3.2 给出了质量比为 0 和 0.01 的频散曲线对比结果，分别对应无覆盖电极模型和完全覆盖电极模型，其中实线由三维弹性理论求得，虚线由我们推导的二维板理论求得。在 Mindlin 板理论的研究工作中，频散曲线的吻合情况是判断二维板理论准确性的主要手段[7-11]，因此我们同样采用这种方式对 TE-FBAR 二维板理论进行验证。从图 3.2 中可以明显看出，TS1、TS2 和 TE 模态的截止频率及 TE 模态的曲率几乎完全吻合，表明推导过程中所采用的应力释放法及修正系数的引入很好地完成了对二维板理论的修正。此外，两组频散曲线在 TE 模态的截止频率附近 (Ω_{TE})，即长波长 (小波数) 范围内吻合效果十分良好。我们知道，器件实际工作时，其工作模态 TE 在面内方向通常为半个波长，而器件的长度约为薄膜厚度的 50 倍甚至更多，根据波长和波数的关系，我们可以得到

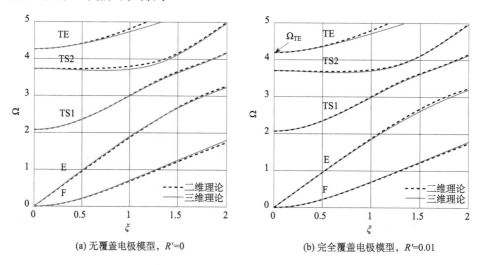

(a) 无覆盖电极模型，R'=0　　　　　　　(b) 完全覆盖电极模型，R'=0.01

图 3.2　TE-FBAR 频散曲线对比结果

实线表示三维精确理论计算结果，虚线表示二维板理论计算结果

$$\frac{\lambda}{2} = \frac{\pi}{k} \approx 50 \times 2h^f \tag{3.36}$$

由此我们可以得知，FBAR 实际工作时，其工作模态的无量纲化波数范围为 $\xi = kh^f \ll 0.1$，恰恰就是图中对应的 TE 模态小波数范围结果。频散曲线的对比结果表明，我们所推导的 TE-FBAR 二维板理论能够准确、高效地对 FBAR 的工作模态信息进行预测。此外，TE-FBAR 二维板理论的频散曲线结果中同样包含了耦合模态 F、E、TS1 和 TS2 的曲线，且基本趋势与三维理论结果一致，表明二维板理论具备研究 FBAR 耦合模态规律的能力。因此，应用 TE-FBAR 二维板理论能够帮助我们深入地理解多模态耦合振动的内在机理，分析耦合效应强弱对器件工作性能的影响，进而总结相关规律以对器件的设计进行指导。二维板理论的准确性将在后续关于 Frame 型 FBAR 的设计研究中通过与有限元法结果的对比得到进一步验证。

3.5　总　　结

本章作为后续工作的基础，从三维线弹性压电理论出发，结合 Mindlin 高阶板理论的知识，推导了适合于分析 TE-FBAR 器件的二维板方程。该组方程可以描述 F、E、TS1、TS2 及 TE 模态的耦合振动情况，能够对器件工作模态进行准确预测。针对完全覆盖电极及无覆盖电极两种基本模型，推导了形式一致、修正系数及等效材料参数有所不同的二维板方程，为后续对 FBAR 的进一步分析和设计提供高效可靠的理论工具。通过具体算例的计算，对比了三维弹性理论与 TE-FBAR 二维高阶板理论所得频散曲线结果，验证了二维板理论的准确性。

参 考 文 献

[1] Yang J S, Yang X, Turner J A, et al. Two-dimensional equations for electroelastic plates with relatively large shear deformations. IEEE Transactions on Ultrasonics, Ferroelectrics, and Frequency Control, 2003, 50(7): 765-772.

[2] Mindlin R D. Coupled piezoelectric vibrations of quartz plates. International Journal of Solids and Structures, 1974, 10(4): 453-459.

[3] Mindlin R D. An Introduction to the Mathematical Theory of Vibrations of Elastic Plates. Singapore: World Scientific, 2006.

[4] Herrmann G R D. R. D. Mindlin and Applied Mechanics: A Collection of Studies in the Development of Applied Mechanics Dedicated to Professor Raymond D. Mindlin by His Former Students. New York: Pergamon Press, 2013.

[5]　McNiven H D, Mengi Y. Dispersion of waves in transversely isotropic rods. Journal of the Acoustical Society of America, 1971, 49(1B): 229-236.

[6]　Gualtieri J G, Kosinski J A, Ballato A. Piezoelectric materials for acoustic wave applications. IEEE Transactions on Ultrasonics, Ferroelectrics, and Frequency Control, 1994, 41(1): 53-59.

[7]　Lee P C Y, Yu J D, Lin W S. A new two-dimensional theory for vibrations of piezoelectric crystal plates with electroded faces. Journal of Applied Physics, 1998, 83(3): 1213-1223.

[8]　Lee P C Y, Syngellakis S, Hou J P. A two-dimensional theory for high-frequency vibrations of piezoelectric crystal plates with or without electrodes. Journal of Applied Physics, 1987, 61(4): 1249-1262.

[9]　Yong Y K, Stewart J T, Ballato A. A laminated plate theory for high frequency piezoelectric thin-film resonators. Journal of Applied Physics, 1993, 74(5): 3028-3046.

[10]　Wang J, Yang J S. Higher-order theories of piezoelectric plates and applications. Applied Mechanics Reviews, 2000, 53(4): 87-99.

[11]　Wu B, Chen W, Yang J. Two-dimensional equations for high-frequency extensional vibrations of piezoelectric ceramic plates with thickness poling. Archive of Applied Mechanics, 2014, 84(12): 1917-1935.

第4章 TE-FBAR二维板理论应用

现有的关于 FBAR 的结构分析工作，按分析对象的维度可以划分为一维无限大板模型、二维截面模型及三维有限大模型。其中，一维模型的研究主要给出 FBAR 的模态频率及振型等结果，是器件振动分析的基础；二维模型的研究可以通过对电极截面形状的调整分析，提出合理的优化结构，也是器件设计所采用的主要手段；三维模型的研究能够对器件的工作状况给出最真实和完整的预测，对二维模型的研究结论进行验证与补充，同时也是电极俯视形状(如不规则四边形电极、五边形电极、椭圆形电极等)研究的主要手段。以上介绍的这三类模型都具有相当重要的研究意义[1]，考虑到实际的分析需求及效率，对不同问题的研究需要选择不同的模型。第3章我们已经给出了 TE-FBAR 二维板理论求解的一维模型研究结果，即频散曲线。本章我们将应用 TE-FBAR 二阶板理论，结合相应的边界条件，研究二维模型的耦合振动问题，总结 TE-FBAR 多模态耦合振动的一些基本特性及规律，进一步结合所得结论提出对电极截面的优化方法。具体分析工作包括以下几个部分。

(1)完全覆盖电极模型：通过对简单模型的分析，探讨 FBAR 耦合振动的特征及规律，给出强弱耦合模态的判断识别依据，总结强耦合效应的规避方式以指导器件设计。

(2)中心部分覆盖电极模型：这是实际的 FBAR 结构通常所采用的一种模型。通过这种模型的分析，验证 FBAR 中能陷效应的存在及其强弱变化规律，进一步总结耦合振动特性分别对覆盖电极区域和不覆盖电极区域尺寸的依赖关系，指导后续更具体的电极结构优化研究。

(3)Frame 型 FBAR 模型：Frame 型结构可以对 FBAR 的寄生模态响应进行抑制，保证 FBAR 具有良好的工作性能。根据前两部分的分析结果，在该部分研究中提出一种关于 Frame 型结构的快速设计方法，并将设计结果与三维有限元法所得结果进行对比，确保 TE-FBAR 二维板理论能够准确、高效地应用于器件设计工作中。此外，Frame 型结构的振型、导纳结果也在这部分分析中给出，以验证 Frame 型结构对寄生模态的抑制效果。

4.1　理　论　基　础

4.1.1　状态向量法

　　状态向量法(state-vector approach)是在多层板结构振动研究中广泛采用的一种方法，通过定义位移与应力的基本状态向量，将弹性力学的控制方程转化为矩阵形式，结合各层板之间的连续性条件构造传递矩阵函数[2-4]。这种方法在求解过程中无须假设位移基本解，大大简化了推导过程并降低了求解难度。此外，当板的层数发生改变时，仅需对传递矩阵函数进行简单的改写即可得到新的传递矩阵方程。这种方法也被称为传递矩阵法，在研究层数较多的复合板振动问题时具有明显优势。

　　我们将状态向量法与二维板理论相结合，针对有限大FBAR的二维截面模型，构造了沿x_1方向的传递矩阵函数，包括完全覆盖电极模型、部分覆盖电极模型及复杂的Frame型，详细探讨了不同结构中的耦合振动特性。首先我们需要推导各个区域的传递矩阵函数，由于TE-FBAR二维板方程在不同区域的形式完全一致，区别仅在于等效材料参数和修正系数，因此仅需针对如图4.1所示的完全覆盖电极模型推导传递矩阵方程，其他区域的传递矩阵函数只需对等效材料参数及修正系数进行替换即可得到。

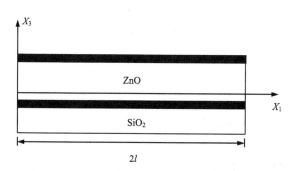

图 4.1　TE-FBAR 局部区域模型图

　　图4.1中，X_1和X_3代表当前区域的局部坐标系，$2l$表示该区域长度。考虑沿面内X_1方向传播的直峰波，忽略X_2方向的位移量及位移在X_2方向上的变化，我们可以得到两组解耦的控制方程，也就是第3章推导的式(3.27)和式(3.28)。对于本章研究的二维截面模型，我们仅需关注$u_1^{(0)}$、$u_3^{(0)}$、$u_1^{(1)}$、$u_3^{(1)}$、$u_1^{(2)}$这五个位移分量。为应用状态向量法，首先定义如下初始变量：

$$\boldsymbol{\eta} = \begin{bmatrix} \boldsymbol{U} \\ \boldsymbol{T} \end{bmatrix} \tag{4.1}$$

式中，

$$\boldsymbol{U} = \left[u_1^{(0)}, u_3^{(0)}, u_1^{(1)}, u_3^{(1)}, u_1^{(2)} \right]^{\mathrm{T}}$$
$$\boldsymbol{T} = \left[T_1^{(0)}, T_5^{(0)}, T_1^{(1)}, T_5^{(1)}, T_1^{(2)} \right]^{\mathrm{T}} \tag{4.2}$$

结合二维理论直峰波解的几何方程 (3.29)、本构方程 (3.30) 及控制方程 (3.27)，经过一系列简单的代换及推导，我们可以将 TE-FBAR 的二维板理论表示为如下状态向量方程：

$$\frac{\partial \boldsymbol{\eta}}{\partial X_1} = \boldsymbol{A}\boldsymbol{\eta} + \boldsymbol{F} \tag{4.3}$$

式中，矩阵 $\boldsymbol{A}$ 及 $\boldsymbol{F}$ 为

$$\boldsymbol{A} = \begin{bmatrix} \boldsymbol{A}_{11} & \boldsymbol{A}_{12} \\ \boldsymbol{A}_{21} & \boldsymbol{A}_{22} \end{bmatrix}, \boldsymbol{F} = \begin{bmatrix} \boldsymbol{F}_1 \\ \boldsymbol{F}_2 \end{bmatrix} \tag{4.4}$$

其中，

$$\boldsymbol{A}_{11} = -\boldsymbol{C}_a^{-1}\boldsymbol{C}_b, \ \boldsymbol{A}_{12} = \boldsymbol{C}_a^{-1}$$
$$\boldsymbol{A}_{21} = \left(\boldsymbol{M} + \boldsymbol{C}_f - \boldsymbol{C}_e\boldsymbol{C}_a^{-1}\boldsymbol{C}_b \right)$$
$$\boldsymbol{A}_{22} = \left(\boldsymbol{\alpha} + \boldsymbol{C}_e\boldsymbol{C}_a^{-1} \right) \tag{4.5}$$
$$\boldsymbol{F}_1 = \boldsymbol{C}_a^{-1}\boldsymbol{f}, \ \boldsymbol{F}_2 = \left(\boldsymbol{C}_e\boldsymbol{C}_a^{-1}\boldsymbol{f} - \boldsymbol{f}' \right)$$

式 (4.5) 中的各矩阵的具体表达式为

$$\boldsymbol{C}_a = \begin{bmatrix} \overline{c}_{11}^{(0)} & 0 & \overline{c}_{11}^{(1)} & 0 & \overline{c}_{11}^{(2)} \\ 0 & \kappa_0^2\overline{c}_{44}^{(0)} & 0 & \kappa_0\kappa_2\overline{c}_{44}^{(1)} & 0 \\ \hat{c}_{11}^{(1)} & 0 & \hat{c}_{11}^{(2)} & 0 & \hat{c}_{11}^{(3)} \\ 0 & \kappa_0\kappa_2\hat{c}_{44}^{(1)} & 0 & \kappa_2^2\hat{c}_{44}^{(2)} & 0 \\ \tilde{c}_{11}^{(2)} & 0 & \tilde{c}_{11}^{(3)} & 0 & \tilde{c}_{11}^{(4)} \end{bmatrix}, \boldsymbol{f} = \begin{bmatrix} \overline{e}_{31}^{(0)}E_3 \\ 0 \\ \hat{e}_{31}^{(1)}E_3 \\ 0 \\ \tilde{e}_{31}^{(2)}E_3 \end{bmatrix},$$

$$\boldsymbol{C}_b = \begin{bmatrix} 0 & 0 & 0 & \kappa_1\overline{c}_{13}^{(0)} & 0 \\ 0 & 0 & \kappa_0^2\overline{c}_{44}^{(0)} & 0 & 2\kappa_0\kappa_2\overline{c}_{44}^{(1)} \\ 0 & 0 & 0 & \kappa_1\hat{c}_{13}^{(1)} & 0 \\ 0 & 0 & \kappa_0\kappa_2\hat{c}_{44}^{(1)} & 0 & 2\kappa_2^2\hat{c}_{44}^{(2)} \\ 0 & 0 & 0 & \kappa_1\tilde{c}_{13}^{(2)} & 0 \end{bmatrix}, \boldsymbol{f}' = \begin{bmatrix} 0 \\ 0 \\ 0 \\ \kappa_1\overline{e}_{33}^{(0)}E_3 \\ 0 \end{bmatrix},$$

$$
\boldsymbol{C}_e = \begin{bmatrix} 0 & 0 & 0 & 0 & 0 \\ 0 & 0 & 0 & 0 & 0 \\ 0 & 0 & 0 & 0 & 0 \\ \kappa_1 \overline{c}_{31}^{(0)} & 0 & \kappa_1 \overline{c}_{31}^{(1)} & 0 & \kappa_1 \overline{c}_{31}^{(2)} \\ 0 & 0 & 0 & 0 & 0 \end{bmatrix}, \boldsymbol{C}_f = \begin{bmatrix} 0 & 0 & 0 & 0 & 0 \\ 0 & 0 & 0 & 0 & 0 \\ 0 & 0 & 0 & 0 & 0 \\ 0 & 0 & 0 & \kappa_1^2 \overline{c}_{33}^{(0)} & 0 \\ 0 & 0 & 0 & 0 & 0 \end{bmatrix},
$$

$$
\boldsymbol{M} = -\omega^2 \begin{bmatrix} \rho^{(0)} & 0 & \rho^{(1)} & 0 & \rho^{(2)} \\ 0 & \rho^{(0)} & 0 & \rho^{(1)}\kappa_3 & 0 \\ \rho^{(1)} & 0 & \rho^{(2)} & 0 & \rho^{(3)} \\ 0 & \rho^{(1)}\kappa_3 & 0 & \rho^{(2)}\kappa_3^2 & 0 \\ \rho^{(2)} & 0 & \rho^{(3)} & 0 & \rho^{(4)} \end{bmatrix}, \boldsymbol{\alpha} = \begin{bmatrix} 0 & 0 & 0 & 0 & 0 \\ 0 & 0 & 0 & 0 & 0 \\ 0 & 1 & 0 & 0 & 0 \\ 0 & 0 & 0 & 0 & 0 \\ 0 & 0 & 0 & 2 & 0 \end{bmatrix} \qquad (4.6)
$$

根据偏微分矩阵函数的知识,我们可以得到对应于方程(4.3)的状态向量 $\boldsymbol{\eta}$ 的基本解:

$$
\boldsymbol{\eta}(X_1) = \mathrm{e}^{\boldsymbol{A}X_1}\boldsymbol{\eta}(0) + \int_0^{X_1} \mathrm{e}^{\boldsymbol{A}(X_1-\tau)}\boldsymbol{F}\mathrm{d}\tau \qquad (4.7)
$$

式中,定义传递矩阵及矩阵函数的非齐次项为

$$
\boldsymbol{G}(X_1) = \begin{bmatrix} \boldsymbol{G}_{11}(X_1) & \boldsymbol{G}_{12}(X_1) \\ \boldsymbol{G}_{21}(X_1) & \boldsymbol{G}_{22}(X_1) \end{bmatrix} = \mathrm{e}^{\boldsymbol{A}X_1}
$$

$$
\boldsymbol{R}(X_1) = \begin{bmatrix} \boldsymbol{R}_1(X_1) \\ \boldsymbol{R}_2(X_1) \end{bmatrix} = \int_0^{X_1} \mathrm{e}^{\boldsymbol{A}(X_1-\tau)}\boldsymbol{F}\mathrm{d}\tau \qquad (4.8)
$$

结合相应的应力、位移连续性条件,即可导出关于整个结构的全局矩阵函数。全局矩阵函数的齐次及非齐次解分别对应本章将要研究的自由振动及受迫振动问题。

4.1.2 导纳计算方法

FBAR 的理论分析主要分为自由振动及受迫振动两部分。通过自由振动分析,我们可以得到 FBAR 的耦合模态振型及频率等信息。除了这些信息以外,我们还需要了解考虑耦合振动的电学参数如导纳的变化规律,这些结果能够更直观地反应器件的工作性能。仅通过自由振动分析无法得到电学参数的响应结果,因此我们需要同时研究 FBAR 的自由振动及在简谐电压激励下的受迫振动问题。

在对石英谐振器的研究中,有大量学者应用高阶板理论分析了器件的受迫振动问题,得到了电学参数的响应及其变化规律,可以作为本书关于 FBAR 受迫振动研究的参考。文献[5]和[6]中,针对 AT 切石英晶体谐振器,应用 Mindlin 板理

论计算了耦合振动的导纳响应曲线，考虑了厚度剪切工作模态与弯曲模态、面剪切模态之间的模态耦合。研究结果表明，导纳，除了我们熟知的对频率较为敏感之外，对结构的长厚比也具有一定的依赖关系，而长厚比的改变主要影响耦合效应的强弱。也就是说，模态耦合效应的强弱会对器件的电学参数产生明显影响，在设计过程中有必要重点关注耦合效应的强弱。除了 AT 切石英谐振器的分析以外，还有针对其他切型石英[7, 8]或者压电陶瓷结构[9]的受迫振动研究工作。文献[7]和[8]分别应用 Mindlin 板理论及 Lee 板理论分析了 SC 切石英晶体板的受迫振动响应，两种方法都得到了同样的结论，这也证明了板理论是研究谐振器振动问题的可靠工具。文献[9]研究了压电陶瓷板的受迫振动问题，总结了压电谐振器中阻抗曲线随频率变化的典型规律，可作为其他相关研究的参考。

　　本书的受迫振动结果主要通过导纳响应曲线进行展示，通过改变激励电压频率和结构各区域的尺寸参数，分析耦合振动的导纳响应规律，并结合自由振动分析结果对其内在机理进行解释。根据 4.1.1 节推导的状态向量法的全局矩阵方程，我们可以确定 FBAR 在受迫振动时的位移结果，本节将进一步推导导纳与位移之间的关系式。

　　首先我们给出 TE-FBAR 二维板理论中电位移分量的表达式，根据电焓能密度表达式 (3.16) 可得

$$D_3^{(0)} = \frac{\partial \bar{H}}{\partial E_3} = \bar{e}_{31}^{(0)} S_1^{(0)} + \bar{e}_{31}^{(0)} S_2^{(0)} + \kappa_1 \bar{e}_{33}^{(0)} S_3^{(0)} + \hat{e}_{31}^{(1)} S_1^{(1)}$$
$$+ \hat{e}_{31}^{(1)} S_2^{(1)} + \tilde{e}_{31}^{(2)} S_1^{(2)} + \tilde{e}_{31}^{(2)} S_2^{(2)} + \bar{\varepsilon}_{33}^{(0)} E_3 \qquad (4.9)$$

考虑直峰波假设，上式可简化为

$$D_3^{(0)} = \bar{e}_{31}^{(0)} S_1^{(0)} + \kappa_1 \bar{e}_{33}^{(0)} S_3^{(0)} + \hat{e}_{31}^{(1)} S_1^{(1)} + \tilde{e}_{31}^{(2)} S_1^{(2)} + \bar{\varepsilon}_{33}^{(0)} E_3 \qquad (4.10)$$

式中，

$$\bar{\varepsilon}_{33}^{(0)} = \varepsilon_{33}^{(0)} + e_{33}^{(1)} \gamma_{31e3} + e_{33}^{(2)} \gamma_{32e3} \qquad (4.11)$$

其中，

$$\varepsilon_{33}^{(0)} = \int_{-h}^{h} \varepsilon_{33} \mathrm{d}x_3$$
$$\gamma_{31e3} = -\frac{c_{33}^{(3)} e_{33}^{(2)} - c_{33}^{(4)} e_{33}^{(1)}}{c_{33}^{(2)} c_{33}^{(4)} - c_{33}^{(3)} c_{33}^{(3)}}, \quad \gamma_{32e3} = -\frac{c_{33}^{(3)} e_{33}^{(1)} - c_{33}^{(2)} e_{33}^{(2)}}{c_{33}^{(2)} c_{33}^{(4)} - c_{33}^{(3)} c_{33}^{(3)}} \qquad (4.12)$$

　　零阶电位移分量的定义为

$$D_3^{(0)} = \int_{-h}^{h} D_3 \mathrm{d}x_3 \approx D_3 h^f \qquad (4.13)$$

电场 E_3 与外加电压 V 之间存在如下关系:

$$E_3 = -\phi_{,3} = -\frac{Ve^{i\omega t}}{h^f} \tag{4.14}$$

在 FBAR 工作时,电荷集中分布于电极区域。以部分覆盖电极模型为例,电极区域的总电荷量可以由下式求得[5, 6]

$$Q = -2w_e \int_{-l_e}^{l_e} D_3 \mathrm{d}x_1 \tag{4.15}$$

式中,$2l_e$ 和 $2w_e$ 分别表示电极区域的长度和宽度。进一步,FBAR 的等效电流可由下式求得

$$I = \dot{Q} = i\omega Q \tag{4.16}$$

最终可确定,电极区域单位面积的导纳表达式为

$$Y = \frac{1}{4l_e w_e} \frac{I}{V} \tag{4.17}$$

4.2 完全覆盖电极模型

4.2.1 完全覆盖电极模型背景介绍

完全覆盖电极的模型如图 4.2 所示。该模型与真实的器件构型相比存在一定程度的差异,但作为二维模型分析中最简单的一种构型,其分析难度也较低。通过对完全覆盖电极模型的分析,我们能够了解 FBAR 最基本的耦合振动规律,耦合效应强弱的振型、导纳特征,以及如何通过尺寸参数的调整对耦合效应的强弱进行控制。此外,由于 BAW 器件中普遍存在的能陷效应,振动主要集中在电极区域,完全覆盖电极的分析结果对研究器件的真实结构也具有一定的参考意义,也是 FBAR 理论分析工作中广泛采用的一种简化模型[10-13]。

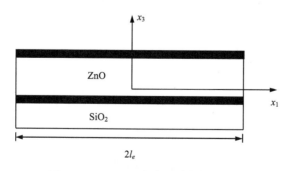

图 4.2 TE-FBAR 完全覆盖电极模型图

4.2.2　传递矩阵基本方程

图 4.2 所示的 TE-FBAR 完全覆盖电极模型，在二维板理论中，其应力自由边界条件为

$$\boldsymbol{T} = \begin{bmatrix} T_1^{(0)} & T_5^{(0)} & T_1^{(1)} & T_5^{(1)} & T_1^{(2)} \end{bmatrix}^{\mathrm{T}} = 0，在 x_1 = -l_e 或 l_e 处 \qquad (4.18)$$

为应用 4.1 节中推导的传递矩阵方程，首先需要将各区域的全局坐标转化为 4.1 节定义的局部坐标。对于本节研究的完全覆盖电极模型，仅存在一个分析区域，局部坐标与全局坐标之间存在如下关系：

$$X = x_1 + l_e \qquad (4.19)$$

应用状态向量传递方程 (4.7)，并结合边界条件 (4.18)，可以得到

$$\begin{bmatrix} \boldsymbol{U}(2l_e) \\ 0 \end{bmatrix} = \begin{bmatrix} \boldsymbol{G}_{11}(2l_e) & \boldsymbol{G}_{12}(2l_e) \\ \boldsymbol{G}_{21}(2l_e) & \boldsymbol{G}_{22}(2l_e) \end{bmatrix} \begin{bmatrix} \boldsymbol{U}(0) \\ 0 \end{bmatrix} + \begin{bmatrix} \boldsymbol{R}_1(2l_e) \\ \boldsymbol{R}_2(2l_e) \end{bmatrix} \qquad (4.20)$$

式中，当材料参数、外加电压及频率 ω 给定时，可以求得受迫振动的位移解为

$$\boldsymbol{U}(0) = -\boldsymbol{G}_{21}^{-1}(2l_e)\boldsymbol{R}_2(2l_e) \qquad (4.21)$$

上式是位移在局部坐标系下的表达式。根据已求得的受迫振动位移，利用导纳与位移关系式，即可得到单位面积的导纳结果。当外加电压的频率或结构的尺寸变化时，也可相应得到导纳的变化规律。

若外加电压 $V=0$，状态向量传递方程中非齐次项 $\boldsymbol{R}=0$，受迫振动方程即可退化为无电压激励时的自由振动方程。此时，完全覆盖电极模型的状态向量传递方程 (4.20) 转化为

$$\begin{bmatrix} \boldsymbol{U}(2l_e) \\ 0 \end{bmatrix} = \begin{bmatrix} \boldsymbol{G}_{11}(2l_e) & \boldsymbol{G}_{12}(2l_e) \\ \boldsymbol{G}_{21}(2l_e) & \boldsymbol{G}_{22}(2l_e) \end{bmatrix} \begin{bmatrix} \boldsymbol{U}(0) \\ 0 \end{bmatrix} \qquad (4.22)$$

对上式进行展开可得

$$\boldsymbol{G}_{21}(2l_e)\boldsymbol{U}(0) = 0 \qquad (4.23)$$

为确保上式具有非平凡解，需保证

$$\det\begin{bmatrix} \boldsymbol{G}_{21}(2l_e) \end{bmatrix} = 0 \qquad (4.24)$$

上式即确定了结构各阶谐振频率与长厚比之间的关系。在石英谐振器的分析工作当中，类似的结果被称为频谱图，在模态耦合振动分析工作中起到非常重要的作用[14-23]。

4.2.3 完全覆盖电极模型自由振动分析

首先我们研究 TE-FBAR 的自由振动问题，探讨模态耦合效应强弱的内在变化规律及如何通过尺寸设计避免强耦合效应的出现。将具体的材料及结构参数代入式(4.24)，通过二分法求解可得到如图 4.3 所示的频谱图。图中给出的频率和长厚比均为无量纲化变量，其中Ω_{TE}表示完全覆盖电极(质量比 R_E=0.01)的无限大 FBAR 结构中 TE 模态的截止频率。频谱图中的这些看似曲线的结果，实际上都是由一系列独立的数据点所构成，每个点对应于不同的模态，代表在某个固定长厚比下，某特定模态的谐振频率结果。在Ω/Ω_{TE}略高于 1 的位置，存在一条比较平坦的曲线，由许多倾斜曲线打断形成很多线段，这是典型的耦合振动特征。后续进一步的振型分析结果将证明，这些线段中点区域的模态，其模态耦合效应比较弱，而位于线段端点区域的模态，耦合效应较强。因此，我们初步得出结论，可以在 FBAR 的设计过程中，通过改变电极区域的长厚比对耦合效应的强弱进行控制。

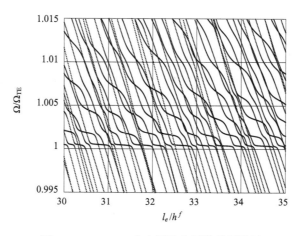

图 4.3   TE-FBAR 完全覆盖电极模型频谱图

图 4.4 给出了三个不同长厚比范围内的位移幅值曲线，所选取的三个模态均在频谱图中用方块标出。根据这三个模态的振型结果我们可以得出结论，Ω/Ω_{TE}=1 附近的平台区域，TE 模态位移分量在所有位移分量中占主导地位。在本书的后续分析中，将这种 TE 模态位移占优的模态称为本质 TE 模态，此类模态也正是器件的工作模态。由于结构中固有的模态耦合效应，这些位移分量并不是光滑曲线，其中包含相当多的振荡小波。准确的计算结果需要能够描述每一个振荡小波的振型，这也正是有限元法求解的难点所在。图 4.4(a)～(c)对应的结构长厚比是逐渐增大的，比较这三个模态的振型可以发现，随着结构长厚比的增加，TE 模态位移分量在所有耦合位移分

量中的主导性也会增加。因此，我们可以得出结论：结构长厚比越长，模态耦合效
应对位移分布的影响也更弱。另外，频谱图对比的结果显示，本质 TE 模态的谐振频
率会随着长厚比的增加而略有降低。原因在于，FBAR 的谐振频率主要由板厚决定，
受板的长度影响较小，板长越长，FBAR 越趋近于无限大板结构，因而本质 TE 模态
的频率也会更趋近于 TE 模态截止频率（Ω_{TE}）。

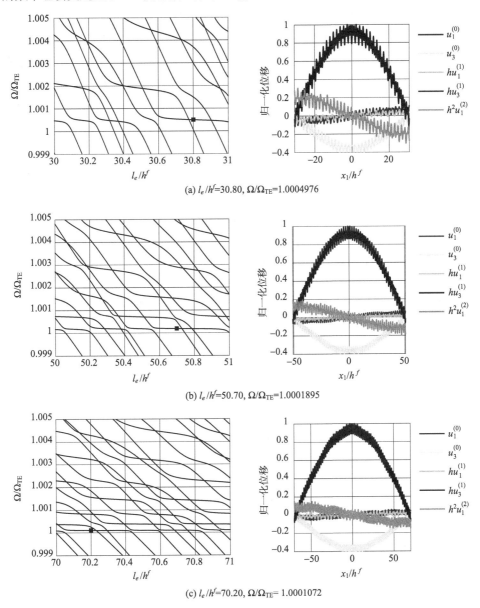

(a) l_e/h^f=30.80, $\Omega/\Omega_{\mathrm{TE}}$=1.0004976

(b) l_e/h^f=50.70, $\Omega/\Omega_{\mathrm{TE}}$=1.0001895

(c) l_e/h^f=70.20, $\Omega/\Omega_{\mathrm{TE}}$= 1.0001072

图 4.4　TE-FBAR 完全覆盖电极模型的本质 TE 模态振型图

　　图 4.5 主要分析了频谱图中不同位置模态的位移分布情况。图 4.5(a) 和图 4.5(b) 为选定范围的频谱图和平台交点位置局部区域的放大图。从图 4.5(b) 中可以看出，频谱图中平台位置的交点实际存在。以往耦合理论的研究结果表明，这两条曲线代表的模态是可以进行解耦的[21]。后续研究将会进一步揭示，相交的两条曲线分别代表在面内方向对称及反对称的两种模态(按照 TE 模态位移分量区分)。根据这一结论，我们即可应用位移对称性，对分析及求解过程进行简化。由于器件实际工作时，反对称模态的位移由压电效应产生的正负电荷会发生抵消，并无明显电学响应，因此，我们将主要研究对称模态的耦合振动结果及规律。在频谱图中选择几个模态标注为 A、B、C、D 以研究它们的振型结果。图 4.5(c) 为 A 模态的振型，对应于频谱图中频率略高于 Ω_{TE} 的平台中点区域。振型结果显示，TE 模态位移分量在面内方向呈对称分布，且在众多耦合模态位移中明显占优，说明该模态受耦合效应的影响较弱。图 4.5(d) 对应于 B 模态振型，TE 模态位移分量在面内方向呈反对称分布，各耦合模态中无明显占优的位移分量，表明该模态受模态耦合效应影响较强。C 模态也属于对称模态 [图 4.5(e)]，位于本质 TE 模态平台的末端区域，TE 模态位移分量占优，但由模态耦合引起的振荡小波比较明显，显然会削弱器件的工作性能，也会造成模态识别的困难，不是理想的工作模态。D 模态也属于对称模态 [图 4.5(f)]，无明显占优的位移分量，模态耦合较强。综上，只有本质 TE 模态平台的中点区域模态才能作为理想的工作模态。

　　频谱图中，除了上述频率略高于 Ω_{TE} 的平台以外，在频率更高的位置还存在其他平台，这些平台对应的模态称为寄生模态(或寄生横模)。图 4.6 中，我们给出了本质 TE 模态及寄生模态平台对应的振型结果，以进行对比分析。根据此前的分析，平台中点区域耦合效应较弱，因此这里也选择平台的中点区域模态进行研究，在图 4.6(a) 中分别标注为 A、B、C，相应的振型结果在图 4.6(b)～图 4.6(d) 中给出。A 模态为本质 TE 模态，如前所述，此类模态为 FBAR 的理想工作模态。B 模态处于频率略高于 Ω_{TE} 的第二个平台，TE 模态位移分量在 x_1 方向有一个零节点，属于反对称模态，由压电效应产生的正负电荷完全抵消，无明显电学响应，不具备实际应用意义。C 模态也属于对称模态，TE 模态位移在 x_1 方向有两个零节点，该模态由压电效应产生的正负电荷同样会在电极区域中和，但并非完全抵消。此类模态检测到的电信号响应较弱，不能应用于器件的实际工作，但其谐振频率靠近工作模态频率，因此会对器件工作模态的应用造成干扰，需要通过对器件结构的优化设计来避免。

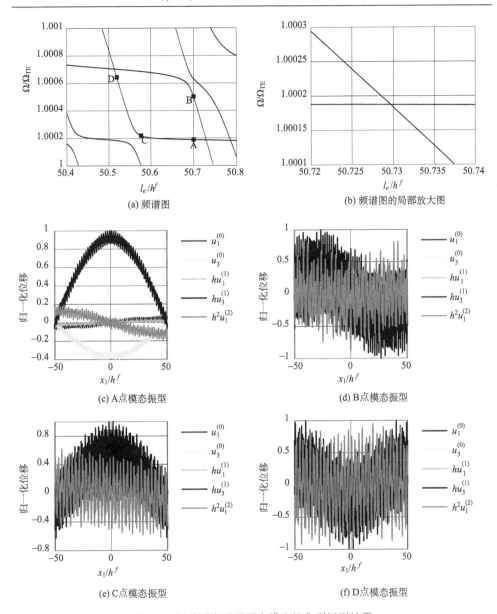

(a) 频谱图

(b) 频谱图的局部放大图

(c) A 点模态振型

(d) B 点模态振型

(e) C 点模态振型

(f) D 点模态振型

图 4.5　频谱图中强弱耦合模态的典型振型结果

4.2.4　完全覆盖电极模型受迫振动分析

电学参数响应是谐振器理论分析的一项重要工作，通过对导纳响应曲线的研究，我们可以进一步得到串并联谐振频率、机电耦合系数、器件 Q 值等衡量谐振器工作性能的主要指标。受迫振动分析中，阻尼因素的影响不可忽略，因此我们

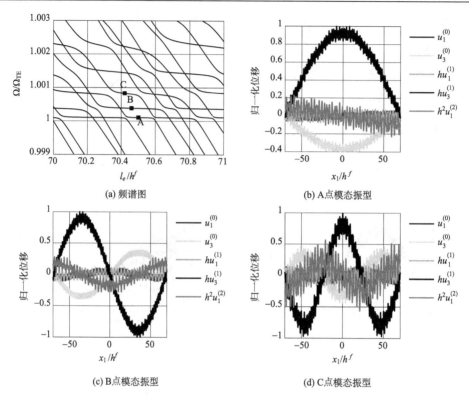

图 4.6 TE-FBAR 完全覆盖电极模型的本质 TE 模态及寄生模态振型结果

引入复数材料参数，即在计算过程中将二维板理论的等效刚度系数 $c_{pq}^{(n)}$ 替换为 $(1+\mathrm{i}Q^{-1})c_{pq}^{(n)}$，其中 Q 是一个数值较大的正实数，代表材料及结构的品质因数。本节计算选取上电极质量比为 $R_E=0.01$，外加电压幅值取 $V=3$ V，根据导纳计算公式即可得到 TE-FBAR 完全覆盖电极模型的导纳响应曲线。

图 4.7 中给出了改变结构长厚比及频率得到的导纳响应云图结果和相同范围的自由振动分析频谱图结果，计算所选取的品质因数为 $Q=5000$。通过比较可以发现，导纳响应的最大值出现在频谱图的本质 TE 模态平台位置，在平台端点处明显降低，表明模态耦合强弱对导纳的大小有较大影响。此外，频谱图中的反对称模态曲线，正如之前的推论，在受迫振动导纳图中无明显响应，因此在器件的分析工作中，可以忽略此类模态。

图 4.8 为典型的导纳响应曲线，通过固定结构长厚比，改变外加电压频率得到。此外，我们给出了导纳响应曲线的峰值频率对应的振型结果，以验证自由振动的研究结果中，关于本质 TE 模态和寄生模态的频率及振型判断是否准确。图 4.8(a) 中给出了电极的长厚比为 $l_e/h^f=30.8$ 的导纳响应曲线，品质因数为 $Q=$

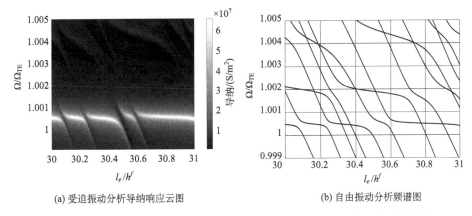

(a) 受迫振动分析导纳响应云图　　　　(b) 自由振动分析频谱图

图 4.7　TE-FBAR 完全覆盖电极模型的导纳响应云图和自由振动分析频谱图

5000。在所选择的频率范围内，可以观察到两个峰值点。由于引入了复数材料参数，求得的位移包含实数及虚数两部分结果。比较图 4.8(b) 和图 4.8(c)，我们可以确定，最高峰值点 A 所对应的模态为本质 TE 模态，也就是器件的实际工作模态，其 TE 模态位移分量占主导。峰值点 B 为寄生模态，其振型在 x_1 方向具有两个零节点，与自由振动分析结论相同。正如此前所预测，寄生模态中由压电效应产生的正负电荷会发生抵消，因此其导纳响应远低于主模态。

图 4.9 中讨论了模态耦合效应的强弱对导纳响应曲线的影响结果。通过对比图 4.9(a) 和图 4.9(b) 可得出结论，强耦合效应会显著降低器件工作模态的导纳响应幅值，且在工作模态频率附近容易引起不规律的响应，对实际器件应用时的模态频率选择、稳定性、机电转换效率等产生不利影响。因此，耦合效应分析应当在器件设计过程中受到足够的重视。此外，在图 4.9 中，我们还给出了 Q 值大小对导纳计算结果的影响，结果表明：Q 值的大小主要影响导纳幅值的大小，不会改变各阶模态的谐振频率；Q 值越大，耦合效应造成的影响也越明显。由于高 Q 值是器件发展的主要目标之一，因此我们可以断定，耦合效应的研究在未来的器件研究与设计中将会显得尤为重要。

图 4.10 中，针对不同长厚比的 TE-FBAR 完全覆盖电极模型，我们给出了它们的导纳响应曲线及相应的相位曲线。此处选择 $Q=3000$ 进行计算，所选择的长厚比均为本质 TE 模态平台中点区域的模态，受模态耦合效应影响较小。这组图展示的是典型的谐振器频响曲线，由于寄生模态的影响，相位曲线并不光滑，存在相当多的振荡，引起相位突变。相位突变会对器件的进一步应用产生不利影响，因此在研究与设计过程中需要重点关注。通过对比可以发现，随着结构长厚比的增加，由寄生模态引起的导纳响应相对较弱，相位突变现象也随之变弱，表明器

件的信号稳定性得到了提升。因此可以得出结论：在允许的设计范围内，选择长厚比更长的结构能够改善 FBAR 的工作性能。

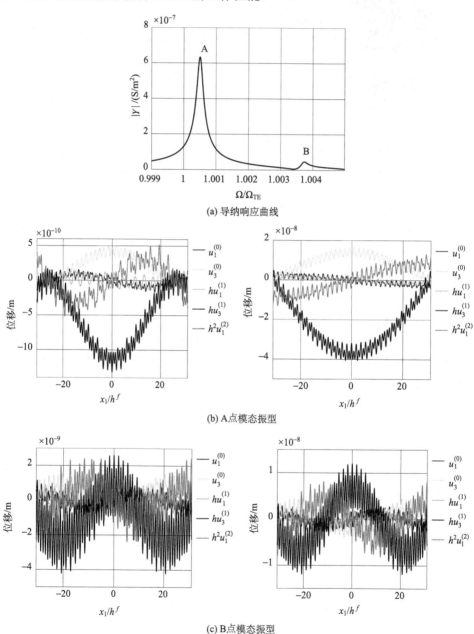

(a) 导纳响应曲线

(b) A点模态振型

(c) B点模态振型

图 4.8　导纳响应峰值点模态的振型结果

左图为实部，右图为虚部

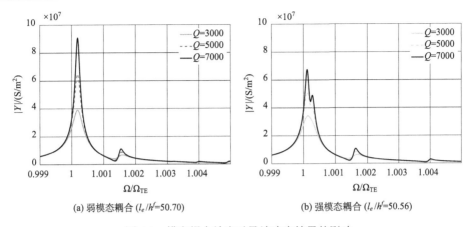

(a) 弱模态耦合 (l_e/h^f=50.70)　　　　　　(b) 强模态耦合 (l_e/h^f=50.56)

图 4.9　模态耦合效应对导纳响应结果的影响

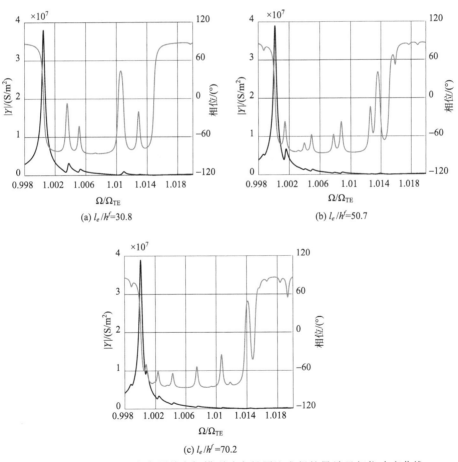

(a) l_e/h^f=30.8　　　　　　　　　(b) l_e/h^f=50.7

(c) l_e/h^f=70.2

图 4.10　TE-FBAR 完全覆盖电极模型改变长厚比求得的导纳及相位响应曲线

黑色实线表示导纳；灰色实线表示相位

4.3 部分覆盖电极模型

4.3.1 部分覆盖电极模型背景介绍

4.2 节介绍了简单的完全覆盖电极模型的振动分析问题，揭示了最基本的耦合振动规律及其对结构长厚比的依赖性。然而真实的 FBAR 器件，上电极通常仅覆盖于中间区域，如图 4.11 所示。在对器件进行设计时，为提高器件的能量利用效率，我们希望器件振动时由压电效应产生的电荷能够集中分布在电极区域。因此需要确保振动位移主要分布于中间电极区域，在无电极区域迅速衰减，形成所谓的能陷现象[22, 23]。这种现象仅能通过部分覆盖电极模型的研究进行观测。本节研究将 TE-FBAR 二维板理论的状态向量方程与相应的应力、位移边界条件结合，构建部分覆盖电极模型的传递矩阵函数，通过自由振动及受迫振动分析，验证能陷效应的存在及强弱，探讨结构的耦合振动特性随电极区域和无电极区域长厚比改变的变化规律。

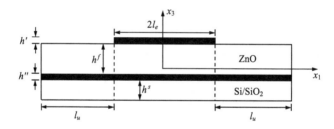

图 4.11 TE-FBAR 部分覆盖电极模型图

4.3.2 部分覆盖电极模型传递矩阵方程

图 4.11 所示的部分覆盖电极模型，其应力边界条件为

$$\boldsymbol{T} = \begin{bmatrix} T_1^{(0)} & T_5^{(0)} & T_1^{(1)} & T_5^{(1)} & T_1^{(2)} \end{bmatrix}^{\mathrm{T}} = 0, \text{在} x_1 = -l_e - l_u \text{或} l_e + l_u \text{处} \quad (4.25)$$

除此之外，在电极区域及无电极区域的交界面上，还有应力及位移的连续性条件。应用此前推导的局部坐标系下的状态向量方程，可以得到状态向量从结构左侧传递至右侧的传递矩阵方程为

$$\boldsymbol{\eta}(l_e + l_u) = \mathrm{e}^{\bar{A}l_u} \mathrm{e}^{2\bar{A}l_e} \mathrm{e}^{\bar{A}l_u} \boldsymbol{\eta}(-l_e - l_u) + \mathrm{e}^{\bar{A}l_u} \int_0^{2l_e} \mathrm{e}^{\bar{A}(2l_e - \tau)} \bar{\boldsymbol{F}} \mathrm{d}\tau \quad (4.26)$$

式中，$\boldsymbol{\eta}$ 表示全局坐标下的状态向量。由上式可知，对于部分覆盖电极模型，传

递矩阵 $\boldsymbol{G}$ 及矩阵函数的非齐次项 $\boldsymbol{R}$ 可表示为

$$\boldsymbol{G} = \begin{bmatrix} \boldsymbol{G}_{11} & \boldsymbol{G}_{12} \\ \boldsymbol{G}_{21} & \boldsymbol{G}_{22} \end{bmatrix} = \mathrm{e}^{\tilde{A}l_u}\mathrm{e}^{2\bar{A}l_e}\mathrm{e}^{\tilde{A}l_u}$$

$$\boldsymbol{R} = \begin{bmatrix} \boldsymbol{R}_1 \\ \boldsymbol{R}_2 \end{bmatrix} = \mathrm{e}^{\tilde{A}l_u}\int_0^{2l_e}\mathrm{e}^{\bar{A}(2l_e-\tau)}\bar{\boldsymbol{F}}\mathrm{d}\tau \qquad (4.27)$$

对于给定的材料参数及外加频率，结合应力自由边界条件，可以确定端点位移为

$$\boldsymbol{U}(0) = -\boldsymbol{G}_{21}^{-1}\boldsymbol{R}_2 \qquad (4.28)$$

求得受迫振动位移以后，导纳也可以相应确定。当外加电压为零时，状态向量方程的非齐次项 $\boldsymbol{R}=0$，式 (4.26) 退化为齐次方程。对该齐次状态向量方程进行求解，即可分析 TE-FBAR 部分覆盖电极模型的自由振动问题。

4.3.3　部分覆盖电极模型振动分析

根据上述方程，本节我们求解了部分覆盖电极 TE-FBAR 模型的自由振动频谱图、振型图及受迫振动的导纳响应曲线等结果。根据 4.2 节的结论，面内方向反对称的模态在实际工作时并无电学响应。因此，我们在求解时通过应用位移的对称性对反对称模态进行忽略。

图 4.12 给出了电极区域长厚比与归一化频率之间的关系图，即频谱图，中间电极区域的上电极质量比依然选为 $R_E=0.01$。与完全覆盖电极的频谱图类似，图中在归一化频率略高于 1 的位置，也存在较为平坦的平台区域。由于模态耦合效应的存在，平台区域被分段，每段端点处的耦合效应比较强，中点位置的耦合效应则比较弱。比较图 4.12 (a)～图 4.12 (d) 可以发现，电极区域的长厚比增加会略微降低本质 TE 模态的谐振频率，而无电极区域的长厚比增加几乎不会改变本质 TE 模态的谐振频率，这种现象表明部分覆盖电极模型的振动特性受电极区域参数的影响更为明显。根据频散关系的研究结果可知：电极区域的 TE 模态截止频率低于无电极区域的 TE 模态截止频率。因此上述现象也可以总结为，截止频率较低的区域对整体结构的振动特性调控效果更好。这一结论将帮助我们在后续研究中提出 Frame 型结构尺寸的快速设计方法。

在频谱图的平台中点区域，我们选择了几个耦合效应较弱的本质 TE 模态，它们的振型在图 4.13 中给出。可以明显看出，FBAR 器件处于工作模态时，振动主要集中于电极区域，在无电极区域位移迅速衰减，即能陷效应。TE-FBAR 工作模态的能陷效应很强，位移幅值在无电极区域迅速衰减直至近似为零。与完全覆盖电极模型的振型结果相比，部分覆盖电极模型的振型图中，各位移分量中的振

荡小波明显较弱，TE 模态的振型近乎为光滑曲线。这一现象也是由能陷效应造成的，此时结构左右边界处位移幅值几乎为零，波型的反射叠加所造成的耦合效应也会相对较弱。通过图 4.13 的振型图对比，我们还可以发现，随着电极区域长度

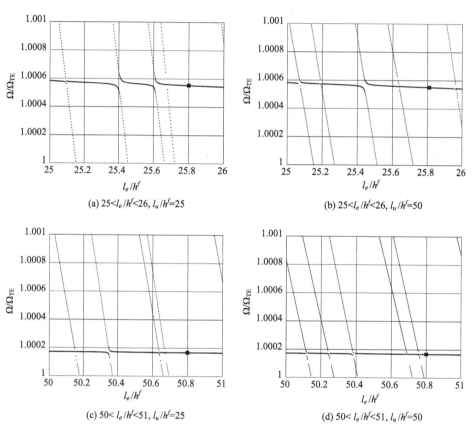

(a) $25<l_e/h^f<26$, $l_u/h^f=25$

(b) $25<l_e/h^f<26$, $l_u/h^f=50$

(c) $50<l_e/h^f<51$, $l_u/h^f=25$

(d) $50<l_e/h^f<51$, $l_u/h^f=50$

图 4.12　TE-FBAR 部分覆盖电极模型频谱图

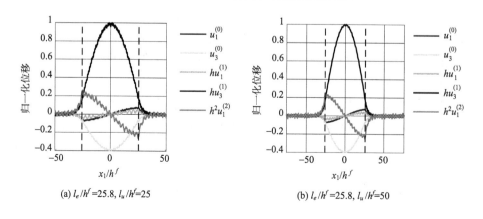

(a) $l_e/h^f=25.8$, $l_u/h^f=25$

(b) $l_e/h^f=25.8$, $l_u/h^f=50$

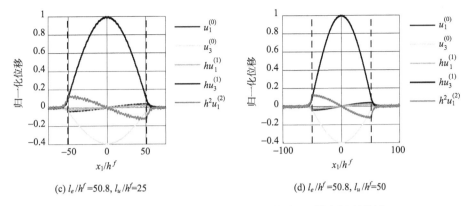

(c) l_e/h^f=50.8, l_u/h^f=25　　　　　(d) l_e/h^f=50.8, l_u/h^f=50

图 4.13　TE-FBAR 部分覆盖电极的本质 TE 模态振型结果

的增加，TE 模态的位移分量在耦合模态中的占优性也增加，这一结论与完全覆盖电极模型的分析结论相同。此外，无电极区域的长厚比改变对工作区域(即电极区域)的振型并无明显影响。

接下来要研究的是部分覆盖电极模型的受迫振动问题，主要通过导纳及相位响应曲线结果进行展示。在前文中已经介绍过，受迫振动需要考虑结构的阻尼影响。此处采用同样的处理方式，即将 TE-FBAR 二维板理论中的等效刚度系数 $c_{pq}^{(n)}$ 替换为 $(1+iQ^{-1})c_{pq}^{(n)}$，计算时选取 Q=5000。压电薄膜上下表面的外加电压幅值为 V=3V。图 4.14 中给出了一系列的导纳频率响应曲线，所选择的结构尺寸对应于图 4.12 中标注的弱耦合模态尺寸。通过比较分析我们得到了与自由振动分析类似

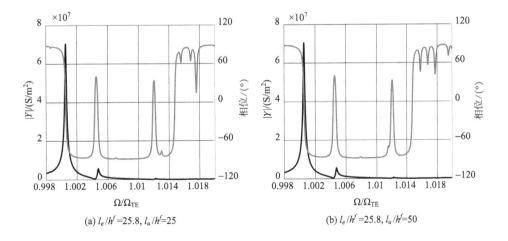

(a) l_e/h^f=25.8, l_u/h^f=25　　　　　(b) l_e/h^f=25.8, l_u/h^f=50

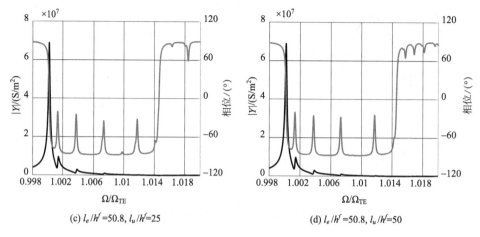

(c) $l_e/h^f=50.8$, $l_u/h^f=25$　　　　　　　　　　(d) $l_e/h^f=50.8$, $l_u/h^f=50$

图 4.14　TE-FBAR 部分覆盖电极模型的导纳及幅值响应曲线

黑色实线表示导纳；灰色实线表示相位

的结论，即电极区域长厚比的改变能够有效调控耦合振动的特性，此处表现为对寄生模态响应的调控(这一结论与完全覆盖电极模型分析的结论相同)，而无电极区域长厚比的改变对导纳响应的影响很小。因此在器件设计时，我们需要重点关注电极区域的设计，也可以说是截止频率 Ω_{TE} 更小的区域。

4.4　TE-FBAR：Frame 型结构

4.4.1　Frame 型结构背景介绍

在 4.2 节中，我们通过 TE-FBAR 完全覆盖电极模型的分析指出，寄生模态与强耦合模态的响应均会对器件的应用造成不利影响。目前，已有大量研究者从抑制寄生模态的方向出发，通过对 FBAR 的结构优化设计来提高 FBAR 的工作性能，得到纯净的 TE 模态电学响应信号，防止相位突变现象的出现。这其中包括 Ruby 等提出的一种对电极形状的优化方法，即"切趾(apodization)"技术[24, 25]。这种方法的具体操作是将上电极设计为四边互不平行的结构，或者说上电极四个角的度数都不等于 90°。目前切趾技术已被广泛应用于实际器件中，但它并不能真正地消除寄生模态响应，只能在谐振频率附近范围(带宽内)降低它们的电学响应。另一种比较常见的寄生模态抑制构型是 Frame 型结构，通过加厚上电极的边缘区域来实现抑制寄生模态电学响应的功能[26-34]。现有研究证明，Frame 型结构能够有效抑制寄生模态的激发，并且这种类型的 FBAR 在模型设计及工艺加工方面具有明显的优势。

前文通过对完全覆盖电极模型、部分覆盖电极模型的研究总结了 TE-FBAR 耦合振动的一些基本规律，这些工作也证实了二维板理论的有效性和可靠性。基于已有的分析结论，本节我们将进一步利用二维板理论，给出理想 Frame 型 FBAR 的结构设计方法，并将结果与有限元仿真结果进行对比，证明二维板理论在实际的器件设计工作中也是高效且可靠的。Frame 型 FBAR 的基本简化模型如图 4.15 所示。与 4.3 节中介绍的部分覆盖电极模型的区别在于，其在电极两侧增加了加厚区域。通过设计加厚区域的长度及厚度，可使整个结构的振动频率等于激振电极区域的截止频率 Ω_{TE}（或称零波数条件），即可实现对寄生模态电学响应的抑制[31, 33]。

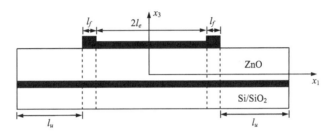

图 4.15　Frame 型 TE-FBAR 结构简化模型图

4.4.2　Frame 型结构传递矩阵方程

图 4.15 所示为 Frame 型 FBAR 简化模型，l_u、l_f、$2l_e$ 分别表示无电极区域、电极加厚区域及电极激振区域的长度。另外，我们分别用 R_E 和 R_F 表示激振电极区域及加厚电极区域的上电极质量比。Frame 型结构的左右应力边界条件为

$$\boldsymbol{T} = \begin{bmatrix} T_1^{(0)} & T_5^{(0)} & T_1^{(1)} & T_5^{(1)} & T_1^{(2)} \end{bmatrix}^{\mathrm{T}} = 0, \text{ 在 } x_1 = -l_e - l_f - l_u \text{ 或 } l_e + l_f + l_u \text{ 处}$$

$$(4.29)$$

按照电极覆盖情况，图 4.15 所示 Frame 型 FBAR 可以分为五个区域，运用本章导出的 TE-FBAR 二维板理论的状态向量方程，再结合各交界面的连续性条件，即可分析该结构中的多模态耦合振动问题。与 4.3 节部分覆盖电极模型的分析类似，应用局部坐标系的状态向量方程，得到整个系统的状态向量传递方程如下：

$$\boldsymbol{\eta}(l_e + l_f + l_u) = \mathrm{e}^{\tilde{A}l_u} \mathrm{e}^{\hat{A}l_f} \mathrm{e}^{2\bar{A}l_e} \mathrm{e}^{\hat{A}l_f} \mathrm{e}^{\tilde{A}l_u} \boldsymbol{\eta}(-l_e - l_f - l_u) + \mathrm{e}^{\tilde{A}l_u} \mathrm{e}^{\hat{A}l_f} \mathrm{e}^{2\bar{A}l_e} \int_0^{l_f} \mathrm{e}^{\hat{A}(l_f-\tau)} \hat{\boldsymbol{F}} \mathrm{d}\tau$$

$$+ \mathrm{e}^{\tilde{A}l_u} \mathrm{e}^{\hat{A}l_f} \int_0^{2l_e} \mathrm{e}^{\bar{A}(2l_e-\tau)} \bar{\boldsymbol{F}} \mathrm{d}\tau + \mathrm{e}^{\tilde{A}l_u} \int_0^{l_f} \mathrm{e}^{\hat{A}(l_f-\tau)} \hat{\boldsymbol{F}} \mathrm{d}\tau$$

$$(4.30)$$

式中，η 为全局坐标系下的空间向量。$\bar{A}$ 和 $\bar{F}$，$\hat{A}$ 和 $\hat{F}$，$\tilde{A}$ 和 $\tilde{F}$ 表示式(4.4)定义的矩阵在不同区域的取值，分别对应激振电极区域、加厚电极区域及无电极区域。将相应位置的材料常数代换到局部坐标系的矩阵方程中即可得到针对 Frame 型结构的状态向量传递方程。最终确定的整个结构的传递矩阵 G 及非齐次项 R 为

$$G = e^{\tilde{A}l_u} e^{\hat{A}l_f} e^{2\bar{A}l_e} e^{\hat{A}l_f} e^{\tilde{A}l_u},$$

$$R = e^{\tilde{A}l_u} e^{\hat{A}l_f} e^{2\bar{A}l_e} \int_0^{l_f} e^{\hat{A}(l_f-\tau)} \hat{F}\mathrm{d}\tau + e^{\tilde{A}l_u} e^{\hat{A}l_f} \int_0^{2l_e} e^{\bar{A}(2l_e-\tau)} \bar{F}\mathrm{d}\tau + e^{\tilde{A}l_u} \int_0^{l_f} e^{\hat{A}(l_f-\tau)} \hat{F}\mathrm{d}\tau$$

$$(4.31)$$

根据以上公式，我们即可运用 TE-FBAR 二维板理论，给出 Frame 型结构理想构型的设计方法和判别依据，并阐述结构中的耦合振动特征，给出耦合效应的规避方法。

4.4.3　Frame 型结构振动分析

在上一节对部分覆盖电极模型的研究中，我们得出结论：FBAR 复合结构的振动特性受 TE 模态截止频率最低的区域影响较大。对于 Frame 型结构，TE 模态截止频率最低的区域为加厚电极区域。因此，我们可以通过对该区域质量比、长厚比的设计，对整体结构的振动频率进行调控，最终达到寄生模态抑制型 FBAR 的频率要求。图 4.16 给出了加厚电极区域质量比 $R_F=0.04$，长厚比连续变化时，Frame 型结构的频谱图结果。其他尺寸参数为 $R_E=0.01$，$l_e/h^f=50$，$l_u/h^f=40$。已有研究指出：当 Frame 型 FBAR 整体结构的本质 TE 模态谐振频率等于激振电极区域 TE 模态截止频率时，可以得到较为理想的寄生模态抑制效果。据此，我们提出了加厚电极区域长厚比的快速确定方法：图 4.16(a)为应用 TE-FBAR 二维板理论所确定的结果，图中的近似曲线由结构的本质 TE 模态(左侧第一条)及其寄生模态构成，本质 TE 模态曲线与虚线的交点所确定的 l_f/h^f 结果即为我们所需要确定的加厚电极区域长厚比结果。此外，图中还存在一些混乱的点，这些点是由模态耦合振动引起的，每个点都代表不同的耦合模态，此处无须详细讨论。图 4.16(b)为在有限元软件中建立与图 4.15 相同的二维简化模型后运用有限元法求得的频谱结果。对比图 4.16(a)与图 4.16(b)可以发现，两种方法所确定的加厚电极区域尺寸几乎完全一致，且工作模态及寄生模态的变化趋势也几乎完全一致，这一结果展示了 TE-FBAR 二维板理论在 FBAR 结构设计与分析工作中的准确性和高效性。另外我们还需指出，由于 FBAR 的横向尺寸对结构谐振频率也会产生影响，因此，通过本方法确定的加厚电极区域长厚比仅可作为初始值，在具体应用时还需结合其他方法(如振型判别法)进一步确定 Frame 型 FBAR 的理想尺寸。

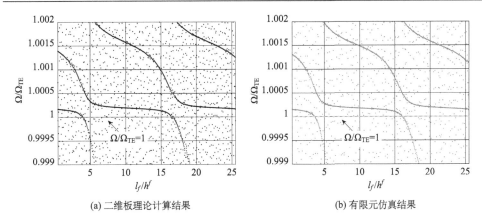

(a) 二维板理论计算结果　　　　　　　　　(b) 有限元仿真结果

图 4.16　Frame 型 TE-FBAR 电极改变加厚区域长厚比所得频谱图(l_e/h^f=50,l_u/h^f=40,R_E=0.01,
R_F=0.04)

　　图 4.17 给出了加厚区域电极质量比 R_F=0.04 时,对应不同 l_f/h^f 取值的频谱图,激振电极区域电极质量比为 R_E=0.01,无电极区域长厚比固定为 l_u/h^f=40,激振电极区域长厚比变化范围为 50≤l_e/h^f≤51。图 4.17(a) 为未设置电极加厚区域,即部分覆盖电极模型的频谱结果,本节将以该模型的振型及导纳结果为参考,讨论 Frame 型结构的寄生模态抑制效果。图 4.17(c) 为设计良好的 Frame 型 FBAR 频谱图,加厚电极区域的长厚比为 l_f/h^f=3.9,Frame 型 FBAR 的本质 TE 模态满足 Ω/Ω_{TE}≈1 的频率条件,通过后续的模态振型图及受迫振动导纳分析结果,可以进一步验证该 Frame 型 FBAR 结构对寄生模态的抑制效果。此外,从频谱图结果中还可以得出,即使在设计良好的 Frame 型结构中,耦合效应的影响依然存在,仍需通过对结构长厚比的合理选择进行避免。图 4.17(b) 和图 4.17(d) 对应于加厚电极区域长厚比未取到理想值的频谱图结果,它们的本质 TE 模态谐振频率不满足 Ω/Ω_{TE}≈1 的条件,这两种构型的寄生模态抑制效果将在后续振型及导纳分析中进一步讨论。

　　图 4.18(a)～图 4.18(d) 给出了 Frame 型 FBAR 的本质 TE 模态振型结果,分别对应图 4.17(a)～图 4.17(d) 中方块标注的模态。图 4.18(b) 对应的是加厚电极区域长厚比小于理想值的情况,从频谱图分析可知,此时整体结构无法满足 Frame 型 FBAR 的激振电极区域零波数条件。图 4.18(c) 为设计良好的 Frame 型结构的本质 TE 模态振型,此时加厚电极区域长厚比为理想值,TE 模态位移分量的幅值在电极区域几乎维持不变,具备这种特征振型的模态被称为"活塞"模态。图 4.18(d) 对应的是加厚电极区域取值大于理想值的情况,整体结构本质 TE 模态的频率小于 Ω_{TE},此时激振电极区域及无电极区域的波数均为虚数,导致振动位移

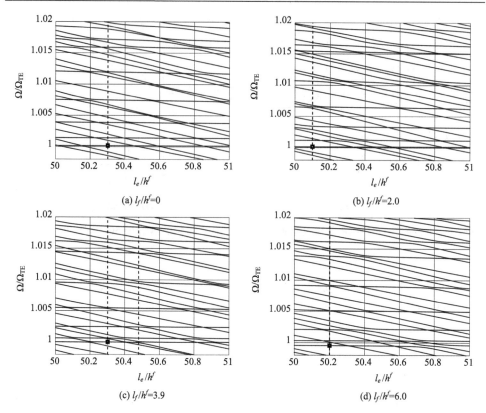

图 4.17　Frame 型 TE-FBAR 加厚电极区域不同取值时的频谱图(l_u/h^f =40，R_E=0.01，R_F=0.04)

　　的幅值在加厚电极区域达到最大，在激振电极区域及无电极区域衰减，无法形成理想的能陷现象，严重影响器件的工作性能。根据以上结果，我们可以在设计过程中通过对振型的识别诊断来判断 Frame 型 FBAR 的寄生模态抑制效果是否良好，便于确定结构的调整方向。

　　图 4.19(a)～图 4.19(d)为受迫振动的导纳响应曲线(Q=5000)，对应于图 4.17(a)～图 4.17(d)中标注的虚线。通过选择频谱图中平台中心区域的模态来避免强耦合效应对工作模态的影响。图 4.19(a)为部分覆盖电极模型的导纳响应结果，其中存在相当明显的寄生模态响应。图 4.19(b)对应于加厚电极区域长厚比小于理想值的情况，通过比较可以发现，此时的寄生模态响应已经得到了抑制，但效果不够理想。图 4.19(c)是设计良好的 Frame 型结构，寄生模态的响应几乎被完全抑制，可以得到纯净的导纳响应曲线，且带内的相位突变状况也得到了明显的改善。图 4.19(d)对应于加厚电极区域长厚比大于理想值的情况，由于该模型中能陷效应遭到破坏，导纳峰值明显降低，寄生模态响应也十分明显，这种结构无法应用于实际工作。

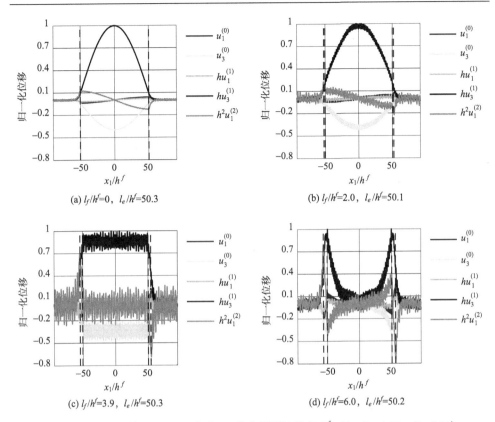

图 4.18　Frame 型 TE-FBAR 本质 TE 模态振型结果(l_u/h^f=40，R_E=0.01，R_F=0.04)

　　上述分析主要展示了 Frame 型结构对寄生模态的抑制效果，在选择研究对象时，通过对频谱图的研究避开了强耦合效应的影响。为强调模态耦合分析的重要性，在图 4.17(c) 中，针对加厚电极区域等于理想值的 Frame 型结构，我们分别选择了本质 TE 模态平台中心及端点区域的电极长厚比进行分析，均用虚线标出，它们的导纳响应结果在图 4.20 中给出。通过对比可以发现，强耦合效应会显著降低导纳的主模态响应峰值，影响器件的能量利用效率，不能作为理想的器件结构进行应用。

　　图 4.21 给出了无电极区域长厚比固定为 40，电极加厚区域质量比分别等于 0.03 和 0.02 时，Frame 型 FBAR 的导纳响应结果。运用本节提出的快速设计方法，对加厚电极区域的长厚比进行设计，使本质 TE 模态的谐振频率满足 $\Omega/\Omega_{TE}\approx1$ 的条件。电极区域长厚比选择靠近平台区域中点位置，以避免模态耦合对 FBAR 工作产生影响。图 4.21 中同时给出了选定模型的导纳响应曲线。结果表明，加厚电极区域质量比发生变化时，运用我们提出的方法，均能得到良好的寄生模态抑制

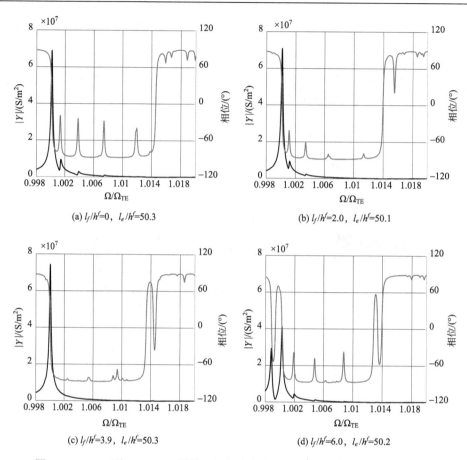

(a) l_f/h^f=0，l_e/h^f=50.3

(b) l_f/h^f=2.0，l_e/h^f=50.1

(c) l_f/h^f=3.9，l_e/h^f=50.3

(d) l_f/h^f=6.0，l_e/h^f=50.2

图 4.19　Frame 型 TE-FBAR 导纳及相位响应曲线（l_u/h^f=40，R_E=0.01，R_F=0.04）

黑色实线表示导纳；灰色实线表示相位

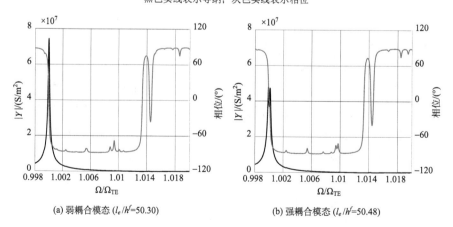

(a) 弱耦合模态 (l_e/h^f=50.30)

(b) 强耦合模态 (l_e/h^f=50.48)

图 4.20　Frame 型 TE-FBAR 耦合效应强弱对导纳响应结果的影响（l_u/h^f=40，R_E=0.01，R_F=0.04）

黑色实线表示导纳；灰色实线表示相位

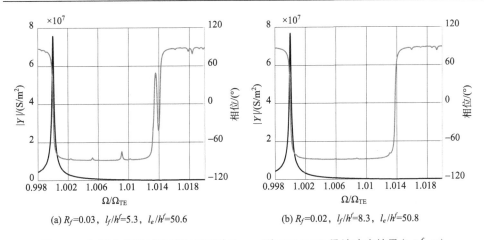

(a) R_f=0.03，l_f/h^f=5.3，l_e/h^f=50.6　　　　　(b) R_f=0.02，l_f/h^f=8.3，l_e/h^f=50.8

图 4.21　加厚电极区域质量比不同时 Frame 型 TE-FBAR 导纳响应结果（l_u/h^f=40）

黑色实线表示导纳；灰色实线表示相位

效果。此外，对于理想的 Frame 型 FBAR 结构，加厚区域电极的质量比越大，其对应的长厚比理想值也越小。原因在于：加厚电极区域的质量比越大，对应的 TE 模态截止频率越低，对整个结构频率的调控效果也会更加明显。

4.5　总　　结

　　本章应用 TE-FBAR 二维板方程，结合状态向量法，系统地研究了 TE-FBAR 二维简化模型中的耦合振动问题，通过具体算例分析总结了耦合振动的机理及变化规律，展示了二维板理论对耦合振动问题的分析能力。主要研究的模型从简单到复杂，依次为完全覆盖电极模型、部分覆盖电极模型及 Frame 型 FBAR 模型。

　　（1）通过对完全覆盖电极模型的研究，得到了耦合振动的基本特性及规律。多模态耦合问题在 FBAR 工作时是不可避免的，只可通过设计减小它的影响，不能完全消除。模态耦合的强弱与结构的长厚比密切相关，在 FBAR 的设计过程中，通过对长厚比的调整可以实现对强耦合模态的规避。对于本质 TE 模态，即模态耦合较弱、TE 模态位移分量占优的模态，通过增加电极区域的长厚比，可以提升 TE 模态位移分量在耦合模态中的占优性。此外，根据 TE 模态位移在 x_1 方向的对称性，可以将 TE-FBAR 结构包含的所有模态解耦并区分为对称和反对称两类。通过受迫振动分析，我们得知，只有对称模态才会产生电学响应。因此，反对称模态的研究对器件的优化与设计工作并无实际意义。在 FBAR 的导纳响应曲线中，本质 TE 模态的响应最高，寄生模态的响应也较为明显，但会对器件的工作造成不利影响，需通过设计抑制寄生模态。

（2）通过对部分覆盖电极模型的研究，验证了 FBAR 工作时关于位移的能陷效应，即振动主要集中在电极区域，而在无电极区域迅速衰减。电极区域长厚比的增加会降低 FBAR 本质 TE 模态的谐振频率，而无电极区域长厚比的增加对该频率值影响很小。因此，在设计工作中，我们可以通过对电极区域(或截止频率 Ω_{TE} 最小的区域)尺寸的调整，对整个结构的振动特性进行调控。

（3）针对 Frame 型 FBAR 模型，我们首先根据已得结论提出了一种通过频谱分析快速确定加厚电极区域尺寸的方法，并将二维板理论的求解结果与有限元求解结果进行对比，验证了所推导的二维板理论的准确性与高效性。进一步对频谱、振型及导纳进行分析，给出了 Frame 型 FBAR 加厚电极区域尺寸改变时的耦合振动特性，这些结果能够作为器件设计过程的判断依据。此外，在设计良好的 Frame 型 FBAR 结构中，耦合效应的影响依然存在，仍需通过对结构长厚比的调整进行规避。

TE-FBAR 二维高阶理论在二维简化模型的分析工作方面得到了很好的应用，所得结论对于 FBAR 设计过程具有重要的指导意义。根据本章研究结果，我们知道：器件工作时，其振动波型是由多个模态相互耦合形成的，众耦合模态中 TE 模态位移分量占主导，其波型在面内方向近似为半波长。然而，其他耦合模态（TS1、TS2、F、E 模态）的波型在面内方向通常具有几十甚至几百个波长，要想借助有限元法准确分析耦合振动问题，所划分的网格需要能够描述波长最小的波型。在二维截面模型的分析中，这些工作不难实现，然而当模型拓展到三维时，几乎无法得到准确的计算结果。通过应用二维板理论，我们可以建立等效的三维有限大模型，但三维等效模型的准确分析难度依然较大，相关结果仍需进一步的研究。

参 考 文 献

[1] Thalhammer R K, Larson J D. Finite-element analysis of bulk-acoustic-wave devices: A review of model setup and applications. IEEE Transactions on Ultrasonics, Ferroelectrics, and Frequency Control, 2016, 63(10): 1624-1635.

[2] Wang J G, Chen L F, Fang S S. State vector approach to analysis of multilayered magneto-electro-elastic plates. International Journal of Solids and Structures, 2003, 40(7): 1669-1680.

[3] Chen J Y, Pan E, Chen H L. Wave propagation in magneto-electro-elastic multilayered plates. International Journal of Solids and Structures, 2007, 44(3-4): 1073-1085.

[4] Chen J Y, Chen H L, Pan E, et al. Modal analysis of magneto-electro-elastic plates using the state-vector approach. Journal of Sound and Vibration, 2007, 304: 722-734.

[5] Zhang W P. Analytical modeling of resistance for AT-cut quartz strips. Proceedings of the IEEE

International Frequency Control Symposium, Pasadena, 1998.

[6] He H J, Yang J S, Zhang W P, et al. Effects of mode coupling on the admittance of an AT-cut quartz thickness-shear resonator. Chinese Physics B, 2013, 22(4): 476-481.

[7] Wu R X, Wang W J, Chen G J, et al. Forced vibrations of SC-cut quartz crystal rectangular plates with partial electrodes by the Lee plate equations. Ultrasonics, 2016, 65: 338-344.

[8] Wu R X, Wang W J, Chen G J, et al. Free and forced vibrations of SC-cut quartz crystal rectangular plates with the first-order Mindlin plate equations. Ultrasonics, 2016, 73: 96-106.

[9] Yang J S, Liu J J, Li J Y. Analysis of a rectangular ceramic plate in electrically forced thickness-twist vibration as a piezoelectric transformer. IEEE Transactions on Ultrasonics, Ferroelectrics, and Frequency Control, 2007, 54(4): 830-835.

[10] Zhang Y X, Wang Z Q, David J, et al. Resonant spectrum method to characterize piezoelectric films in composite resonators. IEEE Transactions on Ultrasonics, Ferroelectrics, and Frequency Control, 2003, 50(3): 321-333.

[11] Sung P H, Fang C M, Chang P Z, et al. The method for integrating FBAR with circuitry on CMOS chip. Proceedings of the Frequency Control Symposium and Exposition, Montreal, 2004.

[12] Gong X, Han M, Shang X, et al. Two-dimensional analysis of spurious modes in aluminum nitride film resonators. IEEE Transactions on Ultrasonics, Ferroelectrics, and Frequency Control, 2007, 54(6): 1171-1176.

[13] Jung J H, Lee Y H, Lee J H, et al. Vibration mode analysis of RF film bulk acoustic wave resonator using the finite element method. Proceedings of the IEEE Ultrasonics Symposium, Atlanta, 2003.

[14] Lee P C Y, Yu J D, Lin W S. A new two-dimensional theory for vibrations of piezoelectric crystal plates with electroded faces. Journal of Applied Physics, 1998, 83(3): 1213-1223.

[15] Sekimoto H, Watanabe Y, Nakazawa M. Two-dimensional analysis of thickness-shear and flexural vibrations in rectangular AT-cut quartz plates using a one-dimensional finite element method. Proceedings of the 44th Annual Symposium on Frequency Control, Baltimore, 1990.

[16] Lee P C Y, Syngellakis S, Hou J P. A two-dimensional theory for high-frequency vibrations of piezoelectric crystal plates with or without electrodes. Journal of Applied Physics, 1987, 61(4): 1249-1262.

[17] Yong Y K, Stewart J T, Ballato A. A laminated plate theory for high frequency piezoelectric thin-film resonators. Journal of Applied Physics, 1993, 74(5): 3028-3046.

[18] Mindlin R D. Thickness-shear and flexural vibrations of crystal plates. Journal of Applied Physics, 1951, 22(3): 316-323.

[19] Wang J N, Hu Y T, Yang J S. Frequency spectra of AT-cut quartz plates with electrodes of unequal thickness. IEEE Transactions on Ultrasonics, Ferroelectrics, and Frequency Control, 2010, 57(5): 1146-1151.

[20] Wang J, Yong Y K, Imai T. Finite element analysis of the piezoelectric vibrations of quartz plate resonators with higher-order plate theory. International Journal of Solids and Structures,

1999, 36(15): 2303-2319.

[21] Zhu F, Wang B, Qian Z H, et al. Accurate characterization of 3D dispersion curves and mode shapes of waves propagating in generally anisotropic viscoelastic/elastic plates. International Journal of Solids and Structures, 2018, 150(1): 52-65.

[22] Zhao Z N, Qian Z H, Wang B. Energy trapping of thickness-extensional modes in thin film bulk acoustic wave filters. AIP Advances, 2016, 6(1): 015002.

[23] Zhao Z N, Qian Z H, Wang B, et al. Energy trapping of thickness-extensional modes in thin film bulk acoustic wave resonators. Journal of Mechanical Science and Technology, 2015, 29(7): 2767-2773.

[24] Ruby R. Review and comparison of bulk acoustic wave FBAR, SMR technology. Proceedings of the IEEE Ultrasonics Symposium Proceedings, New York, 2007.

[25] Ruby R, Larson J, Feng C, et al. The effect of perimeter geometry on FBAR resonator electrical performance. Proceedings of the IEEE MTT-S International Microwave Symposium Digest, Long Beach, 2005.

[26] Kumar P, Tripathi C C. Design of a new step-like frame FBAR for suppression of spurious resonances. Radioengineering, 2013, 22(3): 687-693.

[27] Verdu J, de Paco P, Menendez O. Electric equivalent circuit for the thickened edge load solution in a bulk acoustic wave resonator. Progress in Electromagnetics Research M, 2010, 11: 13-23.

[28] Strijbos R, Jansman A, Lobeek J-W, et al. Design and characterisation of high-Q solidly-mounted bulk acoustic wave filters. Proceedings of the Electronic Components and Technology Conference, Reno, 2007.

[29] Thalhammer R, Kaitila J, Zieglmeier S, et al. Spurious mode suppression in BAW resonators. Proceedings of the IEEE Ultrasonics Symposium, Vancouver, 2006.

[30] Fattinger G, Marksteiner S, Kaitila J, et al. Optimization of acoustic dispersion for high performance thin film BAW resonators. Proceedings of the IEEE Ultrasonics Symposium, Rotterdam, 2005.

[31] Fattinger G, Fattinger M, Diefenbeck K, et al. Spurious mode suppression in coupled resonator filters. Proceedings of the IEEE MTT-S International Microwave Symposium Digest, Long Beach, 2005.

[32] Lee J H, Yao C M, Tzeng K Y, et al. Optimization of frame-like film bulk acoustic resonators for suppression of spurious lateral modes using finite element method. Proceedings of the IEEE Ultrasonics Symposium, Montreal, 2004.

[33] Kaitila J, Ylilammi M, Ella J, et al. Spurious resonance free bulk acoustic wave resonators. Proceedings of the IEEE Symposium on Ultrasonics, Honolulu, 2003.

[34] Pensala T, Ylilammi M. Spurious resonance suppression in gigahertz-range ZnO thin-film bulk acoustic wave resonators by the boundary frame method: modeling and experiment. IEEE Transactions on Ultrasonics, Ferroelectrics, and Frequency Control, 2009, 56(8): 1731-1744.

第 5 章 TS-FBAR 二维板理论建立

5.1 简 介

谐振器是一种精密度很高的频率激发及控制器件，其表面质量或黏滞性的改变均会对其振动特性产生明显影响。利用该特点，可以将谐振器应用于质量、压力等环境因素的检测工作中。FBAR 作为一种新型高性能谐振器，在传感器应用方面也同样具有十分广阔的前景，并且在传感器集成应用方面较传统的 QCM（石英晶体微天平）更具优势[1, 2]。

液体传感器（工作于液体环境当中的传感器）的设计是 FBAR 传感器应用的一个重要研究方向。理想无黏液体可以传播纵波，不能传播剪切波，而 TE-FBAR 的工作模态属于纵波，所以当其作用于液体环境时，大部分能量会通过纵波传播到液体中，造成能量耗散，大幅降低谐振器的 Q 值，导致传感器灵敏度降低[3]。针对这一问题，南加州大学研究组提出，采用二阶泛音 TE 模态代替基础 TE 模态作为 FBAR 的工作模态，可以减少 FBAR 在液体环境中的 Q 值损耗。该项研究成功制备了可以工作于液体环境中的 FBAR 器件，并且验证了高阶泛音模态的应用确实可以降低 FBAR 液体传感器的 Q 值损耗，但得到的优化效果并不显著[4, 5]。随后，德国西门子公司与芬兰国家技术研究中心合作研发了基于 TS 模态的 FBAR 液体传感器，通过这一手段避免了器件工作时能量向液体中传播带来的损耗，从而大幅提升了 FBAR 在液体环境中的工作性能[6, 7]。此外，除了 TS 模态 FBAR 以外，还有一部分研究者提出了侧向激励型的器件结构，但由于其性能并不突出，未能在实际液体检测问题中得到应用。

TS-FBAR 是在薄膜加工过程中，通过特定工艺改变压电薄膜 c 轴取向，使其不再沿着垂直薄膜平面方向的一种 FBAR。这种制备方式早在 20 世纪 80 年代就已提出，但由于通信领域的飞速发展，研究者主要关注频率更高的 TE-FBAR 的研究，后续对 TS-FBAR 的研究比较少见。随着生化领域的发展，液体传感器的应用也得到了更多的重视，TS-FBAR 以其优异的传感性能再次受到了人们的关注。传感器的检测主要通过对频率漂移的测量实现，因此传感器的振动分析工作在设计过程中显得尤为重要。目前对于 c 轴倾斜 FBAR 的振动分析工作比较少，大多数工作仅分析单一的 TS 模态振动情况[8, 9]。而真实器件工作时，工作模态与其他模态之间的耦合情况是无法消除的，TS-FBAR 结构中的耦合振动问题同样值得深入探讨。

第 3 章推导了 TE-FBAR 的二维板理论，为 TE-FBAR 的耦合振动分析提供了高效可靠的工具。将该理论应用于具体的二维简化模型分析（第 4 章）当中，得到了关于耦合振动的一系列结论，为器件设计分析提供理论依据及指导。对于 TS-FBAR，压电薄膜的 c 轴倾斜导致材料的对称性发生了变化，主要工作模态也由 TE 变为 TS，因此第 3 章所推导的板理论无法直接应用。本章我们参照第 3 章的工作，重新推导 c 轴倾斜时 TS-FBAR 的二维高阶板理论，为后续章节对 TS-FBAR 耦合振动问题的详细分析奠定基础。

5.2　理　论　基　础

5.2.1　三维弹性理论

与 TE-FBAR 的推导过程类似，我们将 TS-FBAR 按电极覆盖情况分为完全覆盖电极模型及无覆盖电极模型，这两种模型需要用不同的板方程来描述。第 3 章中提出的电场假设条件，即无电极区域电场为零，覆盖电极区域电场完全由外加电压决定，在此处依然适用。因此，我们仅需推导完全覆盖电极模型的方程，无覆盖电极模型的方程可通过忽略上电极的相关参数得到。首先我们需要得到 c 轴倾斜 FBAR 的材料参数表达式，为此定义如图 5.1 所示的两组坐标系。

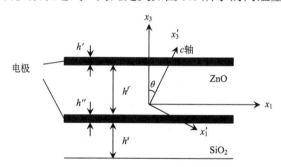

图 5.1　TS-FBAR 完全覆盖电极模型图

图 5.1 中压电薄膜的 c 轴沿着晶体坐标系 (x_1', x_2', x_3') 的 x_3' 方向，该坐标系下的压电薄膜材料参数可在文献[10]中查得，即为式（2.7）。坐标系 (x_1, x_2, x_3) 定义为结构坐标系，可视为由坐标系 (x_1', x_2', x_3') 沿着 x_2' 轴旋转角度 θ 得到。因此，可以通过坐标变换的方式导出新坐标系下的材料参数。电极层及补偿层的材料坐标系与结构坐标系相同。对于压电薄膜层，根据邦德（Bond）矩阵的相关知识，我们可以得

到结构坐标系下的材料参数为[11]

$$\boldsymbol{c}^* = \boldsymbol{M}\boldsymbol{c}^f\boldsymbol{M}^{\mathrm{T}}, \quad \boldsymbol{e}^* = \boldsymbol{a}\boldsymbol{e}^f\boldsymbol{M}^{\mathrm{T}}, \quad \boldsymbol{\varepsilon}^* = \boldsymbol{a}\boldsymbol{\varepsilon}^f\boldsymbol{a}^{\mathrm{T}} \tag{5.1}$$

式中，

$$\boldsymbol{a} = \begin{bmatrix} a_{11} & a_{12} & a_{13} \\ a_{21} & a_{22} & a_{23} \\ a_{31} & a_{32} & a_{33} \end{bmatrix} = \begin{bmatrix} \cos\theta & 0 & \sin\theta \\ 0 & 1 & 0 \\ -\sin\theta & 0 & \cos\theta \end{bmatrix},$$

$$\boldsymbol{M} = \begin{bmatrix} a_{11}^2 & a_{12}^2 & a_{13}^2 & 2a_{12}a_{13} & 2a_{11}a_{13} & 2a_{11}a_{12} \\ a_{21}^2 & a_{22}^2 & a_{23}^2 & 2a_{22}a_{23} & 2a_{21}a_{23} & 2a_{21}a_{22} \\ a_{31}^2 & a_{32}^2 & a_{33}^2 & 2a_{32}a_{33} & 2a_{31}a_{33} & 2a_{31}a_{32} \\ a_{21}a_{31} & a_{22}a_{32} & a_{23}a_{33} & a_{22}a_{33}+a_{23}a_{32} & a_{21}a_{33}+a_{23}a_{31} & a_{21}a_{32}+a_{22}a_{31} \\ a_{11}a_{31} & a_{12}a_{32} & a_{13}a_{33} & a_{12}a_{33}+a_{13}a_{32} & a_{11}a_{33}+a_{13}a_{31} & a_{11}a_{32}+a_{12}a_{31} \\ a_{11}a_{21} & a_{12}a_{22} & a_{13}a_{23} & a_{12}a_{23}+a_{13}a_{22} & a_{11}a_{23}+a_{13}a_{21} & a_{11}a_{22}+a_{12}a_{21} \end{bmatrix}$$

$$\tag{5.2}$$

式 (5.1) 中的上标 "T" 表示矩阵的转置。将式 (5.2) 代入式 (5.1)，经过简单推导可得，压电薄膜 c 轴旋转以后的材料参数矩阵具有如下形式

$$\boldsymbol{c}^* = \begin{bmatrix} c_{11}^* & c_{12}^* & c_{13}^* & 0 & c_{15}^* & 0 \\ c_{12}^* & c_{22}^* & c_{23}^* & 0 & c_{25}^* & 0 \\ c_{13}^* & c_{23}^* & c_{33}^* & 0 & c_{35}^* & 0 \\ 0 & 0 & 0 & c_{44}^* & 0 & c_{46}^* \\ c_{15}^* & c_{25}^* & c_{35}^* & 0 & c_{55}^* & 0 \\ 0 & 0 & 0 & c_{46}^* & 0 & c_{66}^* \end{bmatrix}, \tag{5.3}$$

$$\boldsymbol{e}^* = \begin{bmatrix} e_{11}^* & e_{12}^* & e_{13}^* & 0 & e_{15}^* & 0 \\ 0 & 0 & 0 & e_{24}^* & 0 & e_{26}^* \\ e_{31}^* & e_{32}^* & e_{33}^* & 0 & e_{35}^* & 0 \end{bmatrix}, \quad \boldsymbol{\varepsilon}^* = \begin{bmatrix} \varepsilon_{11}^* & 0 & \varepsilon_{13}^* \\ 0 & \varepsilon_{22}^* & 0 \\ \varepsilon_{31}^* & 0 & \varepsilon_{33}^* \end{bmatrix}$$

根据三维线弹性压电理论可得，c 轴转动后压电薄膜的应力本构方程为

$$\begin{aligned} T_{11} &= c_{11}^* S_1 + c_{12}^* S_2 + c_{13}^* S_3 + c_{15}^* S_5 - e_{11}^* E_1 - e_{31}^* E_3 \\ T_{22} &= c_{12}^* S_1 + c_{22}^* S_2 + c_{23}^* S_3 + c_{25}^* S_5 - e_{12}^* E_1 - e_{32}^* E_3 \\ T_{33} &= c_{13}^* S_1 + c_{23}^* S_2 + c_{33}^* S_3 + c_{35}^* S_5 - e_{13}^* E_1 - e_{33}^* E_3 \\ T_{23} &= c_{44}^* S_4 + c_{46}^* S_6 - e_{24}^* E_2 \\ T_{13} &= c_{15}^* S_1 + c_{25}^* S_2 + c_{35}^* S_3 + c_{55}^* S_5 - e_{15}^* E_1 - e_{35}^* E_3 \\ T_{12} &= c_{46}^* S_4 + c_{66}^* S_6 - e_{26}^* E_2 \end{aligned} \tag{5.4}$$

电位移本构方程为

$$D_1 = e_{11}^* S_1 + e_{12}^* S_2 + e_{13}^* S_3 + e_{15}^* S_5 + \varepsilon_{11}^* E_1 + \varepsilon_{13}^* E_3$$
$$D_2 = e_{24}^* S_4 + e_{26}^* S_6 + \varepsilon_{22}^* E_2 \tag{5.5}$$
$$D_3 = e_{31}^* S_1 + e_{32}^* S_2 + e_{33}^* S_3 + e_{35}^* S_5 + \varepsilon_{13}^* E_1 + \varepsilon_{33}^* E_3$$

补偿层材料的本构方程形式为

$$T_{11} = c_{11}^s S_1 + c_{12}^s S_2 + c_{12}^s S_3$$
$$T_{22} = c_{12}^s S_1 + c_{11}^s S_2 + c_{12}^s S_3$$
$$T_{33} = c_{12}^s S_1 + c_{12}^s S_2 + c_{11}^s S_3$$
$$T_{23} = c_{44}^s S_4 \tag{5.6}$$
$$T_{13} = c_{44}^s S_5$$
$$T_{12} = c_{66}^s S_6$$

　　电极层材料的本构方程形式与式(5.6)相同,仅需对材料参数进行代换即可。依据上述控制方程、本构方程、几何方程及 FBAR 各层之间的连续性条件,考虑沿 x_1 方向传播的直峰波问题,可以得到一组描述 TS-FBAR 层合结构频散关系的控制方程。采用文献[12]介绍的模值收敛判别法,可以求得 TS-FBAR 由三维线弹性压电理论所确定的频散曲线结果,为二维高阶板方程的推导及验证提供依据。

5.2.2　二维一阶板理论

　　根据 Mindlin 板理论的介绍,将位移沿厚度方向进行幂级数展开可以把原有的三维问题近似处理为二维问题。位移展开式的具体形式及相应的应力、应变、控制方程表达式,在 3.1 节中已有详细介绍,此处不再赘述。

　　在 TE-FBAR 二维板方程推导过程中,为了准确描述 TE 模态的位移场,我们保留了前三阶的位移展开项,忽略了其他高阶项并引入修正系数进行修正。类似地,对于本章将要推导的 TS-FBAR 二维板方程,我们对位移作如下近似处理:

$$u_a(x_1, x_2, x_3, t) \cong u_a^{(0)}(x_1, x_2, t) + x_3 u_a^{(1)}(x_1, x_2, t) + x_3^2 u_a^{(2)}(x_1, x_2, t)$$
$$u_3(x_1, x_2, x_3, t) \cong u_3^{(0)}(x_1, x_2, t) + x_3 u_3^{(1)}(x_1, x_2, t) + x_3^2 u_3^{(2)}(x_1, x_2, t) \tag{5.7}$$

式中, $u_a^{(0)}$ 表示面内拉伸(E)模态或面切(FS)模态的位移; $u_a^{(1)}$ 表示基本厚度剪切(TS)模态或者基本厚度扭转(TT)模态的位移; $u_3^{(0)}$ 表示弯曲(F)模态的位移。以上五个模态为 TS-FBAR 板理论中需要考虑的五个耦合模态。考虑到高阶模态与低阶模态之间会因泊松效应相互耦合,为保证二维理论的准确性,在式(5.7)中,除了以上五个模态以外,我们还保留了位移展开的二阶项,在后续推导过程中将采用应力释放的方式对这些高阶项进行消除。根据位移展开式,相应地,可以得

到应变分量的表达式为

$$S_p \cong S_p^{(0)} + x_3 S_p^{(1)}, \quad p = 1, 2, \cdots, 6 \tag{5.8}$$

上式可具体展开为

$$S_1^{(0)} = u_{1,1}^{(0)}, \ S_2^{(0)} = u_{2,2}^{(0)}, \ S_3^{(0)} = u_3^{(1)}, \ S_4^{(0)} = u_{3,2}^{(0)} + u_2^{(1)}, \ S_5^{(0)} = u_{3,1}^{(0)} + u_1^{(1)}, \ S_6^{(0)} = u_{1,2}^{(0)} + u_{2,1}^{(0)},$$

$$S_1^{(1)} = u_{1,1}^{(1)}, \ S_2^{(1)} = u_{2,2}^{(1)}, \ S_3^{(1)} = 2u_3^{(2)}, \ S_4^{(1)} = u_{3,2}^{(1)} + 2u_2^{(2)}, \ S_5^{(1)} = u_{3,1}^{(1)} + 2u_1^{(2)}, \ S_6^{(1)} = u_{1,2}^{(1)} + u_{2,1}^{(1)}$$

$$\tag{5.9}$$

在式 (5.9) 中，$S_3^{(0)}$、$S_3^{(1)}$、$S_4^{(1)}$ 及 $S_5^{(1)}$ 与高阶位移分量 $u_3^{(1)}$ 和 $u_i^{(2)}$ 相关。

TS-FBAR 板理论对应的运动方程为

$$T_{ab,a}^{(0)} = \rho^{(0)} \ddot{u}_b^{(0)} + \rho^{(1)} \ddot{u}_b^{(1)}$$
$$T_{a3,a}^{(0)} = \rho^{(0)} \ddot{u}_3^{(0)} \tag{5.10}$$
$$T_{ab,a}^{(1)} - T_{3b}^{(0)} = \rho^{(1)} \ddot{u}_b^{(0)} + \rho^{(2)} \ddot{u}_b^{(1)}$$

式 (5.10) 中，各阶应力分量的表达式为

$$T_{ij}^{(0)} = c_{ijkl}^{(0)} S_{kl}^{(0)} + c_{ijkl}^{(1)} S_{kl}^{(1)} - e_{kij}^{(0)} E_k$$
$$T_{ij}^{(1)} = c_{ijkl}^{(1)} S_{kl}^{(0)} + c_{ijkl}^{(2)} S_{kl}^{(1)} - e_{kij}^{(1)} E_k \tag{5.11}$$

为忽略无关高阶位移分量，对以下四个应力分量施加应力自由边界条件

$$T_{33}^{(0)} = c_{31}^{(0)} S_1^{(0)} + c_{32}^{(0)} S_2^{(0)} + c_{33}^{(0)} S_3^{(0)} + c_{35}^{(0)} S_5^{(0)}$$
$$\quad + c_{31}^{(1)} S_1^{(1)} + c_{32}^{(1)} S_2^{(1)} + c_{33}^{(1)} S_3^{(1)} + c_{35}^{(1)} S_5^{(1)} - e_{33}^{(0)} E_3$$
$$T_{31}^{(1)} = c_{15}^{(1)} S_1^{(0)} + c_{25}^{(1)} S_2^{(0)} + c_{35}^{(1)} S_3^{(0)} + c_{55}^{(1)} S_5^{(0)}$$
$$\quad + c_{15}^{(2)} S_1^{(1)} + c_{25}^{(2)} S_2^{(1)} + c_{35}^{(2)} S_3^{(1)} + c_{55}^{(2)} S_5^{(1)} - e_{35}^{(1)} E_3 \tag{5.12}$$
$$T_{32}^{(1)} = c_{44}^{(1)} S_4^{(0)} + c_{46}^{(1)} S_6^{(0)} + c_{44}^{(2)} S_4^{(1)} + c_{46}^{(2)} S_6^{(1)}$$
$$T_{33}^{(1)} = c_{31}^{(1)} S_1^{(0)} + c_{32}^{(1)} S_2^{(0)} + c_{33}^{(1)} S_3^{(0)} + c_{35}^{(1)} S_5^{(0)}$$
$$\quad + c_{31}^{(2)} S_1^{(1)} + c_{32}^{(2)} S_2^{(1)} + c_{33}^{(2)} S_3^{(1)} + c_{35}^{(2)} S_5^{(1)} - e_{33}^{(1)} E_3$$

上式为考虑 c 轴旋转后具体材料性质的结果。基于二维板理论对电场的近似处理，我们仅需保留电场分量 E_3。求解式 (5.12)，即可得到由低阶应变分量表示的 $S_3^{(0)}$、$S_3^{(1)}$、$S_4^{(1)}$ 及 $S_5^{(1)}$ 的具体表达式，从而能够在二维板理论当中消除高阶位移项 $u_3^{(1)}$ 和 $u_i^{(2)}$。以上四个应变分量的具体表达式结果为

$$S_3^{(0)} = \gamma_{3010} S_1^{(0)} + \gamma_{3020} S_2^{(0)} + \gamma_{3050} S_5^{(0)} + \gamma_{3011} S_1^{(1)} + \gamma_{3021} S_2^{(1)} - \gamma_{30}^e E_3$$
$$S_3^{(1)} = \gamma_{3110} S_1^{(0)} + \gamma_{3120} S_2^{(0)} + \gamma_{3150} S_5^{(0)} + \gamma_{3111} S_1^{(1)} + \gamma_{3121} S_2^{(1)} - \gamma_{31}^e E_3$$
$$S_4^{(1)} = \gamma_{4140} S_4^{(0)} + \gamma_{4160} S_6^{(0)} + \gamma_{4161} S_6^{(1)} \tag{5.13}$$
$$S_5^{(1)} = \gamma_{5110} S_1^{(0)} + \gamma_{5120} S_2^{(0)} + \gamma_{5150} S_5^{(0)} + \gamma_{5111} S_1^{(1)} + \gamma_{5121} S_2^{(1)} - \gamma_{51}^e E_3$$

式中，

$$\gamma_{3010} = \Delta^{-1}\left[c_{31}^{(0)}\Delta_{11} - c_{15}^{(1)}\Delta_{21} + c_{31}^{(1)}\Delta_{31}\right], \quad \gamma_{3020} = \Delta^{-1}\left[c_{32}^{(0)}\Delta_{11} - c_{25}^{(1)}\Delta_{21} + c_{32}^{(1)}\Delta_{31}\right],$$

$$\gamma_{3050} = \Delta^{-1}\left[c_{35}^{(0)}\Delta_{11} - c_{55}^{(1)}\Delta_{21} + c_{35}^{(1)}\Delta_{31}\right], \quad \gamma_{3011} = \left[c_{31}^{(1)}\Delta_{11} - c_{15}^{(2)}\Delta_{21} + c_{31}^{(2)}\Delta_{31}\right],$$

$$\gamma_{3021} = \Delta^{-1}\left[c_{32}^{(1)}\Delta_{11} - c_{25}^{(2)}\Delta_{21} + c_{32}^{(2)}\Delta_{31}\right], \quad \gamma_{30}^e = \Delta^{-1}\left[e_{33}^{(0)}\Delta_{11} - e_{35}^{(1)}\Delta_{21} + e_{33}^{(1)}\Delta_{31}\right];$$

$$\gamma_{3110} = -\Delta^{-1}\left[c_{31}^{(0)}\Delta_{12} - c_{15}^{(1)}\Delta_{22} + c_{31}^{(1)}\Delta_{32}\right], \quad \gamma_{3120} = -\Delta^{-1}\left[c_{32}^{(0)}\Delta_{12} - c_{25}^{(1)}\Delta_{22} + c_{32}^{(1)}\Delta_{32}\right],$$

$$\gamma_{3150} = -\Delta^{-1}\left[c_{35}^{(0)}\Delta_{12} - c_{55}^{(1)}\Delta_{22} + c_{35}^{(1)}\Delta_{32}\right], \quad \gamma_{3111} = -\Delta^{-1}\left[c_{31}^{(1)}\Delta_{12} - c_{15}^{(2)}\Delta_{22} + c_{31}^{(2)}\Delta_{32}\right],$$

$$\gamma_{3121} = -\Delta^{-1}\left[c_{32}^{(1)}\Delta_{12} - c_{25}^{(2)}\Delta_{22} + c_{32}^{(2)}\Delta_{32}\right], \quad \gamma_{31}^e = -\Delta^{-1}\left[e_{33}^{(0)}\Delta_{12} - e_{35}^{(1)}\Delta_{22} + e_{33}^{(1)}\Delta_{32}\right];$$

$$\gamma_{4140} = -c_{44}^{(1)}/c_{44}^{(2)}, \quad \gamma_{4160} = -c_{46}^{(1)}/c_{44}^{(2)}, \quad \gamma_{4161} = -c_{46}^{(2)}/c_{44}^{(2)};$$

$$\gamma_{5110} = \Delta^{-1}\left[c_{31}^{(0)}\Delta_{13} - c_{15}^{(1)}\Delta_{23} + c_{31}^{(1)}\Delta_{33}\right], \quad \gamma_{5120} = \Delta^{-1}\left[c_{32}^{(0)}\Delta_{13} - c_{25}^{(1)}\Delta_{23} + c_{32}^{(1)}\Delta_{33}\right],$$

$$\gamma_{5150} = \Delta^{-1}\left[c_{35}^{(0)}\Delta_{13} - c_{55}^{(1)}\Delta_{23} + c_{35}^{(1)}\Delta_{33}\right], \quad \gamma_{5111} = \Delta^{-1}\left[c_{31}^{(1)}\Delta_{13} - c_{15}^{(2)}\Delta_{23} + c_{31}^{(2)}\Delta_{33}\right],$$

$$\gamma_{5121} = \Delta^{-1}\left[c_{32}^{(1)}\Delta_{13} - c_{25}^{(2)}\Delta_{23} + c_{32}^{(2)}\Delta_{33}\right], \quad \gamma_{51}^e = \Delta^{-1}\left[e_{33}^{(0)}\Delta_{13} - e_{35}^{(1)}\Delta_{23} + e_{33}^{(1)}\Delta_{33}\right]$$

$$(5.14)$$

式中，Δ 是由材料参数组成的行列式，其表达式为

$$\Delta = \begin{vmatrix} -c_{33}^{(0)} & -c_{33}^{(1)} & -c_{35}^{(1)} \\ -c_{35}^{(1)} & -c_{35}^{(2)} & -c_{55}^{(2)} \\ -c_{33}^{(1)} & -c_{33}^{(2)} & -c_{35}^{(2)} \end{vmatrix} \tag{5.15}$$

式 (5.14) 中，Δ_{ij} 代表式 (5.15) 所定义行列式的代数余子式。将式 (5.13) 代入式 (5.11) 中剩余的 8 个应力表达式当中，即为 TS-FBAR 二维板理论的本构方程。

此外，为对位移近似过程中忽略高阶分量引起的截断误差进行修正，参照 TE-FBAR 二维板理论的推导过程，我们在 TS-FBAR 二维理论中引入了修正系数 κ_1 和 κ_2，并通过对比二维近似理论与三维精确弹性理论所确定的 TS 及 TT 模态截止频率，求得修正系数的具体值。式 (5.16) 给出了引入修正系数以后 TS-FBAR 二维理论本构关系的具体表达式：

$$T_1^{(0)} = \bar{c}_{11}^{(0)}S_1^{(0)} + \bar{c}_{12}^{(0)}S_2^{(0)} + \kappa_1\bar{c}_{15}^{(0)}S_5^{(0)} + \bar{c}_{11}^{(1)}S_1^{(1)} + \bar{c}_{12}^{(1)}S_2^{(1)} - \bar{e}_{31}^{(0)}E_3$$

$$T_2^{(0)} = \bar{c}_{21}^{(0)}S_1^{(0)} + \bar{c}_{22}^{(0)}S_2^{(0)} + \kappa_1\bar{c}_{25}^{(0)}S_5^{(0)} + \bar{c}_{21}^{(1)}S_1^{(1)} + \bar{c}_{22}^{(1)}S_2^{(1)} - \bar{e}_{32}^{(0)}E_3$$

$$T_4^{(0)} = \kappa_2^2\bar{c}_{44}^{(0)}S_4^{(0)} + \kappa_2\bar{c}_{46}^{(0)}S_6^{(0)} + \kappa_2\bar{c}_{46}^{(1)}S_6^{(1)}$$

$$T_5^{(0)} = \kappa_1\bar{c}_{51}^{(0)}S_1^{(0)} + \kappa_1\bar{c}_{52}^{(0)}S_2^{(0)} + \kappa_1^2\bar{c}_{55}^{(0)}S_5^{(0)} + \kappa_1\bar{c}_{51}^{(1)}S_1^{(1)} + \kappa_1\bar{c}_{52}^{(1)}S_2^{(1)} - \kappa_1\bar{e}_{35}^{(0)}E_3$$

$$T_6^{(0)} = \kappa_2 \overline{c}_{64}^{(0)} S_4^{(0)} + \overline{c}_{66}^{(0)} S_6^{(0)} + \overline{c}_{66}^{(1)} S_6^{(1)}$$
$$T_1^{(1)} = \hat{c}_{11}^{(1)} S_1^{(0)} + \hat{c}_{12}^{(1)} S_2^{(0)} + \kappa_1 \hat{c}_{15}^{(1)} S_5^{(0)} + \hat{c}_{11}^{(2)} S_1^{(1)} + \hat{c}_{12}^{(2)} S_2^{(1)} - \hat{e}_{31}^{(1)} E_3$$
$$T_2^{(1)} = \hat{c}_{21}^{(1)} S_1^{(0)} + \hat{c}_{22}^{(1)} S_2^{(0)} + \kappa_1 \hat{c}_{25}^{(1)} S_5^{(0)} + \hat{c}_{21}^{(2)} S_1^{(1)} + \hat{c}_{22}^{(2)} S_2^{(1)} - \hat{e}_{32}^{(1)} E_3$$
$$T_6^{(1)} = \hat{c}_{64}^{(1)} S_4^{(0)} + \hat{c}_{66}^{(1)} S_6^{(0)} + \hat{c}_{66}^{(2)} S_6^{(1)}$$

$$(5.16)$$

式中，$\overline{c}_{ij}^{(n)}$、$\overline{e}_{ki}^{(n)}$、$\hat{c}_{ij}^{(n)}$ 和 $\hat{e}_{ki}^{(n)}$ 定义为 TS-FBAR 二维板理论的等效材料参数，它们的具体表达式如下：

$$\overline{c}_{11}^{(0)} = c_{11}^{(0)} + c_{13}^{(0)} \gamma_{3010} + c_{13}^{(1)} \gamma_{3110} + c_{15}^{(1)} \gamma_{5110}, \quad \overline{c}_{12}^{(0)} = c_{12}^{(0)} + c_{23}^{(0)} \gamma_{3010} + c_{23}^{(1)} \gamma_{3110} + c_{25}^{(1)} \gamma_{5110},$$

$$\overline{c}_{15}^{(0)} = c_{15}^{(0)} + c_{35}^{(0)} \gamma_{3010} + c_{35}^{(1)} \gamma_{3110} + c_{55}^{(1)} \gamma_{5110},$$

$$\overline{c}_{11}^{(1)} = c_{11}^{(1)} + c_{13}^{(1)} \gamma_{3010} + c_{13}^{(2)} \gamma_{3110} + c_{15}^{(2)} \gamma_{5110}, \quad \overline{c}_{12}^{(1)} = c_{12}^{(1)} + c_{23}^{(1)} \gamma_{3010} + c_{23}^{(2)} \gamma_{3110} + c_{25}^{(2)} \gamma_{5110},$$

$$\overline{e}_{31}^{(0)} = e_{31}^{(0)} + e_{33}^{(0)} \gamma_{3010} + e_{33}^{(1)} \gamma_{3110} + e_{35}^{(1)} \gamma_{5110};$$

$$\overline{c}_{21}^{(0)} = c_{12}^{(0)} + c_{13}^{(0)} \gamma_{3020} + c_{13}^{(1)} \gamma_{3120} + c_{15}^{(1)} \gamma_{5120}, \quad \overline{c}_{22}^{(0)} = c_{22}^{(0)} + c_{23}^{(0)} \gamma_{3020} + c_{23}^{(1)} \gamma_{3120} + c_{25}^{(1)} \gamma_{5120},$$

$$\overline{c}_{25}^{(0)} = c_{25}^{(0)} + c_{35}^{(0)} \gamma_{3020} + c_{35}^{(1)} \gamma_{3120} + c_{55}^{(1)} \gamma_{5120},$$

$$\overline{c}_{21}^{(1)} = c_{12}^{(1)} + c_{13}^{(1)} \gamma_{3020} + c_{13}^{(2)} \gamma_{3120} + c_{15}^{(2)} \gamma_{5120}, \quad \overline{c}_{22}^{(1)} = c_{22}^{(1)} + c_{23}^{(1)} \gamma_{3020} + c_{23}^{(2)} \gamma_{3120} + c_{25}^{(2)} \gamma_{5120},$$

$$\overline{e}_{32}^{(0)} = e_{32}^{(0)} + e_{33}^{(0)} \gamma_{3020} + e_{33}^{(1)} \gamma_{3120} + e_{35}^{(1)} \gamma_{5120};$$

$$\overline{c}_{44}^{(0)} = c_{44}^{(0)} + c_{44}^{(1)} \gamma_{4140}, \quad \overline{c}_{46}^{(0)} = c_{46}^{(0)} + c_{46}^{(1)} \gamma_{4140}, \quad \overline{c}_{46}^{(1)} = c_{46}^{(1)} + c_{46}^{(2)} \gamma_{4140};$$

$$\overline{c}_{51}^{(0)} = c_{15}^{(0)} + c_{13}^{(0)} \gamma_{3050} + c_{13}^{(1)} \gamma_{3150} + c_{15}^{(1)} \gamma_{5150}, \quad \overline{c}_{52}^{(0)} = c_{25}^{(0)} + c_{23}^{(0)} \gamma_{3050} + c_{23}^{(1)} \gamma_{3150} + c_{25}^{(1)} \gamma_{5150},$$

$$\overline{c}_{55}^{(0)} = c_{55}^{(0)} + c_{35}^{(0)} \gamma_{3050} + c_{35}^{(1)} \gamma_{3150} + c_{55}^{(1)} \gamma_{5150},$$

$$\overline{c}_{51}^{(1)} = c_{15}^{(1)} + c_{13}^{(1)} \gamma_{3050} + c_{13}^{(2)} \gamma_{3150} + c_{15}^{(2)} \gamma_{5150}, \quad \overline{c}_{52}^{(1)} = c_{25}^{(1)} + c_{23}^{(1)} \gamma_{3050} + c_{23}^{(2)} \gamma_{3150} + c_{25}^{(2)} \gamma_{5150},$$

$$\overline{e}_{35}^{(0)} = e_{35}^{(0)} + e_{33}^{(0)} \gamma_{3050} + e_{33}^{(1)} \gamma_{3150} + e_{35}^{(1)} \gamma_{5150};$$

$$\overline{c}_{64}^{(0)} = c_{46}^{(0)} + c_{44}^{(1)} \gamma_{4160}, \quad \overline{c}_{66}^{(0)} = c_{66}^{(0)} + c_{46}^{(1)} \gamma_{4160}, \quad \overline{c}_{66}^{(1)} = c_{66}^{(1)} + c_{46}^{(2)} \gamma_{4160};$$

$$\hat{c}_{11}^{(1)} = c_{11}^{(1)} + c_{13}^{(0)} \gamma_{3011} + c_{13}^{(1)} \gamma_{3111} + c_{15}^{(1)} \gamma_{5111}, \quad \hat{c}_{12}^{(1)} = c_{12}^{(1)} + c_{23}^{(0)} \gamma_{3011} + c_{23}^{(1)} \gamma_{3111} + c_{25}^{(1)} \gamma_{5111},$$

$$\hat{c}_{15}^{(1)} = c_{15}^{(1)} + c_{35}^{(0)} \gamma_{3011} + c_{35}^{(1)} \gamma_{3111} + c_{55}^{(1)} \gamma_{5111},$$

$$\hat{c}_{11}^{(2)} = c_{11}^{(2)} + c_{13}^{(1)} \gamma_{3011} + c_{13}^{(2)} \gamma_{3111} + c_{15}^{(2)} \gamma_{5111}, \quad \hat{c}_{12}^{(2)} = c_{12}^{(2)} + c_{23}^{(1)} \gamma_{3011} + c_{23}^{(2)} \gamma_{3111} + c_{25}^{(2)} \gamma_{5111},$$

$$\hat{e}_{31}^{(1)} = e_{31}^{(1)} + e_{33}^{(0)} \gamma_{3011} + e_{33}^{(1)} \gamma_{3111} + e_{35}^{(1)} \gamma_{5111};$$

$$\hat{c}_{21}^{(1)} = c_{12}^{(1)} + c_{13}^{(0)} \gamma_{3021} + c_{13}^{(1)} \gamma_{3121} + c_{15}^{(1)} \gamma_{5121}, \quad \hat{c}_{22}^{(1)} = c_{22}^{(1)} + c_{23}^{(0)} \gamma_{3021} + c_{23}^{(1)} \gamma_{3121} + c_{25}^{(1)} \gamma_{5121},$$

$$\hat{c}_{25}^{(1)} = c_{25}^{(1)} + c_{35}^{(0)} \gamma_{3021} + c_{35}^{(1)} \gamma_{3121} + c_{55}^{(1)} \gamma_{5121},$$

$$\hat{c}_{21}^{(2)} = c_{12}^{(2)} + c_{13}^{(1)} \gamma_{3021} + c_{13}^{(2)} \gamma_{3121} + c_{15}^{(2)} \gamma_{5121}, \quad \hat{c}_{22}^{(2)} = c_{22}^{(2)} + c_{23}^{(1)} \gamma_{3021} + c_{23}^{(2)} \gamma_{3121} + c_{25}^{(2)} \gamma_{5121}$$

$$\hat{e}_{32}^{(1)} = e_{32}^{(1)} + e_{33}^{(0)} \gamma_{3021} + e_{33}^{(1)} \gamma_{3121} + e_{35}^{(1)} \gamma_{5121};$$

$$\hat{c}_{64}^{(1)} = c_{46}^{(1)} + c_{44}^{(1)} \gamma_{4161}, \quad \hat{c}_{66}^{(1)} = c_{66}^{(1)} + c_{46}^{(1)} \gamma_{4161}, \quad \hat{c}_{66}^{(2)} = c_{66}^{(2)} + c_{46}^{(2)} \gamma_{4161}$$

$$(5.17)$$

结合控制方程(5.10)、本构方程(5.12)，即可得到完整的 TS-FBAR 二维一阶板理论。

5.2.3　修正系数

为确定二维板理论修正系数的具体值，我们首先需要研究 TS-FBAR 结构的频散关系，包括二维板理论及三维弹性理论两种方法得到的结果。考虑沿着 x_1 方向传播的直峰波，5.2.2 节推导的 TS-FBAR 二维板方程可以解耦为两组，一组是关于 $u_1^{(0)}$、$u_3^{(0)}$ 和 $u_1^{(1)}$ 的方程组：

$$\bar{c}_{11}^{(0)}u_{1,11}^{(0)} + \kappa_1\bar{c}_{15}^{(0)}\left(u_{3,11}^{(0)}+u_{1,1}^{(1)}\right) + \bar{c}_{11}^{(1)}u_{1,11}^{(1)} = \rho^{(0)}\ddot{u}_1^{(0)} + \rho^{(1)}\ddot{u}_1^{(1)}$$

$$\kappa_1\bar{c}_{51}^{(0)}u_{1,11}^{(0)} + \kappa_1^2\bar{c}_{55}^{(0)}\left(u_{3,11}^{(0)}+u_{1,1}^{(1)}\right) + \kappa_1\bar{c}_{51}^{(1)}u_{1,11}^{(1)} = \rho^{(0)}\ddot{u}_3^{(0)}$$

$$\hat{c}_{11}^{(1)}u_{1,11}^{(0)} + \kappa_1\hat{c}_{15}^{(1)}\left(u_{3,11}^{(0)}+u_{1,1}^{(1)}\right) + \hat{c}_{11}^{(2)}u_{1,11}^{(1)}$$
$$- \kappa_1\bar{c}_{51}^{(0)}u_{1,1}^{(0)} - \kappa_1^2\bar{c}_{55}^{(0)}\left(u_{3,1}^{(0)}+u_1^{(1)}\right) - \kappa_1\bar{c}_{51}^{(1)}u_{1,1}^{(1)} = \rho^{(1)}\ddot{u}_1^{(0)} + \rho^{(2)}\ddot{u}_1^{(1)} \tag{5.18}$$

另一组为关于 $u_2^{(0)}$ 和 $u_2^{(1)}$ 的方程组

$$\kappa_2\bar{c}_{64}^{(0)}u_{2,1}^{(1)} + \bar{c}_{66}^{(0)}u_{2,11}^{(0)} + \bar{c}_{66}^{(1)}u_{2,11}^{(1)} = \rho^{(0)}\ddot{u}_2^{(0)} + \rho^{(1)}\ddot{u}_2^{(1)}$$

$$\kappa_2\hat{c}_{64}^{(1)}u_{2,1}^{(1)} + \hat{c}_{66}^{(1)}u_{2,11}^{(0)} + \hat{c}_{66}^{(2)}u_{2,11}^{(1)}$$
$$- \kappa_2^2\bar{c}_{44}^{(0)}u_2^{(1)} - \kappa_2\bar{c}_{46}^{(0)}u_{2,1}^{(0)} - \kappa_2\bar{c}_{46}^{(1)}u_{2,1}^{(1)} = \rho^{(1)}\ddot{u}_2^{(0)} + \rho^{(2)}\ddot{u}_2^{(1)} \tag{5.19}$$

对上述两式进行求解即可得到 TS-FBAR 二维板理论确定的频散曲线结果。因此，我们假设位移分量具有如下形式：

$$u_1^{(0)} = A_0\exp(\mathrm{i}kx_1)\exp(\mathrm{i}\omega t)$$
$$u_3^{(0)} = C_0\exp(\mathrm{i}kx_1)\exp(\mathrm{i}\omega t)$$
$$u_1^{(1)} = (A_1/h^f)\exp(\mathrm{i}kx_1)\exp(\mathrm{i}\omega t) \tag{5.20}$$

以及

$$u_2^{(0)} = B_0\exp(\mathrm{i}kx_1)\exp(\mathrm{i}\omega t)$$
$$u_2^{(1)} = (B_1/h^f)\exp(\mathrm{i}kx_1)\exp(\mathrm{i}\omega t) \tag{5.21}$$

需要指出的是，由于 c 轴旋转以后，FBAR 压电薄膜层材料在面内的对称性遭到破坏，因此以往采用的三角函数形式位移基本解在此处不适用，式(5.20)和式(5.21)中给出的位移解形式为最基本的指数形式解。将位移基本解代入控制方程(5.18)和(5.19)，并根据线性方程的非平凡解条件，即可得到由二维方程确定的结构频散关系方程。进一步，为确定修正系数的具体值，我们需要得到 TS 模态和 TT 模态的截止频率，由二维理论确定的表达式为

$$\omega_{TS}^{2} = \frac{\kappa_1^2 \rho^{(0)} \overline{c}_{55}^{(0)}}{\rho^{(0)} \rho^{(2)} - \rho^{(1)} \rho^{(1)}}, \quad \omega_{TT}^{2} = \frac{\kappa_2^2 \rho^{(0)} \overline{c}_{44}^{(0)}}{\rho^{(0)} \rho^{(2)} - \rho^{(1)} \rho^{(1)}} \quad (5.22)$$

为方便分析计算，此处定义无量纲化的频率及波数为

$$\Omega = \omega h^f \sqrt{\rho^f / c_{44}^*}, \quad \xi = k h^f \quad (5.23)$$

上述研究当中，我们已经得到了由二维板理论确定的截止频率表达式，再计算三维弹性理论的 TS 和 TT 模态截止频率具体值，即可建立关于修正系数 κ_1 和 κ_2 的关系式。文献[13]中介绍了 c 轴沿着薄膜平面法向的 TE-FBAR 频散曲线求解方法，该方法同样可以用于本章介绍的旋转 c 轴模型的频散曲线求解。考虑沿 x_1 方向传播的直峰波，可将压电层的三维弹性理论控制方程解耦为如下两组：

$$
\begin{aligned}
&c_{11}^* u_{1,11} + 2c_{15}^* u_{1,13} + c_{55}^* u_{1,33} + c_{15}^* u_{3,11} + c_{35}^* u_{3,33} + (c_{13}^* + c_{55}^*) u_{3,13} \\
&\quad + e_{11}^* \phi_{,11} + (e_{15}^* + e_{31}^*) \phi_{,13} + e_{35}^* \phi_{,33} = \rho^f \ddot{u}_1 \\
&c_{15}^* u_{1,11} + (c_{55}^* + c_{13}^*) u_{1,13} + c_{35}^* u_{1,33} + c_{55}^* u_{3,11} + 2c_{35}^* u_{3,13} + c_{33}^* u_{3,33} \\
&\quad + e_{15}^* \phi_{,11} + (e_{35}^* + e_{13}^*) \phi_{,13} + e_{33}^* \phi_{,33} = \rho^f \ddot{u}_3 \\
&e_{11}^* u_{1,11} + (e_{31}^* + e_{15}^*) u_{1,13} + e_{35}^* u_{1,33} + e_{15}^* u_{3,11} + (e_{13}^* + e_{35}^*) u_{3,13} \\
&\quad + e_{33}^* u_{3,33} - \varepsilon_{11}^* \phi_{,11} - 2\varepsilon_{13}^* \phi_{,13} - \varepsilon_{33}^* \phi_{,33} = 0
\end{aligned}
\quad (5.24)
$$

$$c_{66}^* u_{2,11} + 2c_{46}^* u_{2,13} + c_{44}^* u_{2,33} = \rho^f \ddot{u}_2 \quad (5.25)$$

对于弹性补偿层，它的控制方程解耦后为

$$
\begin{aligned}
c_{11}^s u_{1,11} + c_{44}^s u_{1,33} + (c_{12}^s + c_{44}^s) u_{3,13} &= \rho \ddot{u}_1 \\
(c_{44}^s + c_{12}^s) u_{1,31} + c_{44}^s u_{3,11} + c_{11}^s u_{3,33} &= \rho \ddot{u}_3
\end{aligned}
\quad (5.26)
$$

$$c_{44}^s u_{2,11} + c_{44}^s u_{2,33} = \rho \ddot{u}_2 \quad (5.27)$$

电极层的控制方程仅需对上式中的材料参数进行替换即可得到。根据各层的控制方程，结合连续性条件、上下表面应力自由条件，以及完全覆盖电极模型的电学短路条件、无覆盖电极模型的电学开路条件，可以求得由三维弹性理论确定的频散关系结果。具体求解过程及方法在文献[13]和[14]中有更为完备的介绍，此处不做详细说明。

根据频散曲线结果，即可建立二维近似理论截止频率表达式及三维精确理论截止频率数值之间的等式关系，如下所示：

$$\Omega_{TS}(\kappa_1) = \tilde{\Omega}_{TS}, \quad \Omega_{TT}(\kappa_2) = \tilde{\Omega}_{TT} \quad (5.28)$$

式中，Ω_{TS} 和 Ω_{TT} 分别表示由二维理论确定的 TS 及 TT 模态的无量纲化截止频率；$\tilde{\Omega}_{TS}$ 与 $\tilde{\Omega}_{TT}$ 为对应的三维弹性理论确定的截止频率数值。求解式(5.28)即可确定

修正系数的具体数值结果。

5.2.4 频散关系验证

本节将考虑实际 TS-FBAR 的材料参数及结构尺寸，建立针对具体模型的
TS-FBAR 二维板方程。文献[15]中指出，ZnO 压电薄膜的 c 轴旋转角度为 90°，
即指向面内方向时，可以激发出纯净的剪切波(TS)模态。但是由于加工工艺的限
制，这种 c 轴取向的压电薄膜很难实际制备。因此，文献[15]中给出了 c 轴旋转
角度 $\theta=40°$ 的压电薄膜制备方案及实验观测结果，该压电薄膜中，剪切波模态的
响应远远大于纵波响应，可以满足 TS-FBAR 的工作需求。据此，对于 TS-FBAR
耦合振动问题，为不失一般性，我们选择 c 轴倾斜角度 $\theta=40°$ 的压电薄膜作为研究
对象。

应用式(5.28)，比较二维近似理论及三维精确理论的 TS 和 TT 模态截止频率
结果，可以求得二维板理论中修正系数的具体值，如表 5.1 所示。

表 5.1   TS-FBAR 二维板理论中不同质量比对应的修正系数

参数	$R'=0$	$R'=0.01$	$R'=0.02$	$R'=0.03$	$R'=0.04$
κ_1	0.9467	0.9219	0.9204	0.9192	0.9183
κ_2	0.9096	0.9077	0.9062	0.9049	0.9038

图 5.2(a)和图 5.2(b)分别给出了运用二维板理论(虚线)及三维弹性理论(实
线)求解的 TS-FBAR 频散曲线对比结果，对应的模型为完全覆盖电极模型(质量
比 $R'=0.01$)和无覆盖电极模型(质量比 $R'=0$)的结果。通过比较可以看出，对于主
要工作模态——TS 模态，两种方法求得的曲线在长波长(短波数)区域吻合很好，
表明我们所推导的板理论能够准确预测谐振器的工作模态信息，这也是谐振器分
析工作中最为关注的问题。而在工作频率范围的短波长(大波数)区域，还存在较
多耦合模态的曲线，如 TT、E、FS、F 模态。本书提出的二维板理论分析方法，
同样包含了这些模态，因此可以用于分析 TS-FBAR 耦合振动的基本特性及原理，
为器件设计提供依据。从频散曲线来看，在 TS 模态截止频率附近，耦合模态曲
线的吻合效果存在一定误差，这主要是位移假设中对高阶项的忽略引起的。建立
高阶板理论的目的在于对工作模态进行快速准确的描述和对耦合模态进行定性化
评估，兼顾了理论分析的准确性及高效性需求。因此，在工作频率范围内，耦合
模态曲线存在一定程度的偏差是可以接受的。

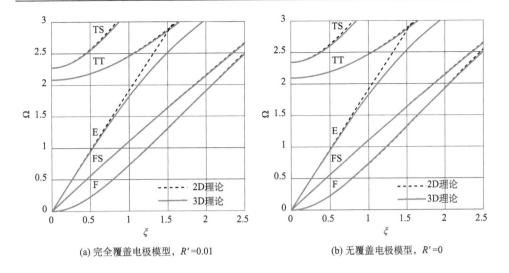

(a) 完全覆盖电极模型，R'=0.01　　　　　　　(b) 无覆盖电极模型，R'=0

图 5.2　TS-FBAR 频散曲线对比结果

5.3　二维截面模型

二维截面模型分析主要采用直峰波传播假设，将三维模型简化为二维模型进行分析，是器件定性分析工作的主要研究手段。通过对二维截面模型的分析，我们可以得到 TS-FBAR 的耦合振动特性与结构尺寸之间的依赖关系。根据分析所得结论可进一步对电极的形状、结构分布等进行合理设计，对器件的工作性能进行优化。本章对二维截面模型的分析采用的方法为结合 TS-FBAR 二维板理论的状态向量法，这种方法在 TE-FBAR 的分析工作中已经得到成功应用，能够避免研究不同结构 FBAR 时，烦琐的方程推导过程。结合 TS-FBAR 二维板方程，本章重新推导其状态向量传递矩阵结果，并详细地分析几种常见模型中的耦合振动问题，为器件的分析设计工作提供依据。

5.3.1　理论推导

考虑沿 x_1 方向传播的直峰波，即忽略 x_2 方向的位移分量及位移在 x_2 方向上的变化，仅研究 x_1 和 x_3 方向的位移分量，建立 TS-FBAR 的二维简化模型。为推导二维板理论的状态向量方程，我们首先定义位移分量及应力分量为基本状态向量，如下所示：

$$\boldsymbol{\eta} = \left[u_1^{(0)}, u_3^{(0)}, u_1^{(1)}, T_1^{(0)}, T_5^{(0)}, T_1^{(1)} \right]^{\mathrm{T}} \tag{5.29}$$

进而可以将 TS-FBAR 二维板方程表示为如下矩阵方程的形式：

$$\frac{\partial \boldsymbol{\eta}}{\partial X_1} = \boldsymbol{A}\boldsymbol{\eta} + \boldsymbol{F} \tag{5.30}$$

式中，X_1 表示当前研究区域的局部坐标，其与具体研究模型的全局结构坐标 x_1 之间的关系可通过简单的坐标轴平移确定；矩阵 $\boldsymbol{A}$ 中包含结构的材料参数、尺寸、频率等变量，具体形式将在接下来的推导过程中进一步确定。

根据二维理论的表达式，我们可以直接写出考虑直峰波传播时，二维板理论控制方程的矩阵形式为

$$\frac{\partial}{\partial X_1} \begin{bmatrix} T_1^{(0)} \\ T_5^{(0)} \\ T_1^{(1)} \end{bmatrix} = \begin{bmatrix} -\rho^{(0)}\omega^2 & 0 & \rho^{(1)}\omega^2 \\ 0 & -\rho^{(0)}\omega^2 & 0 \\ -\rho^{(1)}\omega^2 & 0 & -\rho^{(2)}\omega^2 \end{bmatrix} \begin{bmatrix} u_1^{(0)} \\ u_3^{(0)} \\ u_1^{(1)} \end{bmatrix} + \begin{bmatrix} 0 & 0 & 0 \\ 0 & 0 & 0 \\ 0 & 1 & 0 \end{bmatrix} \begin{bmatrix} T_1^{(0)} \\ T_5^{(0)} \\ T_1^{(1)} \end{bmatrix} \tag{5.31}$$

将几何方程代入本构方程，可得应力分量与位移分量之间的关系式：

$$\begin{bmatrix} T_1^{(0)} \\ T_5^{(0)} \\ T_1^{(1)} \end{bmatrix} = \begin{bmatrix} \bar{c}_{11}^{(0)} & \kappa_1 \bar{c}_{15}^{(0)} & \bar{c}_{11}^{(1)} \\ \kappa_1 \bar{c}_{51}^{(0)} & \kappa_1^2 \bar{c}_{55}^{(0)} & \kappa_1 \bar{c}_{51}^{(1)} \\ \hat{c}_{11}^{(1)} & \kappa_1 \hat{c}_{15}^{(0)} & \hat{c}_{11}^{(2)} \end{bmatrix} \begin{bmatrix} u_{1,1}^{(0)} \\ u_{3,1}^{(0)} \\ u_{1,1}^{(1)} \end{bmatrix} + \begin{bmatrix} 0 & 0 & \kappa_1 \bar{c}_{15}^{(0)} \\ 0 & 0 & \kappa_1^2 \bar{c}_{55}^{(0)} \\ 0 & 0 & \kappa_1 \hat{c}_{15}^{(0)} \end{bmatrix} \begin{bmatrix} u_1^{(0)} \\ u_3^{(1)} \\ u_1^{(1)} \end{bmatrix} - \begin{bmatrix} \bar{e}_{31}^{(0)} E_3 \\ \kappa_1 \bar{e}_{35}^{(0)} E_3 \\ \hat{e}_{31}^{(1)} E_3 \end{bmatrix} \tag{5.32}$$

在上式中，定义

$$\boldsymbol{C} = \begin{bmatrix} \bar{c}_{11}^{(0)} & \kappa_1 \bar{c}_{15}^{(0)} & \bar{c}_{11}^{(1)} \\ \kappa_1 \bar{c}_{51}^{(0)} & \kappa_1^2 \bar{c}_{55}^{(0)} & \kappa_1 \bar{c}_{51}^{(1)} \\ \hat{c}_{11}^{(1)} & \kappa_1 \hat{c}_{15}^{(0)} & \hat{c}_{11}^{(2)} \end{bmatrix}, \quad \boldsymbol{f} = - \begin{bmatrix} \bar{e}_{31}^{(0)} E_3 \\ \kappa_1 \bar{e}_{35}^{(0)} E_3 \\ \hat{e}_{31}^{(1)} E_3 \end{bmatrix} \tag{5.33}$$

整理推导后，可以得到最终的状态向量方程为

$$\frac{\partial \boldsymbol{\eta}}{\partial X_1} = \boldsymbol{A}\boldsymbol{\eta} + \boldsymbol{F}$$

$$= \begin{bmatrix} 0 & 0 & 0 & C_{11} & C_{12} & C_{13} \\ 0 & 0 & -1 & C_{21} & C_{22} & C_{23} \\ 0 & 0 & 0 & C_{31} & C_{32} & C_{33} \\ -\rho^{(0)}\omega^2 & 0 & -\rho^{(1)}\omega^2 & 0 & 0 & 0 \\ 0 & -\rho^{(0)}\omega^2 & 0 & 0 & 0 & 0 \\ -\rho^{(1)}\omega^2 & 0 & -\rho^{(2)}\omega^2 & 0 & 1 & 0 \end{bmatrix} \boldsymbol{\eta} + \begin{bmatrix} \boldsymbol{f} \\ \boldsymbol{0}_{3 \times 1} \end{bmatrix} \tag{5.34}$$

式中，$C_{ij}=C_{ij}^{*}/|C|$，C_{ij}^{*} 表示伴随矩阵。根据矩阵偏微分方程的基本知识，状态向量方程的基本解为

$$\eta(X_1) = \exp(AX_1)\eta(0) + A^{-1}[\exp(AX_1) - I]F$$
$$R = A^{-1}[\exp(AX_1) - I]F \tag{5.35}$$

当 $F=0$ 时，对应于自由振动问题，此时状态向量方程退化为齐次方程，其基本解为

$$\eta(X_1) = \exp(AX_1)\eta(0) \tag{5.36}$$

结合相应的应力自由边界条件、应力位移连续性条件等，再经过简单的推导，上述方程可被应用于分析复杂结构的振动问题，具有较好的通用性。

当 $F\neq0$ 时，对应于受迫振动问题，此时需要求解非齐次方程。根据式(5.35)，我们可以求得 TS-FBAR 在外加简谐电压激励的情况下 $\eta(0)$ 的具体值，进一步可根据传递矩阵方程求得整个区域的位移结果。导纳响应分析是谐振器分析工作的一个重要环节，能够直观反映参数、频率等信息的改变对器件工作性能的影响。本节我们将针对 TS-FBAR 结构，推导其二维板理论的导纳计算公式，以便后续分析应用。

首先给出在直峰波理论假设下，二维板理论中电位移分量与各阶应变之间的关系式：

$$D_3^{(0)} = -\frac{\partial H}{\partial E_3}$$
$$= \left[e_{31}^{(0)} - c_{13}^{(0)}\gamma_{30}^e - c_{13}^{(1)}\gamma_{31}^e - c_{15}^{(1)}\gamma_{51}^e \right] S_1^{(0)} + \kappa_1 \left[e_{35}^{(0)} - c_{35}^{(0)}\gamma_{30}^e - c_{35}^{(1)}\gamma_{31}^e - c_{55}^{(1)}\gamma_{51}^e \right] S_5^{(0)}$$
$$+ \left[e_{31}^{(1)} - c_{13}^{(1)}\gamma_{30}^e - c_{13}^{(2)}\gamma_{31}^e - c_{15}^{(2)}\gamma_{51}^e \right] S_1^{(1)} + \left[\varepsilon_{33}^{(0)} + e_{33}^{(0)}\gamma_{30}^e + e_{33}^{(1)}\gamma_{31}^e + e_{35}^{(1)}\gamma_{51}^e \right] E_3 \tag{5.37}$$

为简化推导过程，在上式中，我们定义如下等效材料参数：

$$\tilde{e}_{31}^{(0)} = e_{31}^{(0)} - c_{13}^{(0)}\gamma_{30}^e - c_{13}^{(1)}\gamma_{31}^e - c_{15}^{(1)}\gamma_{51}^e, \quad \tilde{e}_{35}^{(0)} = e_{35}^{(0)} - c_{35}^{(0)}\gamma_{30}^e - c_{35}^{(1)}\gamma_{31}^e - c_{55}^{(1)}\gamma_{51}^e$$
$$\tilde{e}_{31}^{(1)} = e_{31}^{(1)} - c_{13}^{(1)}\gamma_{30}^e - c_{13}^{(2)}\gamma_{31}^e - c_{15}^{(2)}\gamma_{51}^e, \quad \tilde{\varepsilon}_{33}^{(0)} = \varepsilon_{33}^{(0)} + e_{33}^{(0)}\gamma_{30}^e + e_{33}^{(1)}\gamma_{31}^e + e_{35}^{(1)}\gamma_{51}^e \tag{5.38}$$

二维板理论的电位移分量与三维线弹性压电理论的电位移之间存在如下关系：

$$D_3^{(0)} = \int_{-h}^{h} D_3 \mathrm{d}x_3 \approx D_3 h^f \tag{5.39}$$

假设我们的研究模型为完全覆盖电极模型，电极长度为 $2l_e$，结合 4.1.2 节中对电流、电压和导纳之间关系的定义，我们可以得到 TS-FBAR 二维板理论的单

位面积导纳公式为

$$Y = \frac{1}{4l_e w_e} \frac{I}{V} = -\frac{\mathrm{i}\omega}{2l_e V} \int_{-l_e}^{l_e} D_3 \mathrm{d}x_1$$

$$= -\frac{\mathrm{i}\omega}{2l_e h^f V} \int_{-l_e}^{l_e} \left[\tilde{e}_{31}^{(0)} u_{1,1}^{(0)} + \tilde{e}_{35}^{(0)} \left(u_{3,1}^{(0)} + u_1^{(1)} \right) + \tilde{e}_{31}^{(1)} u_{1,1}^{(1)} - \tilde{\varepsilon}_{33}^{(0)} \frac{V}{h^f} \right] \mathrm{d}x_1 \tag{5.40}$$

式中，只需对积分项中的材料参数进行代换，同时相应地改变积分区域的上下限，即可得到对应于其他分析模型的单位面积导纳计算公式。

5.3.2　完全覆盖电极模型

考虑如图 5.3 所示的 c 轴倾斜 TS-FBAR 完全覆盖电极的有限大模型，板长为 $2l_e$。分析方法采用 5.3.1 节介绍的状态向量法，由于本节所分析的模型只包含一个区域，因此状态向量方程可直接应用，无须额外推导。定义局部坐标系 X_1-X_3 与全局坐标系之间 x_1-x_3 存在如下关系：

$$X_1 = x_1 - l_e, \quad X_3 = x_3 \tag{5.41}$$

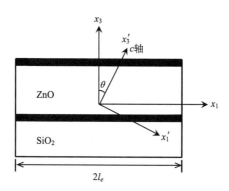

图 5.3　c 轴倾斜的 TS-FBAR 完全覆盖电极模型图

根据左右两侧的应力自由边界条件：

$$T_1^{(0)} = T_5^{(0)} = T_1^{(1)} = 0 \tag{5.42}$$

我们可以得到板自由振动时，状态向量 $\boldsymbol{\eta}$ 由左端传递到右端的矩阵方程为

$$\begin{bmatrix} \boldsymbol{U}(2l_e) \\ 0 \end{bmatrix} = \exp(2l_e \boldsymbol{A}) \begin{bmatrix} \boldsymbol{U}(0) \\ 0 \end{bmatrix} = \begin{bmatrix} \boldsymbol{G}_{11} & \boldsymbol{G}_{12} \\ \boldsymbol{G}_{21} & \boldsymbol{G}_{22} \end{bmatrix} \begin{bmatrix} \boldsymbol{U}(0) \\ 0 \end{bmatrix} \tag{5.43}$$

进一步可以得到自由振动时，关于位移的传递方程为

$$\boldsymbol{U}(0) = \boldsymbol{G}_{21} \boldsymbol{U}(0) \tag{5.44}$$

上式给出了以初始位移分量 $[\boldsymbol{U}(0)]$ 为变量的齐次线性方程组，为确保 $\boldsymbol{U}(0)$ 具有

非平凡解，需满足系数矩阵行列式为 0 的条件，即

$$\det(\boldsymbol{G}_{21}) = 0 \tag{5.45}$$

式中，$\boldsymbol{G}$ 与结构的谐振频率、尺寸等信息相关，在其他参数确定的情况下，由上式可以确定频率与长厚比之间的关系，即为频谱图。

　　图 5.4 给出了考虑 TS、F、E 三个模态相互耦合时，在 TS 模态截止频率(Ω_{TS})附近的频谱图结果。从图中可以看出，在频率略高于 TS 模态截止频率的位置，存在明显的平台区域，这些平台区域所代表的模态即为 TS-FBAR 的工作模态，我们将这些模态称为本质 TS 模态。此外，通过 TE-FBAR 的耦合振动分析我们已经知道，在平台区域的端点位置，模态耦合的影响比较强烈，因此在设计过程中可通过调整结构长厚比对强耦合效应的模态进行避免。

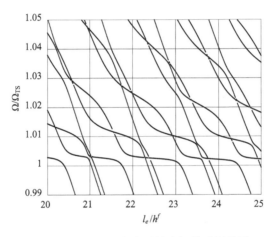

图 5.4　TS-FBAR 完全覆盖电极模型频谱图

　　为更深入地理解频谱图中给出的信息，图 5.5 中，我们给出了图 5.4 的局部放大结果，并对某些具有代表性的模态进行标记，分别为 A～E，后续将进一步研究这些模态的振型结果。图 5.5(b) 为图 5.5(a) 的局部区域放大结果。经放大以后可以发现，频谱图中类似交点的位置，实际上并不相交。在 TE-FBAR 的耦合振动分析工作中，频谱图结果中也存在类似的现象，但由于 TE-FBAR 的材料具有面内各向同性的特征，结构中的对称及反对称模态互相解耦，因此频谱图中的交点是真实存在的，而 TS-FBAR 的材料不具备面内各向同性的特征，结构中的对称与反对称模态无法解耦，这些看似交点的位置会发生模态转换。

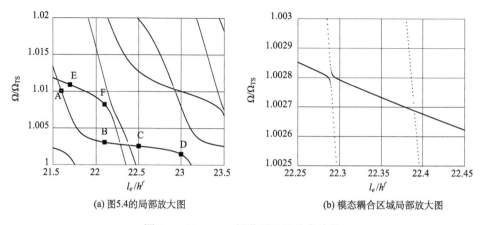

(a) 图5.4的局部放大图　　　　　　　(b) 模态耦合区域局部放大图

图 5.5　TS-FBAR 频谱图局部放大结果

　　图 5.6 为 TS-FBAR 典型的耦合模态振型结果，图 5.6(a)～图 5.6(f) 分别对应于图 5.5(a) 中标注的模态 A～F。A 点及 F 点的振型结果显示，这两个模态中 TS 模态的位移占优性并不明显，无法作为理想的工作模态进行应用。B 点及 C 点处于平台中点区域，属于我们所期望的工作模态类型，从振型图中可以看出，TS 模态位移显著占优，在 x_1 方向近似为半波长，因此这两个模态均可作为谐振器的工作模态。由于 TS-FBAR 对称模态与反对称模态之间的耦合，TS 模态的位移分量在 x_1 方向并非严格对称，但位移的不对称性并不明显，因此我们可以确定：对称模态与反对称模态之间的耦合效应较弱，不会对谐振器的工作性能造成太大影响。据此，在第 6 章的三维等效模型分析工作中我们将对板理论进行简化，将对称模态与反对称模态进行解耦。D 点对应本质 TS 模态平台区域的端点位置，该模态受耦合效应影响较大，前文已经证实，此类强耦合模态需在设计过程中避免，防止对谐振器的工作造成不利影响。E 点位于频率较高的平台中点区域，该模态对应 TS-FBAR 的寄生模态。振型结果显示，TS 模态的位移分量在 x_1 方向有 1 个零节点，具有近似的反对称模态特性。器件实际工作时，反对称模态由压电效应产生的正负电荷会相互抵消，因此，这种模态无法作为工作模态应用，且对器件工作性能的影响也较小，可以通过一些近似处理的手段进行忽略。

　　将以上结果与 TE-FBAR 耦合振动结果进行比较可以发现，由于 TS 模态谐振频率较低，与 TS 模态相互耦合的弯曲波、面内拉伸波的波数也相对较小。这意味着，在有限元法中，分析耦合模态所需要的网格资源会大大减少，因此 TS-FBAR 板理论与有限元法的结合具有可行性。我们将在第 6 章中通过具体的研究证实这一猜想。

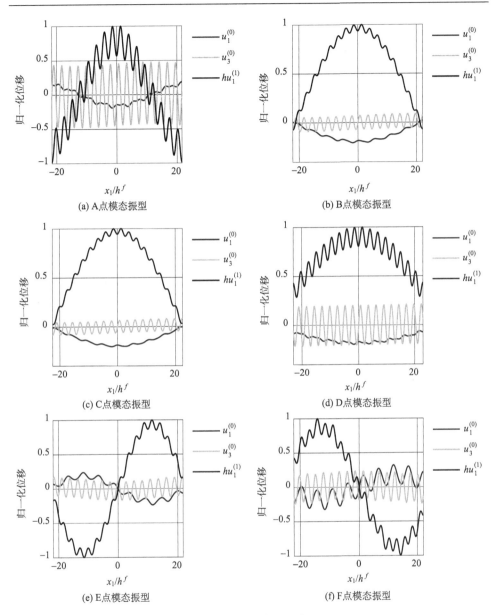

图 5.6　典型模态振型结果

5.3.3　单端/双端口模型

真实的 FBAR 结构，其上电极仅在中心区域覆盖。若考虑器件的集成使用，如滤波器或多通道传感器等，还可能存在多块电极覆盖的情况。本节将针对单块电极覆盖及两块电极覆盖的 TS-FBAR 模型，运用二维板理论详细研究它们的耦合振动特性。为方便分析，我们将这两种模型分别定义为单端(one-port)及双端(two-port)模型，如图 5.7 所示。通过单端模型[图 5.7(a)]的分析，得到更为真实的器件结构耦合振动时的位移分布情况，主要观察电极区域尺寸对结构振动的影响规律及声波的能陷效应，为 TS-FBAR 器件的分析设计提供理论指导。双端模型[图 5.7(b)]用于描述 FBAR 的集成应用情况，它们的耦合振动分析也具有重要意义。本节我们固定两端电极厚度及材料参数，分别对以下两种情况展开讨论：当 $l_{e1}=l_{e2}$ 时，两端电极区域的厚度方向工作模态(TS 模态)互相耦合，整体结构为侧向耦合型滤波器，通过该模型的分析可以得到滤波器设计过程中主要关注的频道带宽等信息受结构尺寸变化的影响[16-18]；当 $l_{e1}\neq l_{e2}$ 时，两端电极区域所激发的 TS 模态相互之间的耦合明显降低，此时增大电极之间间距 $2l_g$，可进一步降低两端电极区域厚度模态的相互影响。在传统的石英谐振器分析当中，类似的两端电极不相等的模型被称为多通道传感器[19-23]，对这些问题的研究能够帮助我们更深入地理解 FBAR 集成器件的耦合振动现象及原理。

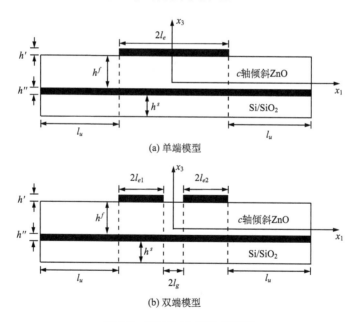

(a) 单端模型

(b) 双端模型

图 5.7　TS-FBAR 器件模型图

　　根据各界面之间的连续性条件，应用状态向量方程的推导结果，很容易得到如图 5.7 所示两种模型的状态向量传递方程。这些方程与第 4 章介绍的对应于不同模型的状态向量传递方程，形式几乎完全一致，它们的区别主要在材料参数矩

阵 $\boldsymbol{A}$ 和 $\boldsymbol{F}$ 中体现，此处不再详细介绍推导过程。单端模型的状态向量传递方程为

$$\boldsymbol{\eta}(l_e + l_u) = \mathrm{e}^{\tilde{A}l_u}\mathrm{e}^{2\bar{A}l_e}\mathrm{e}^{\tilde{A}l_u}\boldsymbol{\eta}(-l_e - l_u) + \mathrm{e}^{\tilde{A}l_u}\int_0^{2l_e}\mathrm{e}^{\bar{A}(2l_e-\tau)}\overline{\boldsymbol{F}}\mathrm{d}\tau \tag{5.46}$$

上标中的波浪线及短划线分别对应于无电极区域和电极区域的参数矩阵。本节研究主要关注自由振动的结果，因此我们只需要求解式(5.46)的齐次方程。单端模型对应的传递矩阵 $\boldsymbol{G}$ 为

$$\boldsymbol{G} = \begin{bmatrix} \boldsymbol{G}_{11} & \boldsymbol{G}_{12} \\ \boldsymbol{G}_{21} & \boldsymbol{G}_{22} \end{bmatrix} = \mathrm{e}^{\tilde{A}l_u}\mathrm{e}^{2\bar{A}l_e}\mathrm{e}^{\tilde{A}l_u} \tag{5.47}$$

双端模型的状态向量传递方程的齐次形式为

$$\boldsymbol{\eta}(l_g + 2l_{e1} + l_u) = \mathrm{e}^{\tilde{A}l_u}\mathrm{e}^{2\bar{A}l_{e2}}\mathrm{e}^{2\tilde{A}l_g}\mathrm{e}^{2\bar{A}l_{e1}}\mathrm{e}^{\tilde{A}l_u}\boldsymbol{\eta}(-l_g - 2l_{e1} - l_u) \tag{5.48}$$

双端模型对应的传递矩阵 $\boldsymbol{G}$ 为

$$\boldsymbol{G} = \begin{bmatrix} \boldsymbol{G}_{11} & \boldsymbol{G}_{12} \\ \boldsymbol{G}_{21} & \boldsymbol{G}_{22} \end{bmatrix} = \mathrm{e}^{\tilde{A}l_u}\mathrm{e}^{2\bar{A}l_{e2}}\mathrm{e}^{2\tilde{A}l_g}\mathrm{e}^{2\bar{A}l_{e1}}\mathrm{e}^{\tilde{A}l_u} \tag{5.49}$$

结合结构左右两侧的应力自由边界条件，我们可以得到如下行列式方程：

$$\det[\boldsymbol{G}_{21}] = 0 \tag{5.50}$$

式(5.50)中的矩阵 $\boldsymbol{G}_{21}$ 与结构的尺寸、材料参数及频率密切相关。本节通过固定材料参数的方式，研究结构尺寸与谐振频率之间的关系。根据式(5.50)确定的模态频率结果和位移的传递矩阵方程，可以确定不同模态对应的振型结果。

图 5.8 给出了 TS-FBAR 单端模型的频谱图结果，图中横坐标为中心电极区域的长厚比，纵坐标为归一化的频率。上电极质量比固定为 $R_E = 0.01$，无电极区域的长厚比固定为 15。与前文关于频谱图的结论类似，在频率略高于 $\Omega/\Omega_{\mathrm{TS}} = 1$ 的位置，存在一条较为平坦的曲线，这些曲线上的模态为 TS-FBAR 部分覆盖电极模型的本质 TS 模态。平台区域的端点位置受模态耦合影响较为剧烈，器件工作时需要避免这些模态的出现。此外，频谱图中也存在一些频率高于本质 TS 模态的平台，代表器件的寄生模态。寄生模态的响应频率靠近谐振器的工作模态频率，会对器件的工作模态造成干扰。已有研究表明，通过 Frame 型结构的设计可以有效消除 TE-FBAR 的寄生模态电学响应，这种构型在 TS-FBAR 当中同样适用，后续章节将进行更为详细的讨论。在频谱图中，我们标注了几个具有代表性的模态，以详细探讨它们的振型结果。

通过频谱图的分析，我们可以得到结构的长厚比变化时各耦合振动特性的变化规律。频谱图中的平台中点区域受模态耦合的影响较弱，端点区域受模态耦合的影响较强。图 5.9 中给出了 A1 和 A2 两个模态的振型图结果，A1 模态振型受

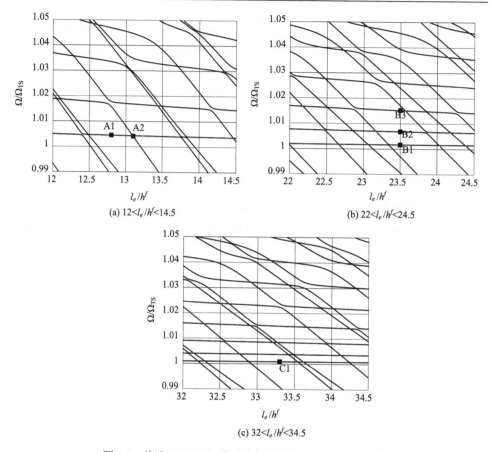

(a) $12 < l_e/h^f < 14.5$

(b) $22 < l_e/h^f < 24.5$

(c) $32 < l_e/h^f < 34.5$

图 5.8 单端 TS-FBAR 模型的频谱图($R_E = 0.01$，$l_u/h^f = 15$)

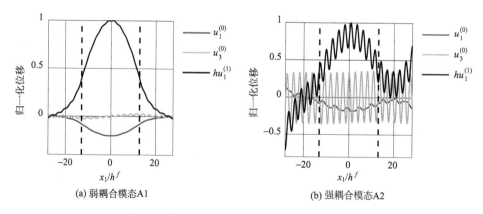

(a) 弱耦合模态A1

(b) 强耦合模态A2

图 5.9 单端 TS-FBAR 强弱耦合模态振型结果

模态耦合影响较弱，位移主要集中分布于电极区域，其 TS 模态位移分量明显占优，且波型近似为理想曲线；A2 模态振型结果显示，此时弯曲模态的位移较为明显，与 TS 模态形成了较为强烈的耦合效应，位移的不对称性也较为明显，同时能陷效应也较差，这些现象都会对器件的工作造成不利影响，说明了器件设计过程中耦合效应分析的重要性。

图 5.10 中给出了 A1、B1、C1 模态的振型结果，这三个模态均为弱耦合模态，对应的电极区域长度不同。对比结果显示，随着电极区域长度的增加，TS 模态的位移在电极区域与无电极区域交界处的幅值会降低，表明电极区域越长，传播到无电极区域的能量越少，振动能量越集中分布于电极区域，即具备更好的能陷效应。与 TE-FBAR 的振型结果相比 (图 4.13)，TS-FBAR 位移在无电极区域的衰减相对较慢，因此在器件设计时需为无电极区域预留更多的尺寸。

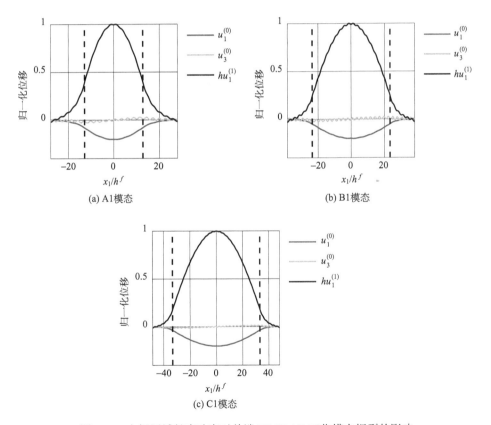

图 5.10　电极区域长度改变对单端 TS-FBAR 工作模态振型的影响

图 5.11 给出了两个典型的寄生模态振型结果，对应于图 5.8(b) 中标注的 B2

和 B3 模态。振型结果显示，B2 模态的 TS 位移分量在平面内具有近似反对称的
分布特征。前文已经指出，当器件受到外加电压激励时，反对称模态几乎不会产
生电学响应；B3 模态在平面内具有两个零节点，在压电薄膜表面会产生正负两种
类型的电荷，两种电荷互相抵消，谐振器的电响应信号受到很大程度地削弱，因
此，此类寄生模态的频率响应明显低于主要工作模态。振型结果表明，寄生模态
同样具有明显的能陷效应。

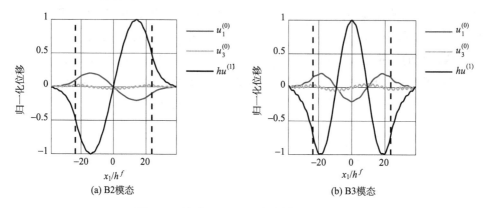

(a) B2模态　　　　　　　　　　　　　(b) B3模态

图 5.11　单端 TS-FBAR 寄生模态振型结果

双端模型的电极长度是否相等对应于两种不同的应用，因此我们将分别给出
对应于这两种应用情况的计算结果。首先给出的是双端电极长度相等时(滤波器模
型)的计算结果。图 5.12 为固定 $l_{e1}/h^f=l_{e2}/h^f=25$, $l_u/h^f=15$ 时，改变电极之间间距所
得到的频谱结果。如前所述，频谱图中平台区域的点，对应受耦合模态影响较弱
的滤波器模型工作模态。在图示频谱范围中，存在六条明显的平台曲线，根据此

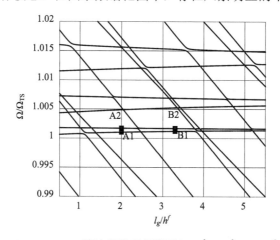

图 5.12　TS-FBAR 滤波器模型频谱图($l_{e1}/h^f=l_{e2}/h^f=25$, $l_u/h^f=15$)

前对于频谱图的定性分析结果，我们可以做出如下判断：图中的六条平台曲线，从下往上分别对应对称本质 TS 模态、反对称本质 TS 模态、对称二阶寄生模态、反对称二阶寄生模态、对称三阶寄生模态、反对称三阶寄生模态。这里定义的"对称""反对称"模态仅为对 TS 模态位移分量的近似描述，实际的模态振型结果并不具备严格的对称或反对称性质。此外随着双端电极间距的增加，图中对称及反对称模态之间的频率间隔变小。在滤波器的设计工作中，该频率差值与滤波器的声耦合系数相关，是需要重点研究的一项内容[24]。因此，为确保滤波器的声耦合系数足够大，在器件设计时，需保证两端电极之间的间距尽量小。

图 5.13 给出了频谱图中标注的对称及反对称本质 TS 模态的振型结果。图 5.13(a) 及图 5.13(c) 对应滤波器的对称模态。可以发现，两块电极区域始终同时达到谐振状态，其振型完全一致。电极间距的增加主要影响间隔区域的位移幅值，间距增大则该位移幅值随之减小，表明两端谐振器的耦合效果会随着电极间距的增加而受到削弱。在滤波器工作时，需要利用两端区域的耦合效果，因此在设计

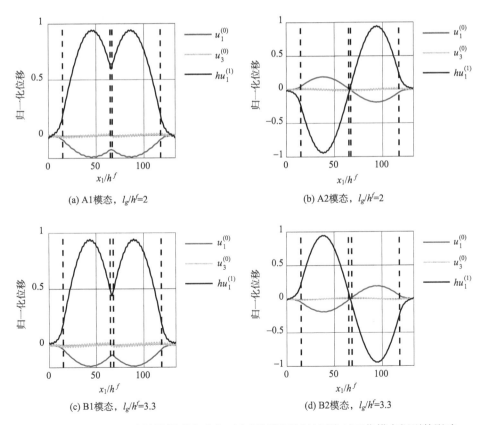

图 5.13   TS-FBAR 滤波器模型中改变两电极间距区域长厚比对工作模态振型的影响

过程中应尽量提高它们相互之间的声耦合强度，显然，电极间隔区域越短越符合器件的工作需求。图 5.13(b) 及图 5.13(d) 对应滤波器的反对称模态。随着电极间距的改变，反对称模态的振型结果并无明显变化，这一现象可以与频谱图中反对称模态的频率变化规律相互印证。频谱图中，代表反对称模态的点，随着电极间距 l_g/h^f 的增加，其频率几乎不变，表明反对称模态振动特性受到的影响微乎其微；而代表对称模态的点，随着电极间距的增加，其频率会更靠近与之对应的反对称模态频率。

当两端电极长度不相等时（多通道传感器结构），应用 TS-FBAR 二维板方程计算所得的频谱图如图 5.14 所示。图 5.14(a) 及图 5.14(b) 所选择的尺寸参数分别为固定 l_{e1}/h^f=20, l_{e2}/h^f=22, l_u/h^f=15 及 l_{e1}/h^f=20, l_{e2}/h^f=30, l_u/h^f=15。频谱图中给出了电极间距 l_g/h^f 与无量纲化频率之间的关系，在频率略高于 Ω_{TS} 的位置，同样存在两条距离比较接近的平坦曲线。在滤波器模型中，这两条曲线分别对应于对称及反对称模态。然而，此时双端电极的长度不相等，整体结构在 x_1 方向具有明显的不对称性，因此模态也不再具有任何对称特征。通过后续的模态振型研究，我们可以知道，在该模型的频谱图中，这两条曲线分别代表两端电极区域各自工作模态的谐振频率。随着电极间距的增加，两条曲线的频率间隔也会减小，最终的频率差值由两端电极的尺寸参数决定。两端电极的尺寸参数差距越大，该频率差值也会越大。

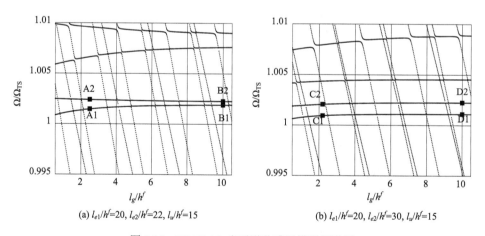

(a) l_{e1}/h^f=20, l_{e2}/h^f=22, l_u/h^f=15   (b) l_{e1}/h^f=20, l_{e2}/h^f=30, l_u/h^f=15

图 5.14   TS-FBAR 多通道传感器模型频谱图

在图 5.14 中，我们标注了几个典型的工作模态，并在图 5.15 中给出了这几个模态具体的振型结果，以研究结构长厚比改变对多通道传感器工作性能的影响。比较 A1~D1 与 A2~D2 的振型图，可以得出结论：当两端电极长度不相等时，它们相互之间的声耦合效果比较弱,可以视为左右电极区域具备不同的谐振频率。当电极间距比较小时,左右电极区域的耦合效果依然比较明显。随着电极间距的增加,该耦合效果受到明显削弱(比较 A 与 B,C 与 D)。此外,增大两端电极尺寸(此处为长厚比)的差异,两端电极区域的耦合效果也同样会得到削弱(比较 A 与 C,B 与 D)。因此我们可以得出结论,为得到两端振动互不影响的多通道传感器结构,在设计时应尽量增大两端电极尺寸信息的差异,同时增加两端电极之间的间隔。以此为依据进行设计,最终能够实现两端电极区域的振动互不影响。

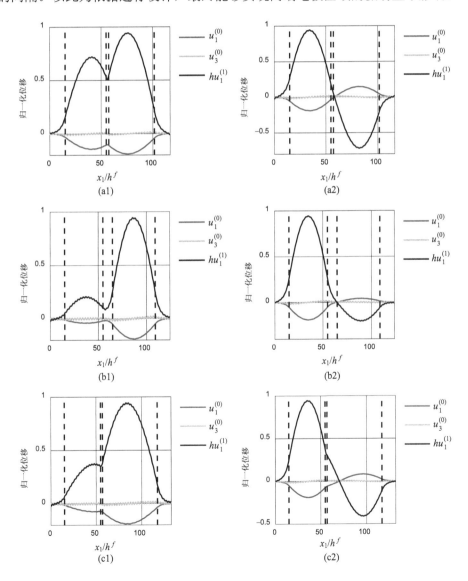

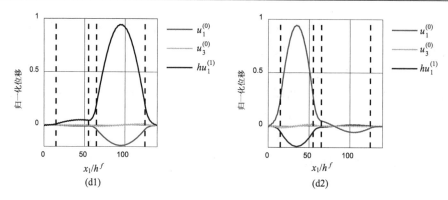

图 5.15 TS-FBAR 多通道传感器模型中改变两电极间距或两电极长厚比差值对模态振型的
影响

(a1)～(d1)，(a2)～(d2) 分别对应模态 A1～D1，A2～D2

5.3.4 Frame 型结构

在前文关于 TE-FBAR 的分析中，我们验证了 Frame 型结构抑制寄生模态响应的效果。对于本章的研究对象 TS-FBAR，同样可以通过 Frame 型结构 (图 5.16) 的设计对寄生模态进行抑制，实现器件工作性能的优化。考虑沿着 x_1 方向传播的直峰波，沿用前文推导所得的状态向量方程，可得 TS-FBAR 在 x_1-x_3 坐标平面内的状态向量传递方程为

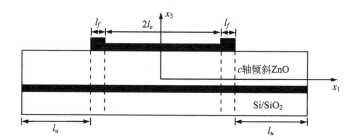

图 5.16 Frame 型 TS-FBAR 简化模型图

$$\boldsymbol{\eta}(l_e + l_f + l_u) = e^{\tilde{A}l_u} e^{\hat{A}l_f} e^{2\bar{A}l_e} e^{\hat{A}l_f} e^{\tilde{A}l_u} \boldsymbol{\eta}(-l_e - l_f - l_u) + e^{\tilde{A}l_u} e^{\hat{A}l_f} e^{2\bar{A}l_e} \int_0^{l_f} e^{\hat{A}(l_f-\tau)} \hat{\boldsymbol{F}} \mathrm{d}\tau$$

$$+ e^{\tilde{A}l_u} e^{\hat{A}l_f} \int_0^{2l_e} e^{\bar{A}(2l_e-\tau)} \bar{\boldsymbol{F}} \mathrm{d}\tau + e^{\tilde{A}l_u} \int_0^{l_f} e^{\hat{A}(l_f-\tau)} \hat{\boldsymbol{F}} \mathrm{d}\tau \qquad (5.51)$$

上式与 TE-FBAR 的 Frame 型结构状态向量传递方程 [式 (4.30)] 形式相同，区别仅在于其中具体的材料参数矩阵。定义 Frame 型 TS-FBAR 结构的传递矩阵 $\boldsymbol{G}$ 及非

齐次项 $\boldsymbol{R}$ 为

$$\boldsymbol{G} = \begin{bmatrix} \boldsymbol{G}_{11} & \boldsymbol{G}_{12} \\ \boldsymbol{G}_{21} & \boldsymbol{G}_{22} \end{bmatrix} = e^{\tilde{A}l_u} e^{\hat{A}l_f} e^{2\bar{A}l_e} e^{\hat{A}l_f} e^{\tilde{A}l_u},$$

$$\boldsymbol{R} = \begin{bmatrix} \boldsymbol{R}_1 \\ \boldsymbol{R}_2 \end{bmatrix} = e^{\tilde{A}l_u} e^{\hat{A}l_f} e^{2\bar{A}l_e} \int_0^{l_f} e^{\hat{A}(l_f-\tau)} \hat{\boldsymbol{F}} d\tau + e^{\tilde{A}l_u} e^{\hat{A}l_f} \int_0^{2l_e} e^{\bar{A}(2l_e-\tau)} \bar{\boldsymbol{F}} d\tau + e^{\tilde{A}l_u} \int_0^{l_f} e^{\hat{A}(l_f-\tau)} \hat{\boldsymbol{F}} d\tau$$

$$(5.52)$$

根据上述方程，我们可以求得受迫振动时，位移的初值表达式为

$$\boldsymbol{U}(0) = -\boldsymbol{G}_{21}\boldsymbol{R}_2 \tag{5.53}$$

将位移结果代入导纳计算式，即可得到 TS-FBAR 在外加电压激励下的导纳响应规律。此外，在式(5.51)中令非齐次项为零，可以将该方程退化为自由振动的传递矩阵方程，得到自由振动的频谱关系求解方程：

$$\det\left(\boldsymbol{G}_{21}\right) = 0 \tag{5.54}$$

首先，参照 TE-FBAR 的 Frame 型结构研究中提出的快速确定电极加厚区域长厚比的方法，图 5.17 中给出了固定电极区域、无电极区域的长厚比与质量比，改变加厚电极区域长厚比求得的频谱图结果，图 5.17(a) 及图 5.17(b) 分别为运用 TS-FBAR 二维板理论及三维有限元法求得的结果。图示频谱图中存在几条近似曲线，最左端两条分别表示本质 TS 模态的对称及反对称模态，其他为寄生模态曲线。根据 Frame 型结构的设计要求，整体结构工作模态的谐振频率需近似等于电极区域的激振频率，我们仅需选择本质 TS 模态的对称模态曲线与 Ω/Ω_{TS}=1 的交

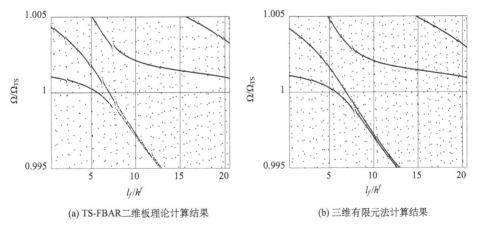

(a) TS-FBAR二维板理论计算结果　　　　(b) 三维有限元法计算结果

图 5.17　Frame 型 TS-FBAR 结构改变加厚电极区域长厚比所得频谱图(R_E=0.01，R_F=0.04，l_e/h^f=30，l_u/h^f=15)

点即可初步确定加厚电极区域的长厚比结果。此外，三维有限元法的求解结果与 TS-FBAR 二维板理论的求解结果高度一致，再次表明二维板理论在 FBAR 的器件设计应用等方面的可靠性及高效性。

根据图 5.17 的设计结果，对于计算选定的材料参数组合，Frame 型 TS-FBAR 结构的加厚电极区域长厚比约为 $l_f/h^f=5.7$。图 5.18(b)给出了固定加厚电极区域长厚比，改变电极区域长厚比确定的频谱图结果。在频谱图中选择平台中点位置的模态，可避免强耦合效应对工作模态的影响。同时，图 5.18(a)给出了当加厚电极区域长厚比为零(对应部分覆盖电极模型)的频谱结果作为对比。

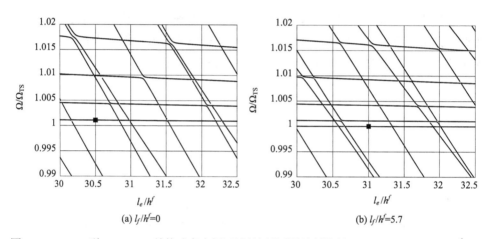

图 5.18　Frame 型 TS-FBAR 结构改变电极区域长厚比所得频谱图($R_E=0.01$，$R_F=0.04$，$l_u/h^f=15$)

图 5.19 中，为验证所设计的 Frame 型结构的寄生模态抑制效果，我们给出了相应的工作模态振型图及导纳响应曲线。图 5.19(a)及图 5.19(b)对应于图 5.18(a)、图 5.18(b)中方块标注的模态。如图 5.19(b)所示，在我们所设计的 Frame 型 TS-FBAR 结构中，TS 模态位移分量幅值在电极区域几乎保持不变，具备明显的"活塞"模态振型特征。对于传感器的应用而言，工作模态的这种振型特征能够消除传感器灵敏度对坐标的依赖性，保证检测结果的可重复性[25]。因此，Frame 型结构的设计对传感器的应用也有重要意义。图 5.19(c)及图 5.19(d)的导纳及相位响应曲线对应于图 5.18 中以方块标注的长厚比尺寸。对比结果表明，Frame 型 TS-FBAR 结构能够对寄生模态响应起到十分明显的抑制效果。

图 5.20 中给出了改变加厚电极区域的质量比，分别取 $R_F=0.03$ 和 0.02，应用 TS-FBAR 二维板方程确定的、改变加厚电极区域长厚比所得的频谱结果。选取频谱图中代表本质 TS 模态的曲线(即左侧第一条曲线)与 $\Omega/\Omega_{TS}=1$ 的交点，即可确

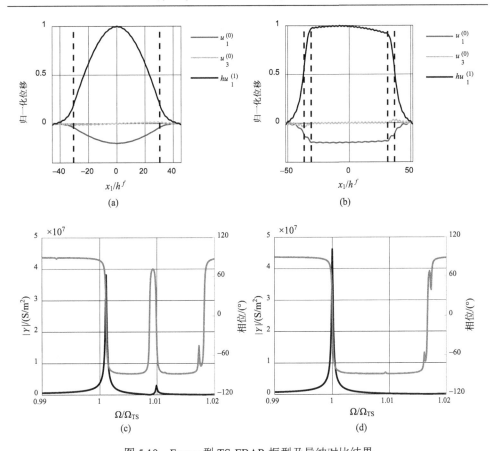

图 5.19　Frame 型 TS-FBAR 振型及导纳对比结果

(a)、(b) 分别为 $l_f/h^f=0$ 及 5.7 时，本质 TS 模态的振型图；(c)、(d) 分别为 $l_f/h^f=0$ 及 5.7 时，结构的导纳(黑色实线)及相位(灰色实线)响应曲线

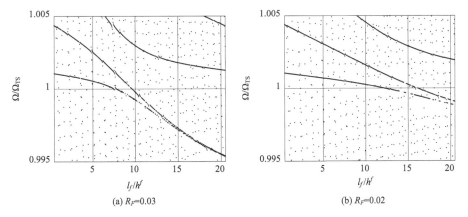

图 5.20　Frame 型 FBAR 加厚电极区域质量比不同且长厚比变化所得频谱图结果($R_E=0.01$，$l_e/h^f=30$，$l_u/h^f=15$)

定理想 Frame 型结构加厚电极区域合适的长厚比尺寸。分析后可得，对于我们所选定的材料参数组合，R_F=0.03 和 0.02 各自对应的理想加厚电极区域长厚比尺寸为 7.8 和 12.3。

根据所设计的加厚区域尺寸结果，图 5.21 中给出了电极长厚比变化的频谱图结果，选取工作模态平台中点区域的长厚比尺寸，并计算了所确定结构在外加电压激励时的导纳及相位响应结果。图 5.21 (a) 及图 5.21 (b) 的频谱结果对应的加厚电极区域尺寸分别为 R_F=0.03、l_f/h^f=7.8 及 R_F=0.02、l_f/h^f=12.3，无电极区域的长厚比固定为 l_u/h^f=15。计算结果表明，经过设计的 Frame 型结构能够满足 Frame 型 FBAR 的频率设计要求，即 $\Omega \approx \Omega_{TS}$。图 5.21 (c)、图 5.21 (d) 为导纳及相位响应结果，

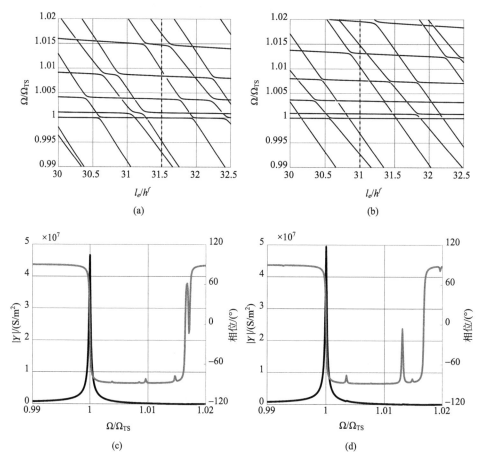

图 5.21 加厚电极区域尺寸不同时寄生模态的抑制效果验证

(a)、(b) 为频谱图，分别对应 R_F=0.03、l_f/h^f=7.8，l_u/h^f=15 及 R_F=0.02、l_f/h^f=12.3，l_u/h^f=15；(c)、(d) 为导纳 (黑色实线) 及相位 (灰色实线) 响应曲线，对应 (a)、(b) 中虚线标注结果

寄生模态均能得到抑制，再次证实了本章提出方法对 Frame 型结构的设计效率及准确性。这里还需指出，图 5.21(d) 的寄生模态抑制效果并不十分理想，原因在于：Frame 型结构仅能够对中心激振电极区域的响应进行优化，在激振电极区域构造零波数条件。当加厚电极区域长度较短时，该区域产生的额外电学响应对结果影响较小。而图 5.21(d) 对应的加厚电极区域长度较长，产生的额外电学响应也较为明显，影响了对激振电极的优化效果。因此，我们在设计时也需要对加厚电极区域的长度进行合理控制，或者通过设计绝缘层结构避免加厚电极区域产生额外电学响应[26]。

5.4　总　　结

本章首先应用邦德矩阵法确定 c 轴旋转以后的压电薄膜材料参数，得到 TS-FBAR 的三维线弹性压电方程。参照 TE-FBAR 二维板理论的推导过程，建立了适用于 TS-FBAR 振动分析的二维板理论，该理论考虑了工作模态 TS 及其耦合模态 E 和 F 之间的耦合振动问题。对于完全覆盖电极模型及无覆盖电极模型，建立了各自对应的二维板方程。引入修正系数对板方程进行修正，并通过频散曲线匹配的方式，确定修正系数的具体值。数值结果表明，本章所推导的 FBAR 二维板方程在 TS 模态的长波长、小波数范围内具有较高的准确度。本章进一步将 TS-FBAR 二维板方程与状态向量法结合，详细分析了 TS-FBAR 各类截面模型的耦合振动问题，包括完全覆盖电极模型、单端及双端电极模型、Frame 型结构，得到的主要研究成果如下。

(1) 通过对完全覆盖电极模型的研究，初步探讨了 TS-FBAR 结构中模态耦合振动基本规律。由于 c 轴倾斜破坏了材料对称性，TS-FBAR 结构中的对称模态与反对称模态发生耦合，但耦合效应较弱，为后续研究中近似方法的应用提供了理论依据。此外，TS-FBAR 的振动分析工作中需要考虑的耦合模态种类较少，最小波长模态的面内波数也较小，因此 TS-FBAR 耦合振动的分析与求解难度远低于 TE-FBAR。

(2) 通过对单端及双端电极模型的研究，我们将二维板理论的应用推广到更为真实的器件分析工作中。电极部分覆盖时，TS-FBAR 结构中的位移同样存在能陷效应，即位移主要集中分布于电极区域，在无电极区域迅速衰减。电极区域长度越长，能陷效应越明显。与 TE-FBAR 结构相比，TS-FBAR 中的能陷效应较弱，因此器件设计时需为无电极区域预留充足空间。双端电极模型主要描述器件的集成应用场景，按照两端电极长度是否相等进行划分，分别对应于滤波器及多通道传感器结构。滤波器结构中，两端电极区域的振动相互耦合，器件工作时，两端电极区域的工作模态谐振频率相同，展示了声学耦合谐振器应当具备的振型特征。多通道传感器结构中，两端电极区域对应的工作模态谐振频率不同，它们之间的声学耦合效果也较弱。通过结构参数的调整，我们可以控制此类结构中两端电极区域的耦合强弱，以满足不同器件的工作需求。

（3）基于 TS-FBAR 二维板理论，提出了 TS-FBAR 寄生模态抑制型结构的快速设计方法，并将结果与有限元法所得结果进行对比，证明了二维板理论的可靠性及高效性。进一步，通过自由振动的频谱图、振型图和受迫振动的导纳响应结果，验证了 Frame 型结构的寄生模态抑制效果。此外，振型结果显示，Frame 型结构的工作模态位移幅值在电极区域几乎维持不变，作为传感器应用时有利于避免器件灵敏度对位置的依赖性，保证检测结果的可重复性。因此，Frame 型结构的设计对传感器应用也具有重要意义。

本章所分析的模型均为二维截面模型，忽略了 x_2 方向的位移及其变化，所得结果揭示了一些耦合振动的基本规律并给出了器件设计的指导方向。在完全电极模型的分析中，我们得出结论：TS-FBAR 二维板理论具备与有限元法结合的可能性。下一章中，我们将应用该方法，分析三维有限大模型中的耦合振动问题，作为对二维截面模型分析的验证及补充。

参 考 文 献

[1] Gabl R, Feucht H D, Zeininger H, et al. First results on label-free detection of DNA and protein molecules using a novel integrated sensor technology based on gravimetric detection principles. Biosensors and Bioelectronics, 2004, 19(6): 615-620.

[2] Pang W, Zhao H, Kim E S, et al. Piezoelectric microelectromechanical resonant sensors for chemical and biological detection. Lab on a Chip, 2012, 12(1): 29-44.

[3] Wingqvist G. AlN-based sputter-deposited shear mode thin film bulk acoustic resonator (FBAR) for biosensor applications - A review. Surface and Coatings Technology, 2010, 205(5): 1279-1286.

[4] Zhang H, Pang W, Kim E S. High-frequency bulk acoustic resonant microbalances in liquid. Proceedings of the IEEE International Frequency Control Symposium and Exposition, Vancouver, 2005.

[5] Zhang H, Kim E S. Micromachined acoustic resonant mass sensor. Journal of Microelectromechanical Systems, 2005, 14(4): 699-706.

[6] Weber J, Albers W M, Tuppurainen J, et al. Shear mode FBARs as highly sensitive liquid biosensors. Sensors and Actuators A: Physical, 2006, 128(1): 84-88.

[7] Link M, Schreiter M, Weber J, et al. Solidly mounted ZnO shear mode film bulk acoustic

resonators for sensing applications in liquids. IEEE Transactions on Ultrasonics, Ferroelectrics, and Frequency Control, 2006, 53(2): 492-496.

[8]　Qin L, Chen Q, Cheng H, et al. Analytical study of dual-mode thin film bulk acoustic resonators (FBARs) based on ZnO and AlN films with tilted *c*-axis orientation. IEEE Transactions on Ultrasonics, Ferroelectrics, and Frequency Control, 2010, 57(8): 1840-1853.

[9]　Du J K, Xian K, Wang J, et al. Thickness vibration of piezoelectric plates of 6mm crystals with tilted six-fold axis and two-layered thick electrodes. Ultrasonics, 2009, 49(2): 149-152.

[10]　Gualtieri J G, Kosinski J A, Ballato A. Piezoelectric materials for acoustic wave applications. IEEE Transactions on Ultrasonics, Ferroelectrics, and Frequency Control, 1994, 41(1): 53-59.

[11]　Tiersten H F. Linear Piezoelectric Plate Vibrations: Elements of the Linear Theory of Piezoelectricity and the Vibrations Piezoelectric Plates. New York: Springer, 2013.

[12]　Zhu F, Wang B, Qian Z H. A numerical algorithm to solve multivariate transcendental equation sets in complex domain and its application in wave dispersion curve characterization. Acta Mechanica, 2019, 230(4): 1303-1321.

[13]　Zhu F, Zhang Y X, Wang B, et al. An elastic electrode model for wave propagation analysis in piezoelectric layered structures of film bulk acoustic resonators. Acta Mechanica Solida Sinica, 2017, 30(3): 263-270.

[14]　Zhu F, Qian Z H, Wang B. Wave propagation in piezoelectric layered structures of film bulk acoustic resonators. Ultrasonics, 2016, 67: 105-111.

[15]　Wang J S, Lakin K M. Sputtered *c*-axis inclined ZnO films for shear wave resonators. Proceedings of the Ultrasonics Symposium, California, 1982.

[16]　Zhao Z N, Qian Z H, Wang B. Energy trapping of thickness-extensional modes in thin film bulk acoustic wave filters. AIP Advances, 2016, 6(1): 015002.

[17]　Zhao Z N, Qian Z H, Wang B, et al. Analysis of thickness-shear and thickness-twist modes of AT-cut quartz acoustic wave resonator and filter. Applied Mathematics and Mechanics, 2015, 36(12): 1527-1538.

[18]　Pan W L, Thakar V A, Rais-Zadeh M, et al. Acoustically coupled thickness-mode AlN-on-Si band-pass filters — part I: Principle and devices. IEEE Transactions on Ultrasonics, Ferroelectrics, and Frequency Control, 2012, 59(10): 2262-2269.

[19]　Li H, Du H, Xu L, et al. Analysis of multilayered thin-film piezoelectric transducer arrays. IEEE Transactions on Ultrasonics, Ferroelectrics, and Frequency Control, 2009, 56(11): 2571-2577.

[20]　Liu N, Yang J S, Wang J, et al. Analysis of a monolithic, nonperiodic array of quartz crystal microbalances. Japanese Journal of Applied Physics, 2013, 52: 077301.

[21]　Shen F, Lee K H, O'Shea S J, et al. Frequency interference between two quartz crystal microbalances. IEEE Sensors Journal, 2003, 3(3): 274-281.

[22]　Shen F, Lu P. Influence of interchannel spacing on the dynamical properties of multichannel quartz crystal microbalance. IEEE Transactions on Ultrasonics, Ferroelectrics, and Frequency

Control, 2004, 51(2): 249-253.

[23] Shi J J, Fan C Y, Zhao M H, et al. Variational analysis of thickness-shear vibrations of a quartz piezoelectric plate with two pairs of electrodes as an acoustic wave filter. International Journal of Applied Electromagnetics and Mechanics, 2015, 47(4): 951-961.

[24] Meltaus J, Pensala T, Kokkonen K. Parametric study of laterally acoustically coupled bulk acoustic wave filters. IEEE Transactions on Ultrasonics, Ferroelectrics, and Frequency Control, 2012, 59(12): 2742-2751.

[25] Josse F, Lee Y, Martin S J, et al. Analysis of the radial dependence of mass sensitivity for modified-electrode quartz crystal resonators. Analytical Chemistry, 1998, 70(2): 237-247.

[26] Pensala T, Ylilammi M. Spurious resonance suppression in gigahertz-range ZnO thin-film bulk acoustic wave resonators by the boundary frame method: modeling and experiment. IEEE Transactions on Ultrasonics, Ferroelectrics, and Frequency Control, 2009, 56(8): 1731-1744.

第 6 章　TS-FBAR 二维板理论应用：等效三维模型

6.1　理 论 基 础

6.1.1　简介

在 FBAR 的建模分析工作中，一维模型、二维模型及三维模型都是比较常见的分析方法。毫无疑问，建立器件的准确三维模型并用最常见的有限元法进行分析是一种精确且贴近实际的分析方法。然而正如文献[1]中所提到的，要得到精确的有限元结果，我们需要对模型划分出足够数目的网格。由于谐振器工作时的多模态耦合特性，虽然工作模态 TE 或 TS 模态的波长相对较长，但与之耦合的如弯曲模态或拉伸模态的波长较短，只有准确描述所有耦合模态的振型才能得到足够精确的计算结果。根据频散关系结果进行初步估计，TE-FBAR 的三维有限大模型的耦合振动分析需要几百万甚至更多的单元数。除此之外，在器件的设计研究阶段，我们需要求解一系列不同尺寸的模型来寻找工作特性与结构特征参数尺寸之间的依赖关系，以确定改进方案，增加了有限元法的求解难度。

对于某些研究问题，如器件的谐振频率、边界处的能量损耗及 Frame 型电极的设计等，我们可以通过无限大模型、二维截面模型进行分析。但是，毫无疑问，二维截面模型的分析结果与三维实体模型存在差异，所得结论的准确性需通过三维模型分析来验证。此外，在 FBAR 的结构设计与分析工作中，部分研究问题仅能依赖三维模型的分析实现，例如不规则电极形状的设计等。因此，三维模型分析在 FBAR 振动研究中具有极其重要的意义。

第 2 章到第 5 章中，通过对厚度方向的近似，建立了 FBAR 二维高阶板理论，极大地降低了 FBAR 的结构分析难度。二维高阶板理论的一项突出优势是能够与有限元法、有限差分法、里兹法等常见的偏微分方程求解方法结合，通过对二维平面模型的分析给出三维实体模型的振动结果，我们把这种分析模型定义为等效三维模型。在 TE-FBAR 的二维板理论研究中，由于耦合模态的波长较小，面内波数较大，等效三维模型的建模求解难度较大，该部分研究目前仍在进行中。对于 TS-FBAR，其工作频率远低于 TE-FBAR，耦合模态的波长较大，面内波数较小，因此，建立 TS-FBAR 的等效三维模型具备实际的可行性。

本章我们将所推导的 TS-FBAR 二维板理论与有限元法结合，建立 TS-FBAR

的等效三维模型，通过对二维平面（俯视）模型的建模求解，分析三维实体模型中的耦合振动特征，总结真实器件结构中的耦合振动规律，对二维截面模型的分析结果进行验证及补充。

6.1.2　TS-FBAR 简化二维板理论

通过第 5 章对 TS-FBAR 二维截面模型的分析，我们得出结论：TS-FBAR 结构中的耦合振动存在对称模态与反对称模态之间的耦合，但该耦合效应很弱。基于此结论，本章首先对 TS-FBAR 的板理论进行简化，忽略引起结构中对称与反对称模态耦合效应的刚度系数，以便在后续计算过程中能够合理地应用位移对称性，进一步降低数值求解的难度。

图 6.1 给出了 c 轴倾斜时，ZnO 压电薄膜的刚度系数随 c 轴倾斜角度 θ 的变化曲线。从中可以看出，无论倾斜角度如何变化，弹性常数中的 c_{15}、c_{25}、c_{35}、c_{46} 这几项始终相对较小。因此，为方便后续分析，在本节将要推导的 TS-FBAR 简化二维板理论中，我们忽略这几项材料参数小量的影响，即令

$$c_{15} = 0, c_{25} = 0, c_{35} = 0, c_{46} = 0 \tag{6.1}$$

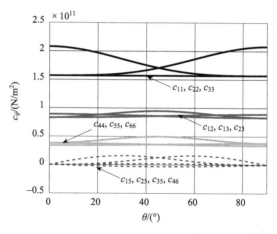

图 6.1　ZnO 压电薄膜刚度系数随 c 轴倾斜角度改变的变化曲线

将式 (6.1) 的近似条件应用于二维板理论的推导过程中，则板理论的应力本构方程会发生变化，因此由应力释放所推出的表达式及二维板理论的等效材料参数都需要重新定义。下面给出了 TS-FBAR 简化二维板理论的应力释放式：

$$T_3^{(0)} = c_{31}^{(0)} S_1^{(0)} + c_{32}^{(0)} S_2^{(0)} + c_{33}^{(0)} S_3^{(0)} + c_{31}^{(1)} S_1^{(1)} + c_{32}^{(1)} S_2^{(1)} + c_{33}^{(1)} S_3^{(1)} - e_{33}^{(0)} E_3 = 0$$

$$T_5^{(1)} = c_{55}^{(1)} S_5^{(0)} + c_{55}^{(2)} S_5^{(1)} - e_{35}^{(1)} E_3 = 0$$

$$T_4^{(1)} = c_{44}^{(1)} S_4^{(0)} + c_{44}^{(2)} S_4^{(1)} = 0$$

$$T_3^{(1)} = c_{31}^{(1)} S_1^{(0)} + c_{32}^{(1)} S_2^{(0)} + c_{33}^{(1)} S_3^{(0)} + c_{31}^{(2)} S_1^{(1)} + c_{32}^{(2)} S_2^{(1)} + c_{33}^{(2)} S_3^{(1)} - e_{33}^{(1)} E_3 = 0 \tag{6.2}$$

根据式 (6.2) 我们可以得到如下高阶应变分量的表达式为

$$S_3^{(0)} = \gamma_{3010} S_1^{(0)} + \gamma_{3020} S_2^{(0)} + \gamma_{3011} S_1^{(1)} + \gamma_{3021} S_2^{(1)} - \gamma_{30}^e E_3$$

$$S_3^{(1)} = \gamma_{3110} S_1^{(0)} + \gamma_{3120} S_2^{(0)} + \gamma_{3111} S_1^{(1)} + \gamma_{3121} S_2^{(1)} - \gamma_{31}^e E_3 \tag{6.3}$$

$$S_4^{(1)} = \gamma_{4140} S_4^{(0)}, \quad S_5^{(1)} = \gamma_{5150} S_5^{(0)} - \gamma_{51}^e E_3$$

式中，

$$\gamma_{3010} = \Delta^{-1} \left[-c_{31}^{(0)} c_{33}^{(2)} + c_{31}^{(1)} c_{33}^{(1)} \right], \gamma_{3020} = \Delta^{-1} \left[-c_{32}^{(0)} c_{33}^{(2)} + c_{32}^{(1)} c_{33}^{(1)} \right],$$

$$\gamma_{3011} = \Delta^{-1} \left[-c_{31}^{(1)} c_{33}^{(2)} + c_{31}^{(2)} c_{33}^{(1)} \right], \gamma_{3021} = \Delta^{-1} \left[-c_{32}^{(1)} c_{33}^{(2)} + c_{32}^{(2)} c_{33}^{(1)} \right],$$

$$\gamma_{30}^e = -\Delta^{-1} \left[-e_{33}^{(0)} c_{33}^{(2)} + e_{33}^{(1)} c_{33}^{(1)} \right];$$

$$\gamma_{3110} = \Delta^{-1} \left[c_{31}^{(0)} c_{33}^{(1)} - c_{31}^{(1)} c_{33}^{(0)} \right], \gamma_{3120} = \Delta^{-1} \left[c_{32}^{(0)} c_{33}^{(1)} - c_{32}^{(1)} c_{33}^{(0)} \right],$$

$$\gamma_{3111} = \Delta^{-1} \left[c_{31}^{(1)} c_{33}^{(1)} - c_{31}^{(2)} c_{33}^{(0)} \right], \gamma_{3121} = \Delta^{-1} \left[c_{32}^{(1)} c_{33}^{(1)} - c_{32}^{(2)} c_{33}^{(0)} \right],$$

$$\gamma_{31}^e = -\Delta^{-1} \left[e_{33}^{(0)} c_{33}^{(1)} - e_{33}^{(1)} c_{33}^{(0)} \right];$$

$$\gamma_{4140} = -c_{44}^{(1)} / c_{44}^{(2)};$$

$$\gamma_{5150} = -c_{55}^{(1)} / c_{55}^{(2)}, \gamma_{51}^e = e_{35}^{(1)} / c_{55}^{(2)} \tag{6.4}$$

其中，

$$\Delta = \begin{vmatrix} -c_{33}^{(0)} & -c_{33}^{(1)} \\ -c_{33}^{(1)} & -c_{33}^{(2)} \end{vmatrix} \tag{6.5}$$

进一步，我们可以得到对弹性常数矩阵进行简化以后的二维板理论的应力本构关系：

$$T_1^{(0)} = \overline{c}_{11}^{(0)} S_1^{(0)} + \overline{c}_{12}^{(0)} S_2^{(0)} + \overline{c}_{11}^{(1)} S_1^{(1)} + \overline{c}_{12}^{(1)} S_2^{(1)} - \overline{e}_{31}^{(0)} E_3$$

$$T_2^{(0)} = \overline{c}_{21}^{(0)} S_1^{(0)} + \overline{c}_{22}^{(0)} S_2^{(0)} + \overline{c}_{21}^{(1)} S_1^{(1)} + \overline{c}_{22}^{(1)} S_2^{(1)} - \overline{e}_{32}^{(0)} E_3$$

$$T_4^{(0)} = \kappa_2^2 \overline{c}_{44}^{(0)} S_4^{(0)}$$

$$T_5^{(0)} = \kappa_1^2 \overline{c}_{55}^{(0)} S_5^{(0)} - \kappa_1 \overline{e}_{35}^{(0)} E_3 \tag{6.6}$$

$$T_6^{(0)} = \overline{c}_{66}^{(0)} S_6^{(0)} + \overline{c}_{66}^{(1)} S_6^{(1)}$$

$$T_1^{(1)} = \hat{c}_{11}^{(1)} S_1^{(0)} + \hat{c}_{12}^{(1)} S_2^{(0)} + \hat{c}_{11}^{(2)} S_1^{(1)} + \hat{c}_{12}^{(2)} S_2^{(1)} - \hat{e}_{31}^{(1)} E_3$$

$$T_2^{(1)} = \hat{c}_{21}^{(1)} S_1^{(0)} + \hat{c}_{22}^{(1)} S_2^{(0)} + \hat{c}_{21}^{(2)} S_1^{(1)} + \hat{c}_{22}^{(2)} S_2^{(1)} - \hat{e}_{32}^{(1)} E_3$$

$$T_6^{(1)} = \hat{c}_{66}^{(1)} S_6^{(0)} + \hat{c}_{66}^{(2)} S_6^{(1)}$$

本构方程中的 κ_1、κ_2 为修正系数。相应的几何方程、控制方程与原二维板理论中

的相同，三组方程共同构成了 TS-FBAR 简化二维板理论。式(6.6)中的等效材料参数表达式为

$$\bar{c}_{11}^{(0)} = c_{11}^{(0)} + c_{13}^{(0)}\gamma_{3010} + c_{13}^{(1)}\gamma_{3110}, \bar{c}_{12}^{(0)} = c_{12}^{(0)} + c_{23}^{(0)}\gamma_{3010} + c_{23}^{(1)}\gamma_{3110},$$

$$\bar{c}_{11}^{(1)} = c_{11}^{(1)} + c_{13}^{(1)}\gamma_{3010} + c_{13}^{(2)}\gamma_{3110}, \bar{c}_{12}^{(1)} = c_{12}^{(1)} + c_{23}^{(1)}\gamma_{3010} + c_{23}^{(2)}\gamma_{3110},$$

$$\bar{e}_{31}^{(0)} = e_{31}^{(0)} + e_{33}^{(0)}\gamma_{3010} + e_{33}^{(1)}\gamma_{3110};$$

$$\bar{c}_{21}^{(0)} = c_{12}^{(0)} + c_{13}^{(0)}\gamma_{3020} + c_{13}^{(1)}\gamma_{3120}, \bar{c}_{22}^{(0)} = c_{22}^{(0)} + c_{23}^{(0)}\gamma_{3020} + c_{23}^{(1)}\gamma_{3120},$$

$$\bar{c}_{21}^{(1)} = c_{12}^{(1)} + c_{13}^{(1)}\gamma_{3020} + c_{13}^{(2)}\gamma_{3120}, \bar{c}_{22}^{(1)} = c_{22}^{(1)} + c_{23}^{(1)}\gamma_{3020} + c_{23}^{(2)}\gamma_{3120},$$

$$\bar{e}_{32}^{(0)} = e_{32}^{(0)} + e_{33}^{(0)}\gamma_{3020} + e_{33}^{(1)}\gamma_{3120};$$

$$\bar{c}_{44}^{(0)} = c_{44}^{(0)} + c_{44}^{(1)}\gamma_{4140};$$

$$\bar{c}_{55}^{(0)} = c_{55}^{(0)} + c_{55}^{(1)}\gamma_{5150}, \bar{e}_{35}^{(0)} = e_{35}^{(0)};$$

$$\bar{c}_{66}^{(0)} = c_{66}^{(0)}, \bar{c}_{66}^{(1)} = c_{66}^{(1)};$$

$$\hat{c}_{11}^{(1)} = c_{11}^{(1)} + c_{13}^{(0)}\gamma_{3011} + c_{13}^{(1)}\gamma_{3111}, \hat{c}_{12}^{(1)} = c_{12}^{(1)} + c_{23}^{(0)}\gamma_{3011} + c_{23}^{(1)}\gamma_{3111},$$

$$\hat{c}_{11}^{(2)} = c_{11}^{(2)} + c_{13}^{(1)}\gamma_{3011} + c_{13}^{(2)}\gamma_{3111}, \hat{c}_{12}^{(2)} = c_{12}^{(2)} + c_{23}^{(1)}\gamma_{3011} + c_{23}^{(2)}\gamma_{3111},$$

$$\hat{e}_{31}^{(1)} = e_{31}^{(1)} + e_{33}^{(0)}\gamma_{3011} + e_{33}^{(1)}\gamma_{3111};$$

$$\hat{c}_{21}^{(1)} = c_{12}^{(1)} + c_{13}^{(0)}\gamma_{3021} + c_{13}^{(1)}\gamma_{3121}, \hat{c}_{22}^{(1)} = c_{22}^{(1)} + c_{23}^{(0)}\gamma_{3021} + c_{23}^{(1)}\gamma_{3121},$$

$$\hat{c}_{21}^{(2)} = c_{12}^{(2)} + c_{13}^{(1)}\gamma_{3021} + c_{13}^{(2)}\gamma_{3121}, \hat{c}_{22}^{(2)} = c_{22}^{(2)} + c_{23}^{(1)}\gamma_{3021} + c_{23}^{(2)}\gamma_{3121},$$

$$\hat{e}_{32}^{(1)} = e_{32}^{(1)} + e_{33}^{(0)}\gamma_{3021} + e_{33}^{(1)}\gamma_{3121};$$

$$\hat{c}_{66}^{(1)} = c_{66}^{(1)}, \hat{c}_{66}^{(2)} = c_{66}^{(2)} \tag{6.7}$$

由于对材料参数采取了近似，修正系数的具体值也会发生变化，其具体数值依然通过前文介绍的二维近似理论与三维精确理论的频散曲线匹配方法求得。

6.1.3 结果与讨论

首先通过频散曲线匹配的方式确定 TS-FBAR 简化二维板理论的修正系数。对于完全覆盖电极模型(R_E=0.01)，修正系数为

$$\kappa_1 = 0.9173, \kappa_2 = 0.9077 \tag{6.8}$$

对于无覆盖电极模型，修正系数为

$$\kappa_1 = 0.9419, \kappa_2 = 0.9096 \tag{6.9}$$

为验证简化二维板理论的准确性，我们应用该组方程分析了 TS-FBAR 完全覆盖电极模型，并将频谱结果与由精确二维板理论求得的结果进行对比。图 6.2 给出了 TS-FBAR 完全覆盖电极模型的频谱图结果(二维截面模型)。图 6.2(a)即为图 5.4，是由精确的 TS-FBAR 二维板理论求得的频谱图结果，由于对称模态与

反对称模态之间的耦合，在求解该问题时，无法应用位移的对称性对求解过程进行简化。图 6.2(b) 为应用本节推导的简化二维板理论所求得的结果，通过对弹性常数的近似处理，将对称模态与反对称模态解耦，可以根据具体的分析问题，选择性求解对称模态或者反对称模态的结果，极大地缩短了求解所需的时间。图 6.2(b) 中，对称模态及反对称模态用不同点型标出，将两组结果绘制于同一幅图中，得到了与图 6.2(a) 几乎完全一致的频谱结果。因此，我们可以确定，本节推导的 TS-FBAR 简化二维板理论足够准确，可以用于三维模型的耦合振动分析工作。

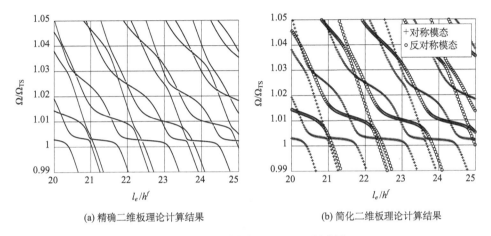

(a) 精确二维板理论计算结果　　　　　　(b) 简化二维板理论计算结果

图 6.2　完全覆盖电极 TS-FBAR 频谱图

6.2　高阶板理论的有限元解法

6.1 节中，我们对 c 轴倾斜 ZnO 压电薄膜的刚度系数矩阵进行了近似处理，得到了 TS-FBAR 的简化二维板理论，并通过二维截面模型的频谱分析验证了简化二维板理论的准确性。前文中我们已经提到，二维板理论可以与多种求解方法结合，构造等效的三维模型进行结构分析，这些方法包括有限元法[2]、里兹法[3]、一维有限元法[4]等。近年来，有限元商用软件的发展，为板理论的有限元法求解提供了极大的便利。比较突出的是 COMSOL Multiphysics 软件自带的偏微分方程求解接口，该接口为用户提供了自由输入控制方程的模块，与我们所推导的二维板方程契合度很高，避免了有限元程序编写及求解器选择等方面的困难。实际应用过程中，我们仅需将推导的二维板方程改写为软件要求的标准形式，并将方程按规定输入 PDE 模块中，结合合适的边界条件，即可借助 COMSOL 软件对 TS-

FBAR 的等效三维模型进行建模分析，得到三维实体模型的耦合振动结果。有限元法的应用能够有效推进器件研发过程中较为关键的结构形状、尺寸参数设计等方面的研究。此外，成熟的有限元软件配备稳定可靠的求解器、后处理功能及较为自由的二次开发功能。有限元法的这些优点能够为二维板理论在器件设计分析过程中的应用提供极大的便利。

　　图 6.3 给出了 TS-FBAR 三维模型的俯视图，在我们的分析当中，模型的厚度方向通过二维板理论的近似处理无须考虑。因此，我们仅需在有限元软件中建立如图 6.3 所示的二维平面模型，即可描述三维有限大模型的振动结果，该模型即为等效三维模型。根据板理论的频散曲线对比结果(图 5.2)我们可以确定，二维板理论能够准确预测 TS-FBAR 的工作模态，并且包含了模态耦合特性。因此，等效三维模型具备与三维实体模型相当的精确度，同时由于分析对象仅为二维平面，其求解效率远高于三维实体模型。

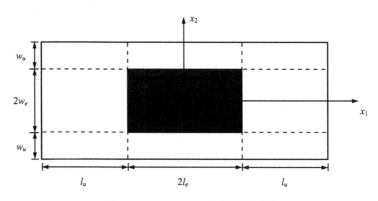

图 6.3　TS-FBAR 三维模型俯视图

　　COMSOL 软件的偏微分方程接口为用户提供了包括系数形式、一般形式、波动方程形式、弱形式等灵活的子接口，我们采用的是比较常见的一般形式偏微分方程接口，其标准型为

$$\lambda^2 e_a \boldsymbol{u} - \lambda d_a \boldsymbol{u} + \nabla \cdot \boldsymbol{\Gamma} = \boldsymbol{f} \tag{6.10}$$

结合我们所推导的 TS-FBAR 简化二维板理论，对上式中的各变量做出如下定义：

$$\boldsymbol{u} = \begin{bmatrix} u_1^{(0)} & u_2^{(0)} & u_3^{(0)} & u_1^{(1)} & u_2^{(1)} \end{bmatrix}^{\mathrm{T}}, d_a = 0,$$

$$\boldsymbol{\Gamma} = \left\{ \begin{bmatrix} T_1^{(0)} \\ T_6^{(0)} \end{bmatrix} \begin{bmatrix} T_6^{(0)} \\ T_2^{(0)} \end{bmatrix} \begin{bmatrix} T_5^{(0)} \\ T_4^{(0)} \end{bmatrix} \begin{bmatrix} T_1^{(1)} \\ T_6^{(1)} \end{bmatrix} \begin{bmatrix} T_6^{(1)} \\ T_2^{(1)} \end{bmatrix} \right\}^{\mathrm{T}},$$

$$
e_a = \begin{bmatrix} \rho^{(0)} & 0 & 0 & \rho^{(1)} & 0 \\ 0 & \rho^{(0)} & 0 & 0 & \rho^{(1)} \\ 0 & 0 & \rho^{(0)} & 0 & 0 \\ \rho^{(1)} & 0 & 0 & \rho^{(2)} & 0 \\ 0 & \rho^{(1)} & 0 & 0 & \rho^{(2)} \end{bmatrix}, f = \begin{bmatrix} 0 \\ 0 \\ 0 \\ T_5^{(0)} \\ T_4^{(0)} \end{bmatrix} \tag{6.11}
$$

式 (6.11) 中的各物理量表达式已在 6.1.2 节中定义。上式即为将 TS-FBAR 简化二维板方程改写为 COMSOL 一般型偏微分方程的结果，将其输入 PDE 模块中的合适位置，即可按照常规的有限元求解步骤对 TS-FBAR 的等效三维模型进行分析。本章研究主要关注 TS-FBAR 的耦合振动特征，所选择的研究方法为 COMSOL 中提供的特征值分析。

6.3　等效三维模型的耦合振动

将具体材料参数代入 TS-FBAR 的简化二维板方程，再进一步将板方程输入 COMSOL 软件的偏微分方程模块中，即可对三维等效模型进行求解。考虑位移的对称性，我们仅需建立如图 6.4 所示的四分之一平面模型，并在左边界及下边界定义合适的位移约束条件即可。TS-FBAR 的二维板方程在电极区域及无电极区域并不相同，因此在 COMSOL 中我们同样需要针对这两个区域定义两组不同的一般形式偏微分方程。

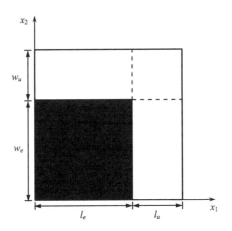

图 6.4　TS-FBAR 四分之一平面模型

针对图 6.4 所示的四分之一平面模型所施加的边界条件为

$$\partial u_1^{(0)} / \partial x_1 = 0,\ u_2^{(0)} = 0,\ u_3^{(0)} = 0,\ \partial u_1^{(1)} / \partial x_1 = 0,\ u_2^{(1)} = 0,\ 在\ x_1 = 0 处$$
$$\partial u_1^{(0)} / \partial x_2 = 0,\ u_2^{(0)} = 0,\ u_3^{(0)} = 0,\ \partial u_1^{(1)} / \partial x_2 = 0,\ u_2^{(1)} = 0,\ 在\ x_2 = 0 处$$
$$T_1^{(0)} = 0,\ T_6^{(0)} = 0,\ T_5^{(0)} = 0,\ T_1^{(1)} = 0,\ T_6^{(1)} = 0,\ 在\ x_1 = l_e + l_u 处$$
$$T_6^{(0)} = 0,\ T_2^{(0)} = 0,\ T_4^{(0)} = 0,\ T_6^{(1)} = 0,\ T_2^{(1)} = 0,\ 在\ x_2 = w_e + w_u 处$$

$$(6.12)$$

对于我们所研究的 TS-FBAR 器件耦合振动问题，$u_1^{(1)}$ 为主要的位移分量，其工作模态在面内 x_1 和 x_2 方向均为对称分布，其他各位移分量的对称性可相应地根据控制方程确定。另外，在电极区域与无电极区域的连接处，满足位移和应力的连续性条件。有限元计算所采用的网格为常见的映射网格。为确保计算结果的准确性，我们首先需要验证网格的收敛性。为方便与二维截面模型的分析结果对比，在 COMSOL 的求解过程中我们同样对结果进行无量纲化处理。同时，为判断网格的收敛性，定义无量纲化单位长度($1/h^f$)上所包含的网格数目为 M。图 6.5 给出了 M 变化时，在无量纲化频率大于 Ω_{TS} 的范围，用有限元法所求得的 TS-FBAR 三维等效模型的前 20 阶模态频率结果。可以发现，当 M 增加到 4 时，有限元法求得的频率结果已经开始收敛。因此在后续具体问题的分析中，我们选择 $M=5$ 进行求解，可以保证有限元计算结果的准确性。

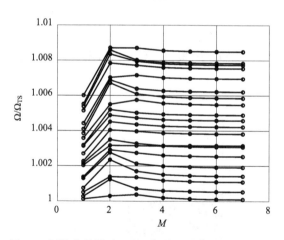

图 6.5　网格收敛性验证(l_e/h^f=20，l_u/h^f=15，R_E=0.01)

图 6.6(a)给出了利用 COMSOL 软件的参数化扫描功能计算得到的 TS-FBAR 等效三维模型的频谱图结果，相同范围的二维截面模型频谱图结果也在图 6.6(b)中给出。通过对比可以发现，在三维模型中，模态耦合振动变得十分复杂，三维模型包含的模态数目远大于二维截面模型。三维模型中，耦合效应的影响也变得更为突出，代表强耦合模态的平台端点数目明显增加，因此器件长厚比的设计也

显得更为重要。通过二维模型及三维模型预测所得的本质 TS 模态频率同样存在一些差异。除此之外，三维模型包含的寄生模态种类也无法利用二维模型完整地预测。以上对比结果表明，仅依赖二维截面模型进行谐振器结构分析是不够完善的，等效三维模型的分析是器件研发设计工作中必不可少的环节。

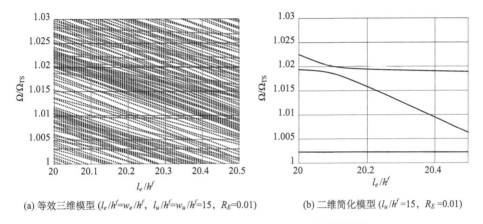

(a) 等效三维模型 ($l_e/h^f=w_e/h^f$, $l_u/h^f=w_u/h^f=15$, $R_E=0.01$)　　(b) 二维简化模型 ($l_u/h^f=15$, $R_E=0.01$)

图 6.6　TS-FBAR 简化二维板理论求得的频谱结果

借助二维简化模型的分析结论，我们在图 6.7(a) 中选择了一些具有代表性的模态并详细研究了它们的振型结果(图 6.8～图 6.13)。图 6.7(b) 为图 6.7(a) 中方框区域的放大结果，其中标注了本质 TS 模态平台端点的强耦合模态及平台中心区域的弱耦合模态，它们的振型结果分别在图 6.8 和图 6.9 中给出。通过前文二维截面模型的研究，我们得知强耦合效应会对器件的工作性能产生不利影响。这里的频谱及振型分析结果证实了在三维模型中，耦合效应的强弱依然是器件设计分

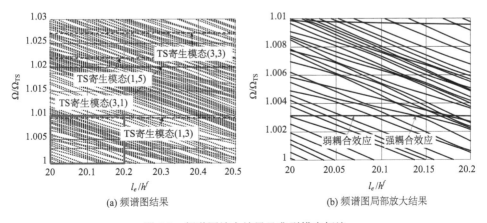

(a) 频谱图结果　　　　　　　　　　　(b) 频谱图局部放大结果

图 6.7　频谱图放大结果及典型模态标注

析时需要重点关注的一项内容。比较频谱图中注明的强耦合模态振型(图 6.8)和弱耦合模态振型(图 6.9)可以说明,对结构长厚比的调整能够有效控制器件中耦合效应的强弱。从振型方面判断,显然弱耦合模态是更为理想的工作模态,TS 模态的位移分量近乎为光滑波型;此外,弱耦合模态的位移主要集中在电极区域(虚线区域),在无电极区域迅速衰减,即具备良好的能陷效应。以上结论也验证了二维截面模型分析结果的正确性。

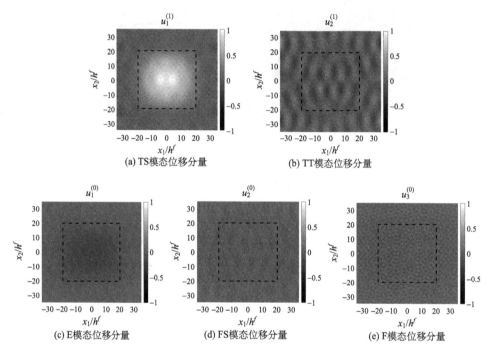

图 6.8　本质 TS 模态受强耦合效应影响时的振型结果($R_E=0.01$, $l_e/h^f=w_e/h^f=20.14$, $l_u/h^f=w_u/h^f=15$)

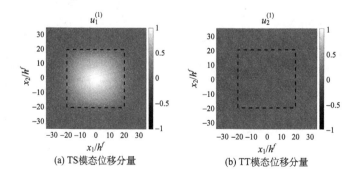

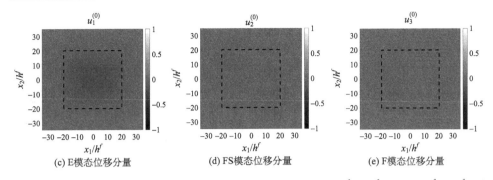

$u_1^{(0)}$　　　$u_2^{(0)}$　　　$u_3^{(0)}$

(c) E模态位移分量　　　(d) FS模态位移分量　　　(e) F模态位移分量

图 6.9　本质 TS 模态受弱耦合效应影响时的振型结果(R_E=0.01, $l_e/h^f=w_e/h^f$=20.07, $l_u/h^f=w_u/h^f$=15)

除了本质 TS 模态的平台以外，频谱图中同样包含了多种寄生模态的信息，对应于频率高于本质 TS 模态的其他平台。与二维简化模型的结果不同，本节研究的三维模型包含了在 x_1 和 x_2 两个方向的横向高阶模态，寄生模态的种类变得更为复杂。在图 6.7 给出的频谱图中，我们标注了某些高阶平台的中点位置模态(为方便识别，频谱图中用虚线标注了各阶寄生模态的近似谐振频率)，其振型结果在图 6.10～图 6.13 中给出。此时模态耦合振动的分析已经变得十分困难，必须借助二维简化模型的分析结论及对频谱图的处理经验，才能在如此复杂的三维等效模型频谱图中读取相应的模态。图中，我们用(m, n)对寄生模态进行标注，其中 m、n 分别表示 TS 模态位移分量在 x_1、x_2 方向上关于半波长的倍数。寄生模态$(1, 3)$及$(3, 1)$的出现，反映了 c 轴倾斜压电薄膜的面内各向异性特征，这两个模态在频率上也有比较明显的差异。以上所分析的这些模态均在特定的位移对称性条件下获得，实际器件工作时的振动情况将更加复杂，所包含的模态种类也会更多。但对于 FBAR 的器件分析工作，我们仅关注能够产生明显电学响应的模态，也就是本节所考虑的$u_1^{(1)}$在 x_1 和 x_2 方向对称分布的模态，这些模态的研究对器件的设计及应用等更有意义。

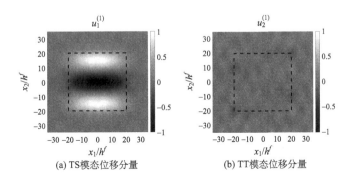

$u_1^{(1)}$　　　　　$u_2^{(1)}$

(a) TS模态位移分量　　　　　(b) TT模态位移分量

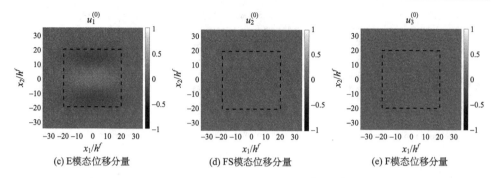

(c) E模态位移分量　　　　　　(d) FS模态位移分量　　　　　　(e) F模态位移分量

图 6.10　TS 寄生模态 $(1, 3)$ 的振型结果 $(R_E=0.01$，$l_e/h^f=w_e/h^f=20.30$，$l_u/h^f=w_u/h^f=15)$

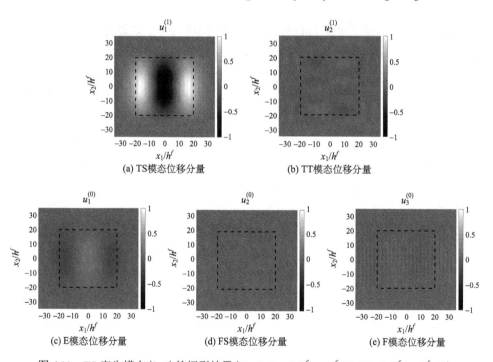

(a) TS模态位移分量　　　　　　　　　　(b) TT模态位移分量

(c) E模态位移分量　　　　　　(d) FS模态位移分量　　　　　　(e) F模态位移分量

图 6.11　TS 寄生模态 $(3, 1)$ 的振型结果 $(R_E=0.01$，$l_e/h^f=w_e/h^f=20.30$，$l_u/h^f=w_u/h^f=15)$

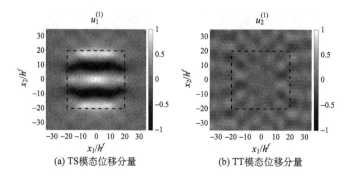

(a) TS模态位移分量　　　　　　　　　　(b) TT模态位移分量

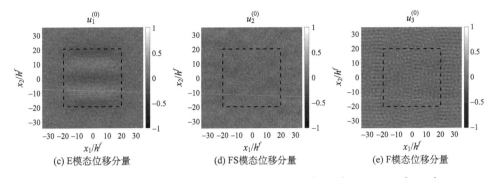

(c) E模态位移分量　　　　　(d) FS模态位移分量　　　　　(e) F模态位移分量

图 6.12　TS 寄生模态 (1, 5) 的振型结果 (R_E=0.01，l_e/h^f=w_e/h^f=20.18，l_u/h^f=w_u/h^f=15)

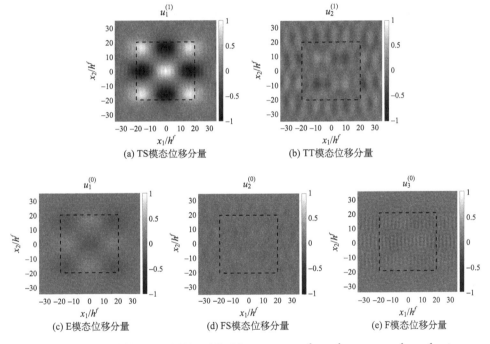

(a) TS模态位移分量　　　　　　　　　　(b) TT模态位移分量

(c) E模态位移分量　　　　　(d) FS模态位移分量　　　　　(e) F模态位移分量

图 6.13　TS 寄生模态 (3, 3) 的振型结果 (R_E=0.01，l_e/h^f=w_e/h^f=20.38，l_u/h^f=w_u/h^f=15)

　　图 6.14 给出了电极长度在不同范围变化时得到的频谱图结果。通过比较可以发现，本质 TS 模态的谐振频率随电极长度的增加会略微降低。此外，电极长度增加，在同等频率范围内的频谱图中模态数目也会变多。在图 6.14 中，我们标注了电极长度不同的两个本质 TS 模态 (A: l_e/h^f=10.1; B: l_e/h^f=15.3)，它们的振型结果分别在图 6.15(a) 和图 6.15(b) 中给出。在后续的研究中，我们将主要针对频谱图平台中点的本质 TS 模态进行研究，这些区域模态的耦合效应较弱，因此只给出其主导模态位移分量的振型结果。比较图 6.15(a) 和图 6.15(b) 可以发现，电极长

度越长，TS 模态的位移越集中于电极区域，表明器件的能陷效应更好。因此在设计过程中，应当尽量确保电极的横向尺寸足够大。从振型结果还可以看出，TS 模态的位移分布在面内具有各向异性的特征，反映了材料参数的不对称性。这一结论无法通过二维简化模型的分析得到，也再次说明了三维模型分析的重要性。

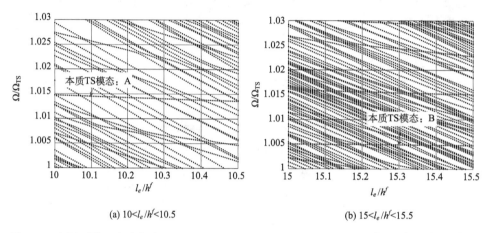

(a) $10 < l_e/h^f < 10.5$　　　　　　　　　　　(b) $15 < l_e/h^f < 15.5$

图 6.14　电极区域尺寸改变时 TS-FBAR 等效三维模型的频谱图结果 ($l_e/h^f = w_e/h^f$, $l_u/h^f = w_u/h^f = 15$, $R_E = 0.01$)

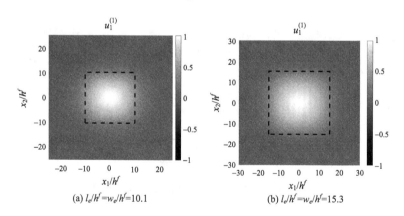

(a) $l_e/h^f = w_e/h^f = 10.1$　　　　　　　　　(b) $l_e/h^f = w_e/h^f = 15.3$

图 6.15　本质 TS 模态的主导模态位移分布 ($R_E = 0.01$, $l_u/h^f = w_u/h^f = 15$)

　　以上讨论的算例都是固定无电极区域长度，通过改变电极区域的长度进行的。在接下来的这一算例中，我们将固定电极区域的长度，研究无电极区域长度的改变对结构振动规律的影响。图 6.16 给出了无电极区域长厚比变化所得到的频谱图结果，图 6.16(a)、图 6.16(b) 对应的电极区域长厚比为 $l_e/h^f = w_e/h^f = 15$，质量比 $R_E = 0.01$，无电极区域长厚比的变化范围如图所示。比较图中结果可以发现，无电极区域长度增加，同样会使相同频率间隔内的模态数目增多，导致数值计算和模态读取的难度增大。此外，无电极区域长度增加对本质 TS 模态的谐振频率不会造成太大影响，换句话说，整体结构的振动特性受电极区域长度的影响更为明显。这一结论与二维截面模型分析得到的结论相同。图 6.16 中标注了平台端点区域的强耦合模态及平台中点区域的弱耦合模态，它们的主导模态振型结果将在后续分析中陆续给出。

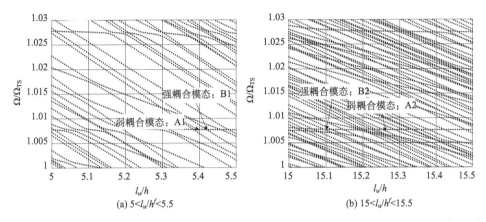

图 6.16　无电极区域长度改变时，三维 TS-FBAR 模型的频谱图结果（$l_e/h^f=w_e/h^f=15$, $l_u/h^f=w_u/h^f$, $R_E=0.01$）

图 6.17(a)～图 6.17(d)给出了强弱耦合模态主导位移分量的对比结果。通过比较可以看出，无电极区域长度的改变同样会影响模态耦合效应的强弱，且无电极区域长度较短时，模态耦合效应的影响更明显。图 6.17(a)所示振型为平台中点区域的弱耦合模态 A1，对应结构的无电极区域长度较短，位移在到达边界时尚未衰减到近似零值，导致反射波振幅较大，模态耦合更为剧烈。因此 TS 模态位移不够纯净，存在明显的由模态耦合引起的振荡小波。图 6.17(b)为对应的强耦合模态 B1，工作模态波型及能陷效果都不理想。图 6.17(c)为增加无电极区域的长度时，弱耦合模态 A2 的主导位移分量振型结果，此时主导模态的位移变得更为光滑，位移更加集中于电极区域，表明无电极区域的长度大小会对器件工作性能产生影响，需在设计过程中为其预留足够的尺寸。图 6.17(d)为强耦合模态 B2 的振型结果，增加无电极区域的长度虽然能够显著优化弱耦合模态，但耦合效应的影响在结构中依然存在，因此在调整无电极区域的尺寸时仍需关注耦合效应的强弱，以免对器件工作造成不利影响。

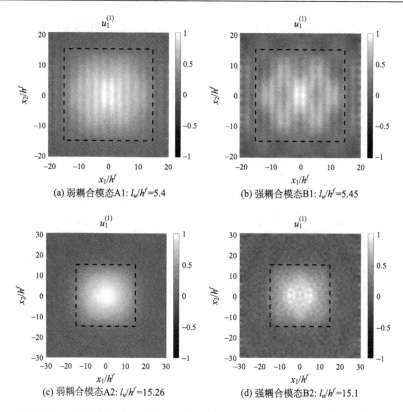

(a) 弱耦合模态A1: l_u/h^f=5.4　　　　(b) 强耦合模态B1: l_u/h^f=5.45

(c) 弱耦合模态A2: l_u/h^f=15.26　　　　(d) 强耦合模态B2: l_u/h^f=15.1

图 6.17　无电极区域长度改变时对本质 TS 模态振型的影响（R_E=0.01, l_e/h^f=w_e/h^f=15, l_u/h^f=w_u/h^f）

　　在前文关于二维截面模型的分析中，我们采用了一种 Frame 型结构（图 6.18）来抑制 FBAR 的寄生模态响应，并通过频谱、振型、导纳等分析详细阐述了结构尺寸的设计过程及抑制寄生模态的机理。本节我们同样给出了三维 Frame 型结构的耦合振动结果。结构尺寸固定为 l_e/h^f=w_e/h^f，l_u/h^f=w_u/h^f，电极两侧的加厚区域在长宽两个方向的尺寸分别为 l_b 以及 w_b。由于 TS-FBAR 材料的面内各向异性，x_1 与 x_2 两个方向的振动特性并不一致，通过二维截面模型分析所得的 Frame 型结构尺寸参数在真实的三维模型当中并不适用，但相关的定性分析结论依然可以用来指导三维 Frame 型结构的设计。在二维模型的分析中我们得知，当模态振型具备"活塞"模态的特征时（即主导模态位移幅值在电极区域几乎维持不变），Frame 型结构能够较好地抑制寄生模态响应，且作为传感器应用能够保证灵敏度的均一性。根据这一结论，我们可以通过观察三维 Frame 型 TS-FBAR 的工作模态振型来识别和判断 Frame 型结构的具体性能，确定其结构尺寸的调整方向，进一步确定 l_b/h^f 与 w_b/h^f 的具体取值。此外，在二维模型分析中同样总结了加厚电极区域大于或小于理想尺寸时工作模态的振型特征(4.4 节)，这些结果都为三维 Frame 型 TS-FBAR 的尺寸调整提供了依据。

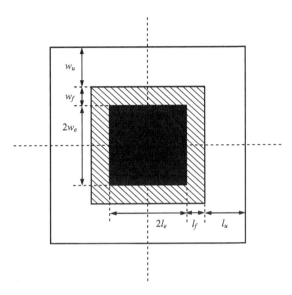

图 6.18　Frame 型 TS-FBAR 俯视图

首先固定 $l_e/h^f = w_e/h^f = 15$，$l_u/h^f = w_u/h^f = 15$，对电极加厚区域的尺寸进行设计。在设计初期，我们无须考虑耦合效应的影响。根据二维简化模型的分析结果，选取加厚电极区域长厚比初始值为 $l_b/h^f = 5.7$，$w_b/h^f = 5.7$，计算本质 TS 模态的振型如图 6.19 所示。显然该振型图不具备所谓的"活塞"模态特征。x_1 方向的位移最大值出现在中心电极区域，根据二维简化理论分析结论可知，这种振型特征对应

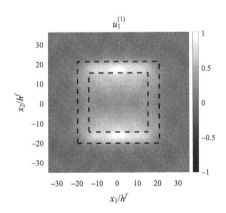

图 6.19　设计前的三维 Frame 型 TS-FBAR 模型工作模态振型图(R_E=0.01, R_F=0.04, l_e/h^f =w_e/h^f=15, l_u/h^f =w_u/h^f=15, l_b/h^f=5.7, w_b/h^f=5.7)

加厚电极区域长厚比小于理想尺寸的情况，因此我们需要增大 l_b/h^f 的取值。x_2 方向的位移最大值出现在加厚电极区域，这种振型特征对应的加厚电极区域长厚比大于理想尺寸，因此需要减小 w_b/h^f 的取值。上述分析确定了 Frame 型结构电极加厚区域的调整方向，根据调整过后的尺寸重新计算工作模态振型结果，并重复上述过程，即可确定理想的三维 Frame 型 TS-FBAR 加厚电极区域尺寸。最终确定的理想加厚区域长厚比为 l_b/h^f=6.0，w_b/h^f=3.6，工作模态的振型结果如图 6.20 所示，具备典型的"活塞"模态特征。

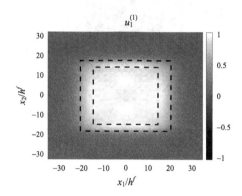

图 6.20　设计后的三维 Frame 型 TS-FBAR 模型工作模态振型图（R_E=0.01，R_F=0.04，l_e/h^f =w_e/h^f=15，l_u/h^f=w_u/h^f=15，l_b/h^f=6.0，w_b/h^f=3.6）

6.4　总　　结

本章近似忽略 TS-FBAR 中对称模态与反对称模态之间的耦合，建立了简化的二维板理论，通过频谱图的对比验证了简化理论的准确性。进一步，将 TS-FBAR 的简化二维板理论与 COMSOL 软件的 PDE 接口结合，求解了等效三维模型中的耦合振动结果。通过有限元软件中的特征值分析模块，结合参数化扫描的方法得到了 TS-FBAR 三维模型的频谱结果，与二维模型的频谱结果对比得到如下结论。

(1)二维简化模型所得的耦合振动规律，经三维等效模型的分析得到了验证，表明二维简化模型可以作为谐振器分析的可靠手段。

(2)三维模型中存在大量无法由二维模型预测出的模态信息，且两种分析模型所预测的模态频率存在一些差异。三维模型的分析能够为器件的设计、实验等问题的研究提供更准确、直观的结果。

(3)三维模型的频谱图十分复杂，二维简化模型的分析经验及结果能够帮助我们在三维模型的频谱图中读取有效信息。

综上所述，二维简化模型及三维等效模型的研究在 FBAR 的设计分析工作中能够相互验证及补充，二者都具有重要的研究价值。

参 考 文 献

[1] Thalhammer R K, Larson J D. Finite-element analysis of bulk-acoustic-wave devices: A review of model setup and applications. IEEE Transactions on Ultrasonics, Ferroelectrics, and Frequency Control, 2016, 63(10): 1624-1635.

[2] Wang J, Yong Y K, Imai T. Finite element analysis of the piezoelectric vibrations of quartz plate resonators with higher-order plate theory. International Journal of Solids and Structures, 1999, 36(15): 2303-2319.

[3] Li N, Wang B, Qian Z H. Coupling vibration analysis of trapped-energy rectangular quartz resonators by variational formulation of Mindlin's theory. Sensors, 2018, 18(4): 986.

[4] Ishizaki A, Sekimoto H, Watanabe Y. Three-dimensional analysis of spurious vibrations of rectangular AT-cut quartz plates. Japanese Journal of Applied Physics, Part 1: Regular Papers and Short Notes and Review Papers, 1997, 36: 1194-1200.

第7章 TE-FBAR 二维标量微分方程的建立

7.1 简　　介

在第 3 章到第 6 章中，我们详细介绍了 FBAR 二维高阶板理论的研究工作，包括理论的建立和应用。在高阶板理论的建立过程中，通过一维无限大板模型的频散关系研究，确定了修正系数的具体值，验证了板理论的准确性；通过二维截面模型的研究，归纳了模态耦合效应、能陷效应、寄生模态响应等关键物理现象的变化规律；特别地，针对 TS-FBAR，通过等效三维模型的研究，揭示了三维结构的耦合振动特性。

前文我们已经提到，三维模型分析是 FBAR 结构振动研究必不可少的关键环节。在三维模型的研究上，传统有限元法分析效率有限，难以实际应用。二维高阶板理论将位移沿厚度方向进行幂级数展开，忽略无关的高阶位移分量，再利用修正系数校准长波长区域的频散特性，使分析精度能够得到有效保障。在第 6 章中，我们将二维高阶板理论与有限元法进行结合，实现了对 FBAR 三维模型的有限分析。毫无疑问，基于二维高阶板理论建立的等效三维模型，分析效率要远远高于基于传统有限元法建立的三维精确模型。

在 FBAR 的设计分析工作中，电极形状是谐振器最终性能表现的关键影响因素。然而，基于二维高阶板理论的等效三维模型在电极形状的研究工作中分析效率依然有限，因此，我们仍需寻求更加高效的结构分析方法，也就是本章将要介绍的二维标量微分方程。根据线弹性压电理论的基础知识，压电薄膜 c 轴的极化方向决定了 FBAR 中能够被驱动电极激发的振动模态：当 c 轴极化方向垂直于压电薄膜厚度方向时，厚度激励只激发 TE 模态；当 c 轴极化方向平行于压电薄膜厚度方向时，厚度激励只激发 TS 模态；而当 c 轴极化方向既不平行也不垂直于压电薄膜厚度方向时，厚度激励可以同时激发 TE 模态和 TS 模态。本章我们将建立用于描述以 TE 模态为工作模态的 TE-FBAR 自由振动的二维标量微分方程。因此本章仅选取 c 轴极化方向垂直于压电薄膜厚度方向的 TE-FBAR 作为研究对象，其截面结构简化示意图如图 7.1 所示[1, 2]。

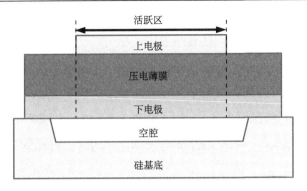

图 7.1　空腔型 FBAR 截面示意图

7.2　理　论　基　础

　　根据 FBAR 中压电薄膜上表面的电学边界条件，可以将 FBAR 的结构分为两个部分：①压电薄膜上表面电学短路，该部分通常由下电极、压电薄膜和上电极三层结构组成，我们称该部分为"活跃区域"，如图 7.2 所示；②压电薄膜上表面电学开路，该部分的简化模型通常为二层或三层结构，压电薄膜上表面无驱动电极或者覆盖一层不导电的绝缘弹性层，我们通常称该部分为"衰减区域"。本节将从最为基本的线弹性压电理论出发，给出用于描述图 7.2 所示的活跃区域自由振动二维标量微分方程的推导过程，而描述衰减区域(压电薄膜上表面电学开路)的二维标量微分方程可由本节所推导的结果退化得到。

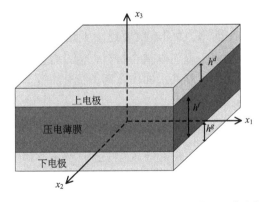

图 7.2　FBAR 覆盖驱动电极(活跃区域)模型及其坐标系

7.2.1 纯厚度拉伸振动

如第 1 章所述，AlN 和 ZnO 是制备 FBAR 中压电薄膜最为常用的材料，它们皆属于六方晶系。六方晶系压电薄膜的控制方程和本构方程可具体写为

$$c_{11}^f u_{1,11} + \left(c_{12}^f + c_{66}^f\right)u_{2,12} + \left(c_{13}^f + c_{44}^f\right)u_{3,13} + c_{66}^f u_{1,22} + c_{44}^f u_{1,33} + \left(e_{31}^f + e_{15}^f\right)\varphi_{,13} = \rho^f \ddot{u}_1$$

$$c_{66}^f u_{2,11} + \left(c_{12}^f + c_{66}^f\right)u_{1,12} + \left(c_{13}^f + c_{44}^f\right)u_{3,23} + c_{11}^f u_{2,22} + c_{44}^f u_{2,33} + \left(e_{31}^f + e_{15}^f\right)\varphi_{,23} = \rho^f \ddot{u}_2$$

$$\left(c_{44}^f + c_{13}^f\right)\left(u_{1,13} + u_{2,23}\right) + c_{44}^f\left(u_{3,11} + u_{3,22}\right) + c_{33}^f u_{3,33} + e_{15}^f \varphi_{,11} + e_{15}^f \varphi_{,22} + e_{33}^f \varphi_{,33} = \rho^f \ddot{u}_3$$

$$e_{15}^f\left(u_{3,11} + u_{3,22}\right) + \left(e_{31}^f + e_{15}^f\right)\left(u_{1,13} + u_{2,23}\right) + e_{33}^f u_{3,33} - \varepsilon_{11}^f \varphi_{,11} - \varepsilon_{11}^f \varphi_{,22} - \varepsilon_{33}^f \varphi_{,33} = 0$$

$$(7.1)$$

$$T_{11} = c_{11}^f u_{1,1} + c_{12}^f u_{2,2} + c_{13}^f u_{3,3} + e_{31}^f \varphi_{,3}$$

$$T_{22} = c_{12}^f u_{1,1} + c_{11}^f u_{2,2} + c_{13}^f u_{3,3} + e_{31}^f \varphi_{,3}$$

$$T_{33} = c_{13}^f u_{1,1} + c_{13}^f u_{2,2} + c_{33}^f u_{3,3} + e_{33}^f \varphi_{,3}$$

$$T_{23} = c_{44}^f\left(u_{3,2} + u_{2,3}\right) + e_{15}^f \varphi_{,2}$$

$$T_{13} = c_{44}^f\left(u_{3,1} + u_{1,3}\right) + e_{15}^f \varphi_{,1} \qquad (7.2)$$

$$T_{12} = c_{66}^f\left(u_{2,1} + u_{1,2}\right)$$

$$D_1 = e_{15}^f\left(u_{3,1} + u_{1,3}\right) - \varepsilon_{11}^f \varphi_{,1}$$

$$D_2 = e_{15}^f\left(u_{3,2} + u_{2,3}\right) - \varepsilon_{11}^f \varphi_{,2} \qquad (7.3)$$

$$D_3 = e_{31}^f\left(u_{1,1} + u_{2,2}\right) + e_{33}^f u_{3,3} - \varepsilon_{33}^f \varphi_{,3}$$

式中，上标 f 代表压电薄膜。对于本章所研究的 TE-FBAR 而言，在其工作频率范围内沿面内方向(x_1-x_2 平面)传播的波数要远小于沿厚度方向(x_3 方向)传播的波数，并且 AlN 和 ZnO 都属于弱压电耦合材料，因此在压电薄膜中我们仅考虑电学场量沿厚度方向的变化而忽略其沿面内方向的变化[3-5]，即 $\partial/\partial x_1 = \partial/\partial x_2 = 0$。因此，上述方程可简化为

$$c_{11}^f u_{1,11} + \left(c_{12}^f + c_{66}^f\right)u_{2,12} + \left(c_{13}^f + c_{44}^f\right)u_{3,13} + c_{66}^f u_{1,22} + c_{44}^f u_{1,33} = \rho^f \ddot{u}_1$$

$$c_{66}^f u_{2,11} + \left(c_{12}^f + c_{66}^f\right)u_{1,12} + \left(c_{13}^f + c_{44}^f\right)u_{3,23} + c_{11}^f u_{2,22} + c_{44}^f u_{2,33} = \rho^f \ddot{u}_2$$

$$\left(c_{44}^f + c_{13}^f\right)\left(u_{1,13} + u_{2,23}\right) + c_{44}^f\left(u_{3,11} + u_{3,22}\right) + c_{33}^f u_{3,33} + e_{33}^f \varphi_{,33} = \rho^f \ddot{u}_3 \qquad (7.4)$$

$$e_{33}^f u_{3,33} - \varepsilon_{33}^f \varphi_{,33} = 0$$

$$T_{11} = c_{11}^f u_{1,1} + c_{12}^f u_{2,2} + c_{13}^f u_{3,3} + e_{31}^f \varphi_{,3}$$

$$T_{22} = c_{12}^f u_{1,1} + c_{11}^f u_{2,2} + c_{13}^f u_{3,3} + e_{31}^f \varphi_{,3}$$

$$T_{33} = c_{13}^{f} u_{1,1} + c_{13}^{f} u_{2,2} + c_{33}^{f} u_{3,3} + e_{33}^{f} \varphi_{,3}$$

$$T_{23} = c_{44}^{f} \left(u_{3,2} + u_{2,3} \right)$$

$$T_{13} = c_{44}^{f} \left(u_{3,1} + u_{1,3} \right) \tag{7.5}$$

$$T_{12} = c_{66}^{f} \left(u_{2,1} + u_{1,2} \right)$$

$$D_{3} = e_{33}^{f} u_{3,3} - \varepsilon_{33}^{f} \varphi_{,3} \tag{7.6}$$

对于 FBAR 的上下电极，所选取的材料通常为 Al、Au 和 Mo 等立方晶系材料，其控制方程和本构方程分别为

$$c_{11}^{d} u_{1,11} + \left(c_{13}^{d} + c_{66}^{d} \right) \left(u_{2,12} + u_{3,13} \right) + c_{44}^{d} \left(u_{1,22} + u_{1,33} \right) = \rho^{d} \ddot{u}_{1}$$

$$c_{44}^{d} u_{2,11} + \left(c_{13}^{d} + c_{44}^{d} \right) \left(u_{1,12} + u_{3,23} \right) + c_{11}^{d} u_{2,22} + c_{44}^{d} u_{2,33} = \rho^{d} \ddot{u}_{2} \tag{7.7}$$

$$\left(c_{44}^{d} + c_{13}^{d} \right) \left(u_{1,13} + u_{2,23} \right) + c_{44}^{d} \left(u_{3,11} + u_{3,22} \right) + c_{33}^{d} u_{3,33} = \rho^{d} \ddot{u}_{3}$$

$$T_{11} = c_{11}^{d} u_{1,1} + c_{13}^{d} u_{2,2} + c_{13}^{d} u_{3,3}$$

$$T_{22} = c_{13}^{d} u_{1,1} + c_{11}^{d} u_{2,2} + c_{13}^{d} u_{3,3}$$

$$T_{33} = c_{13}^{d} u_{1,1} + c_{13}^{d} u_{2,2} + c_{33}^{d} u_{3,3}$$

$$T_{23} = c_{44}^{d} \left(u_{3,2} + u_{2,3} \right) \tag{7.8}$$

$$T_{13} = c_{44}^{d} \left(u_{3,1} + u_{1,3} \right)$$

$$T_{12} = c_{44}^{d} \left(u_{2,1} + u_{1,2} \right)$$

式中，上标 d 代表上电极。下电极与上电极同属于立方晶系，在后续的推导过程中用上标 g 表示，其控制方程与本构方程在此不再具体列出。FBAR 层合板厚度方向的边界条件和连续性条件为

$$T_{3j}^{d} = 0, \quad 在 x_{3} = h^{d} + h^{f} 处$$

$$T_{3j}^{f} = T_{3j}^{d}, \quad u_{j}^{f} = u_{j}^{d}, \quad \varphi = 0 \text{ 或 } D_{3} = 0, 在 x_{3} = h^{f} 处$$

$$T_{3j}^{f} = T_{3j}^{g}, \quad u_{j}^{f} = u_{j}^{g}, \quad \varphi = 0, 在 x_{3} = 0 处 \tag{7.9}$$

$$T_{3j}^{g} = 0, \quad 在 x_{3} = -h^{g} 处$$

正如上述所说，根据电学边界条件的不同，我们将 FBAR 划分成两类区域。因此，在方程(7.9)中，在上电极和压电薄膜的交界面 $x_3=h^f$ 处列出了两种电学边界条件。

　　TE-FBAR 的工作频率范围在横向无限大板模型的截止频率附近，为了得到其工作频率范围内的近似频散关系，我们首先需要求解横向尺寸无限大板模型纯厚度拉伸振动模态的谐振频率。对于纯厚度振动，所有物理量沿着面内两个方向无变化，即 $\partial/\partial x_1 = 0$, $\partial/\partial x_2 = 0$。因此压电薄膜及上、下电极的运动方程分别为

$$c_{55}^f u_{1,33} = \rho \ddot{u}_1, \quad c_{33}^f u_{3,33} + e_{33}^f \varphi_{,33} = \rho \ddot{u}_3, \quad e_{33}^f u_{3,33} - \varepsilon_{33}^f \varphi_{,33} = 0$$

$$c_{55}^d u_{1,33} = \rho \ddot{u}_1, \quad c_{33}^d u_{3,33} = \rho \ddot{u}_3 \tag{7.10}$$

$$c_{55}^g u_{1,33} = \rho \ddot{u}_1, \quad c_{33}^g u_{3,33} = \rho \ddot{u}_3$$

根据方程 $e_{33}^f u_{3,33}^f - \varepsilon_{33}^f \varphi_{,33} = 0$，可确定电势解的形式为

$$\varphi = \frac{e_{33}^f}{\varepsilon_{33}^f} u_3^f + L_1 x_3 + L_2 \tag{7.11}$$

当压电薄膜上表面为电学开路而下表面为电学短路时，有

$$D_3^f \left(h^f \right) = 0, \quad \phi(0) = 0 \tag{7.12}$$

联立方程(7.11)和方程(7.12)，得

$$L_1 = 0, \quad L_2 = -\frac{e_{33}^f}{\varepsilon_{33}^f} u_3^f(0) \tag{7.13}$$

当压电薄膜上下表面均为电学短路时，有

$$\phi \left(h^f \right) = 0, \quad \phi(0) = 0 \tag{7.14}$$

联立方程(7.11)和方程(7.14)，得

$$L_1 = -\frac{e_{33}^f}{h^f \varepsilon_{33}^f} \left[u_3^f \left(h^f \right) - u_3^f(0) \right], \quad L_2 = -\frac{e_{33}^f}{\varepsilon_{33}^f} u_3^f(0) \tag{7.15}$$

因此，可得电势的解为

$$\overline{\varphi} = \frac{e_{33}^f}{\varepsilon_{33}^f} \left[u_3^f - u_3^f \big|_{x_3=0} + \frac{x_3}{h^f} \left(u_3^f \big|_{x_3=0} - u_3^f \big|_{x_3=h^f} \right) \right]$$

$$\varphi = \frac{e_{33}^f}{\varepsilon_{33}^f} \left(u_3^f - u_3^f \big|_{x_3=0} \right) \tag{7.16}$$

式中，$\overline{\varphi}$ 和 φ 分别代表压电薄膜上表面电学短路和电学开路的电势解。将电势解代入压电层的运动方程，得

$$\begin{bmatrix} c_{55}^f & \\ & \overline{c}_{33}^f \end{bmatrix} \begin{bmatrix} u_{1,33} \\ u_{3,33} \end{bmatrix} = \rho \begin{bmatrix} \ddot{u}_1 \\ \ddot{u}_3 \end{bmatrix} \tag{7.17}$$

式中，$\overline{c}_{33}^f = c_{33}^f + e_{33}^2 / \varepsilon_{33}^f$。上述两个运动方程是解耦的，本章只考虑厚度拉伸振动模态，因此考虑各层的运动方程为

$$\overline{c}_{33}^f u_{3,33}^f = \rho^f \ddot{u}_3^f, \quad c_{33}^d u_{3,33}^d = \rho^d \ddot{u}_3^d, \quad c_{33}^g u_{3,33}^g = \rho^g \ddot{u}_3^g \tag{7.18}$$

纯厚度振动的位移假设为

$$u_3^f = A_1^f \mathrm{e}^{\mathrm{i}\eta_f x_3} + A_3^f \mathrm{e}^{-\mathrm{i}\eta_f x_3}, u_3^d = A_1^d \mathrm{e}^{\mathrm{i}\eta_d x_3} + A_3^d \mathrm{e}^{-\mathrm{i}\eta_d x_3}, u_3^g = A_1^g \mathrm{e}^{\mathrm{i}\eta_g x_3} + A_3^g \mathrm{e}^{-\mathrm{i}\eta_g x_3} \tag{7.19}$$

式中，η_f、η_d 和 η_g 分别为压电薄膜、驱动电极和下电极中沿 x_3 方向的波数。将位移假设 (7.19) 代入运动方程 (7.18)，我们得到

$$\eta_f^2 \overline{c}_{33}^f = \rho^f \omega^2, \quad \eta_d^2 c_{33}^d = \rho^d \omega^2, \quad \eta_g^2 c_{33}^g = \rho^g \omega^2 \tag{7.20}$$

于是有

$$\eta_f = \frac{\omega}{\sqrt{\overline{c}_{33}^f / \rho^f}}, \quad \eta_s = \mu_s \eta_f, \quad \eta_p = \mu_p \eta_f$$

$$\mu_s = \sqrt{\frac{\overline{c}_{33}^f \rho^s}{c_{33}^s \rho^f}}, \quad \mu_p = \sqrt{\frac{\overline{c}_{33}^f \rho^p}{c_{33}^p \rho^f}} \tag{7.21}$$

为了后续推导过程的简便，我们需做如下关系代换：

$$\begin{bmatrix} \beta_1^f \\ \beta_2^f \end{bmatrix} = \begin{bmatrix} 1 & 1 \\ 1 & -1 \end{bmatrix} \begin{bmatrix} A_1^f \\ A_2^f \end{bmatrix}, \qquad \begin{bmatrix} \beta_{1h}^f \\ \beta_{2h}^f \end{bmatrix} = \begin{bmatrix} \mathrm{e}^{\mathrm{i}\eta_f h^f} & \mathrm{e}^{-\mathrm{i}\eta_f h^f} \\ \mathrm{e}^{\mathrm{i}\eta_f h^f} & -\mathrm{e}^{-\mathrm{i}\eta_f h^f} \end{bmatrix} \begin{bmatrix} A_1^f \\ A_2^f \end{bmatrix}$$

$$\begin{bmatrix} \beta_1^d \\ \beta_2^d \end{bmatrix} = \begin{bmatrix} \mathrm{e}^{\mathrm{i}\eta_f h^f} & \mathrm{e}^{-\mathrm{i}\eta_f h^f} \\ \mathrm{e}^{\mathrm{i}\eta_f h^f} & -\mathrm{e}^{-\mathrm{i}\eta_f h^f} \end{bmatrix} \begin{bmatrix} A_1^d \\ A_2^d \end{bmatrix}, \quad \begin{bmatrix} \beta_{1h}^d \\ \beta_{2h}^d \end{bmatrix} = \begin{bmatrix} \mathrm{e}^{\mathrm{i}\eta_f \left(h^f + h^d\right)} & \mathrm{e}^{-\mathrm{i}\eta_f \left(h^f + h^d\right)} \\ \mathrm{e}^{\mathrm{i}\eta_f \left(h^f + h^d\right)} & -\mathrm{e}^{-\mathrm{i}\eta_f \left(h^f + h^d\right)} \end{bmatrix} \begin{bmatrix} A_1^d \\ A_2^d \end{bmatrix}$$

$$\begin{bmatrix} \beta_1^g \\ \beta_2^g \end{bmatrix} = \begin{bmatrix} 1 & 1 \\ 1 & -1 \end{bmatrix} \begin{bmatrix} A_1^g \\ A_2^g \end{bmatrix}, \qquad \begin{bmatrix} \beta_{1h}^g \\ \beta_{2h}^g \end{bmatrix} = \begin{bmatrix} \mathrm{e}^{-\mathrm{i}\eta_f h^g} & \mathrm{e}^{\mathrm{i}\eta_f h^g} \\ \mathrm{e}^{-\mathrm{i}\eta_f h^g} & -\mathrm{e}^{\mathrm{i}\eta_f h^g} \end{bmatrix} \begin{bmatrix} A_1^g \\ A_2^g \end{bmatrix} \tag{7.22}$$

进一步，可得方程 (7.22) 中系数之间的关系为

$$\begin{bmatrix} \beta_{1h}^f \\ \beta_{2h}^f \end{bmatrix} = \begin{bmatrix} E_{11}^f & E_{12}^f \\ E_{12}^f & E_{11}^f \end{bmatrix} \begin{bmatrix} \beta_1^f \\ \beta_2^f \end{bmatrix}$$

$$\begin{bmatrix} \beta_{1h}^d \\ \beta_{2h}^d \end{bmatrix} = \begin{bmatrix} E_{11}^d & E_{12}^d \\ E_{12}^d & E_{11}^d \end{bmatrix} \begin{bmatrix} \beta_1^d \\ \beta_2^d \end{bmatrix} \tag{7.23}$$

$$\begin{bmatrix} \beta_{1h}^g \\ \beta_{2h}^g \end{bmatrix} = \begin{bmatrix} E_{11}^g & E_{12}^g \\ E_{12}^g & E_{11}^g \end{bmatrix} \begin{bmatrix} \beta_1^g \\ \beta_2^g \end{bmatrix}$$

TE-FBAR 纯厚度振动情况下的边界条件和本构关系为

$$T_{33}^d = 0, \quad \text{在 } x_3 = h^d + h^f \text{ 处}$$

$$T_{33}^f = T_{33}^d, \quad u_3^f = u_3^d, \quad \varphi = 0 \text{ 或 } D_3 = 0, \text{在 } x_3 = h^f \text{ 处}$$

$$T_{33}^f = T_{33}^g, \quad u_3^f = u_3^g, \quad \varphi = 0, \text{在} x_3 = 0 \text{处} \tag{7.24}$$
$$T_{33}^g = 0, \quad \text{在} x_3 = -h^g \text{处}$$

$$T_{33}^f = c_{33}^f u_{3,3} + e_{33}^f \varphi_{,3}, D_3 = e_{33}^f u_{3,3} - \varepsilon_{33}^f \varphi_{,3}, \tag{7.25}$$
$$T_{33}^d = c_{33}^d u_{3,3}, T_{33}^g = c_{33}^g u_{3,3}$$

联立方程(7.19)～方程(7.25)，对于压电层上表面电学短路，有

$$\begin{bmatrix} c_{33}^d i\eta_d E_{12}^d E_{11}^f - \left(e\left(E_{11}^f - 1\right) - \bar{c}_{33}^f i\eta_f E_{12}^f \right) E_{11}^d & E_{12}^f \left(c_{33}^d i\eta_d E_{12}^d - eE_{11}^d \right) + \bar{c}_{33}^f i\eta_f E_{11}^f E_{11}^d \\ c_{33}^g i\eta_f E_{12}^g - e\left(E_{11}^f - 1\right)E_{11}^g & \bar{c}_{33}^f i\eta_f E_{11}^g - eE_{12}^f E_{11}^g \end{bmatrix} \begin{bmatrix} \beta_1^f \\ \beta_2^f \end{bmatrix} = 0 \tag{7.26}$$

式中，$e = \left(e_{33}^f\right)^2 / \varepsilon_{33}^f h^f$。为确保振幅系数有非平凡解，方程(7.26)中的系数行列式的值为 0，进一步化简，有

$$\left[1 - c^{rd} \mu^d \tan\left(\mu^d \eta_f h^d\right) \tan\left(\eta_f h^f\right) \right] c^{rg} \mu^g \tan\left(\mu^g \eta_f h^g\right) + c^{rd} \mu^d \tan\left(\mu^d \eta_f h^d\right)$$
$$+ \tan\left(\eta_f h^f\right) - \frac{e^s}{\eta_f \bar{c}_{33}^f} \left[\tan\left(\eta_f h^f\right) c^{rg} \mu^g \tan\left(\mu^g \eta_f h^g\right) \right.$$
$$\left. -2\left(\sec\left(\eta_f h^f\right) - 1\right) - c^{rd} \mu^d \tan\left(\mu^d \eta_f h^d\right) \tan\left(\eta_f h^f\right) \right] = 0 \tag{7.27}$$

式中，

$$c^{rg} = \bar{c}_{33}^f / c_{33}^g, \quad c^{rd} = \bar{c}_{33}^f / c_{33}^d \tag{7.28}$$

我们将方程(7.27)的解记为 $\bar{\eta}_f$，其所对应频率可由方程(7.20)求得，记为 $\bar{\omega}_s$，该频率即为压电层上表面电学短路情况下纯厚度拉伸振动模态的谐振频率。显然，方程(7.27)有无数多个解，分别对应于这类板结构的无数多个厚度拉伸振动模态的谐振频率。在此，我们只考虑以一阶厚度拉伸模态为工作模态的 TE-FBAR，因此只选取数值最小的正数解，记为 $\bar{\eta}_f^0$。通过观察我们可以发现，当压电层上表面边界条件为电学开路时，其所对应的解可通过令方程(7.27)中的 e^s=0 退化得到，分别记为 η_f^0 和 ω_p。

7.2.2　小扰动假设

本小节我们将推导一个能够描述 TE-FBAR 位移场沿 x_1 方向变化的标量微分方程。在推导开始前，我们引入高阶小量近似假设。首先阐述两个已有结论[3,6-8]：①对于 TE-FBAR，其工作频率范围在 TE 模态的截止频率附近，因此面内(x_1-x_2 平面)方向的波数 ξ 和 v 远小于厚度方向的波数 η_f、η_g 及 η_d；②在工作频率范围内，

位移分量 u_1 和 u_2 远小于位移分量 u_3。考虑到上述结论，我们可以将推导过程中涉及的物理量进行如下排序。

零阶小量：$u_{3,33}, \eta_f, \eta_g, \eta_d$

一阶小量：$u_{3,13}, u_{1,33}, u_{2,33}, \xi, v$

二阶小量：$u_{3,11}, u_{3,22}, u_{3,12}, u_{1,13}, u_{1,23}, u_{2,13}, u_{2,23}$

三阶小量：$u_{1,11}, u_{1,12}, u_{1,22}, u_{2,11}, u_{2,12}, u_{2,22}$

上述排序中，小量的阶数越高，其数值量级越小。在本章的推导过程中，我们认为三阶及三阶以上的小量对整体振动分布的作用为微小扰动，对这些高阶小量进行近似忽略，即所谓的小扰动假设。该近似假设的准确性将在后续的数值算例中得到检验。

考虑直峰波假设，各层中的运动方程为

$$c_{11}^f u_{1,11} + (c_{13}^f + c_{44}^f)u_{3,13} + c_{44}^f u_{1,33} = \rho^f \ddot{u}_1 \tag{7.29}$$
$$(c_{44}^f + c_{13}^f)u_{1,13} + c_{44}^f u_{3,11} + \bar{c}_{33}^f u_{3,33} = \rho^f \ddot{u}_3$$

$$c_{11}^d u_{1,11} + (c_{13}^d + c_{66}^d)u_{3,13} + c_{44}^d u_{1,33} = \rho^d \ddot{u}_1 \tag{7.30}$$
$$(c_{44}^d + c_{13}^d)u_{1,13} + c_{44}^d u_{3,11} + c_{33}^d u_{3,33} = \rho^d \ddot{u}_3$$

通常 FBAR 的上下电极均为立方晶系，上式仅给出了上电极的运动方程，下电极的方程及后面可能涉及的位移解在形式上都可通过将上电极方程中的上标 d 改为 g 得到，因此在接下来的表述中不再一一赘述。边界条件为

$$c_{44}^d\left(u_{3,1}^d + u_{1,3}^d\right) = 0, \; c_{13}^d u_{1,1}^d + c_{33}^d u_{3,3}^d = 0, \quad 在 x_3 = h^d + h^f 处$$

$$c_{44}^f\left(u_{3,1}^f + u_{1,3}^f\right) = c_{44}^d\left(u_{3,1}^d + u_{1,3}^d\right)$$

$$c_{13}^f u_{1,1}^f + \bar{c}_{33}^f u_{3,3}^f + e^s\left(u_3^f\big|_{x_3=0} - u_3^f\big|_{x_3=h^f}\right) = c_{13}^d u_{1,1}^d + c_{33}^d u_{3,3}^d$$

$$u_1^f = u_1^d, \quad u_3^f = u_3^d, \quad 在 x_3 = h^f 处$$

$$c_{44}^f\left(u_{3,1}^f + u_{1,3}^f\right) = c_{44}^f\left(u_{3,1}^g + u_{1,3}^g\right) \tag{7.31}$$

$$c_{13}^f u_{1,1}^f + \bar{c}_{33}^f u_{3,3}^f + e^s\left(u_3^f\big|_{x_3=0} - u_3^f\big|_{x_3=h^f}\right) = c_{13}^g u_{1,1}^g + c_{33}^g u_{3,3}^g$$

$$u_1^f = u_1^g, \; u_3^f = u_3^g, \quad 在 x_3 = 0 处$$

$$c_{44}^g\left(u_{3,1}^g + u_{1,3}^g\right) = 0, \; c_{13}^g u_{1,1}^g + c_{33}^g u_{3,3}^g = 0, \quad 在 x_3 = -h^g 处$$

同前文中处理纯厚度振动问题一样，这里我们也仅给出压电薄膜上表面电学短路条件下方程的推导过程，电学开路情况的解可通过令 $e^s=0$ 退化得到。作为方程(7.29)的解，压电薄膜中的位移解为

$$u_3^f = \left(A_1^f e^{i\eta_f x_3} + A_3^f e^{-i\eta_f x_3} \right) e^{-\xi x_1}$$

$$u_1^f = \left(B_1^f e^{i\eta_f x_3} + B_3^f e^{-i\eta_f x_3} \right) e^{-\xi x_1}$$

$$\tag{7.32}$$

将位移解(7.32)代入运动方程(7.29)中，有

$$\begin{bmatrix} \sigma_{11} & \sigma_{12} \\ \sigma_{12} & \sigma_{22} \end{bmatrix} \begin{bmatrix} B_1^f \\ A_1^f \end{bmatrix} = 0, \quad \begin{bmatrix} \sigma_{11} & -\sigma_{12} \\ -\sigma_{12} & \sigma_{22} \end{bmatrix} \begin{bmatrix} B_3^f \\ A_3^f \end{bmatrix} = 0 \tag{7.33}$$

式中，

$$\sigma_{11} = c_{11}^f \xi^2 - c_{55}^f \eta_f^2 + \omega^2 \rho^f$$

$$\sigma_{12} = -\left(c_{13}^f + c_{55}^f \right) i \eta_f \xi \tag{7.34}$$

$$\sigma_{22} = c_{55}^f \xi^2 - \bar{c}_{33}^f \eta_f^2 + \omega^2 \rho^f$$

当待定振幅系数前的矩阵行列式的值为 0 时，振幅系数才有非零解。很明显，方程(7.33)中的两个行列式的值是相同的。因此，对于一组给定的 ω 和 ξ，行列式分别产生两个独立的解 η_{f1} 和 η_{f2}，并且每个解都对应一组独立的振幅比：

$$B_1^{f1} = -\frac{\sigma_{12}}{\sigma_{11}} A_1^{f1}, \quad B_3^{f1} = \frac{\sigma_{12}}{\sigma_{11}} A_3^{f1}$$

$$A_1^{f2} = -\frac{\sigma_{12}}{\sigma_{22}} B_1^{f2}, \quad A_3^{f2} = \frac{\sigma_{12}}{\sigma_{22}} B_3^{f2} \tag{7.35}$$

因此，压电薄膜的位移解可写为

$$u_3^f = \left(A_1^{f1} e^{i\eta_{f1} x_3} + A_3^{f1} e^{-i\eta_{f1} x_3} + A_1^{f2} e^{i\eta_{f2} x_3} + A_3^{f2} e^{-i\eta_{f2} x_3} \right) e^{-\xi x_1}$$

$$u_1^f = \left(B_1^{f1} e^{i\eta_{f1} x_3} + B_3^{f1} e^{-i\eta_{f1} x_3} + B_1^{f2} e^{i\eta_{f2} x_3} + B_3^{f2} e^{-i\eta_{f2} x_3} \right) e^{-\xi x_1}$$

$$\tag{7.36}$$

回到方程(7.33)，当行列式的值为 0 时，只保留零阶小量，有

$$\eta_{f1}^0 = \sqrt{\omega^2 \rho^f / \bar{c}_{33}^f} \equiv \bar{\eta}_f^0, \quad \eta_{f2}^0 = \sqrt{\omega^2 \rho^f / c_{55}^f} \tag{7.37}$$

当保留二阶小量时，有

$$B_1^{f1} = r^f \frac{\xi}{\eta_{f1}} A_1^{f1}, \quad A_1^{f2} = -r^f \frac{\xi}{\eta_{f2}} B_1^{f2}$$

$$B_3^{f1} = -r^f \frac{\xi}{\eta_{f1}} A_3^{f1}, \quad A_3^{f2} = r^f \frac{\xi}{\eta_{f2}} B_3^{f2} \tag{7.38}$$

式中，$r^f = i \left(c_{13}^f + c_{55}^f \right) / \left(\bar{c}_{33}^f - c_{55}^f \right)$。由于 TE-FBAR 的工作频率范围在截止频率附近，可做如下假设：

$$\eta_{f1} = \eta_{f1}^0 + \delta_f, \quad \eta_{d1} = \eta_{d1}^0 + \delta_d, \quad \eta_{g1} = \eta_{g1}^0 + \delta_g \tag{7.39}$$

式中，δ_f、δ_d 和 δ_g 均为小量。将式(7.39)代入式(7.33)中，且仅保留 δ_f 的线性项，令行列式的值为 0，可得如下表达式：

$$g^f\xi^2 - \bar{c}_{33}^f\left[\left(\bar{\eta}_f^0\right)^2 + 2\bar{\eta}_f^0\delta_f\right] + \omega^2\rho^f = 0 \tag{7.40}$$

联立方程(7.20)，有

$$g^f\xi^2 - 2\bar{c}_{33}^f\eta_f^0\delta_f + \left(\omega^2 - \omega_s^2\right)\rho^f = 0 \tag{7.41}$$

式中，

$$g^f = c_{55}^f - \mathrm{i}\left(c_{13}^f + c_{55}^f\right)r^f \tag{7.42}$$

重复上述过程，可以很容易地得到电极层的结果。我们在这里直接给出：

$$u_3^d = \left(A_1^{d1}\mathrm{e}^{\mathrm{i}\eta_{d1}x_3} + A_3^{d1}\mathrm{e}^{-\mathrm{i}\eta_{d1}x_3} + A_1^{d2}\mathrm{e}^{\mathrm{i}\eta_{d2}x_3} + A_3^{d2}\mathrm{e}^{-\mathrm{i}\eta_{d2}x_3}\right)\mathrm{e}^{-\xi x_1}$$
$$u_1^d = \left(B_1^{d1}\mathrm{e}^{\mathrm{i}\eta_{d1}x_3} + B_3^{d1}\mathrm{e}^{-\mathrm{i}\eta_{d1}x_3} + B_1^{d2}\mathrm{e}^{\mathrm{i}\eta_{d2}x_3} + B_3^{d2}\mathrm{e}^{-\mathrm{i}\eta_{d2}x_3}\right)\mathrm{e}^{-\xi x_1} \tag{7.43}$$

$$g^d\xi^2 - 2c_{33}^d\eta_d^0\delta_d + \left(\omega^2 - \omega_s^2\right)\rho^f = 0 \tag{7.44}$$

式中，

$$B_1^{d1} = r^d\frac{\xi}{\eta_{d1}}A_1^{d1}, A_1^{d2} = -r^d\frac{\xi}{\eta_{d2}}B_1^{d2}, B_3^{d1} = -r^d\frac{\xi}{\eta_{d1}}A_3^{d1}, A_3^{d2} = r^d\frac{\xi}{\eta_{d2}}B_3^{d2},$$
$$g^d = c_{55}^d - \mathrm{i}\left(c_{13}^d + c_{55}^d\right)r^d \tag{7.45}$$

联立方程(7.44)与方程(7.41)，得

$$\delta_d = K_d\xi^2 + \mu^d\delta_f, \ K_d = -\frac{\left(\rho^d g^f - \rho^f g^d\right)}{2c_{33}^d\eta_{d1}^0\rho^d} \tag{7.46}$$

将位移解代入边界条件方程中，展开振幅系数前的行列式，并且仅保留关于 δ_i（$i=f,\ d,\ g$）的线性项和 ξ 的二次项，得到

$$W\xi^2 + LQ\delta_f + LR\xi^2 = 0 \tag{7.47}$$

关于方程(7.47)的详细推导过程相对冗长，我们在附录中给出。W、L、Q 和 R 的表达式也在附录中给出。联立方程(7.47)与方程(7.41)，得到

$$M_s\xi^2 + \left(\omega^2 - \omega_s^2\right)\rho^f = 0 \tag{7.48}$$

式中，

$$M_s = g^f - 2\bar{\eta}_f^0\bar{c}_{33}^f(W - LR)\big/LQ \tag{7.49}$$

如前所述，对于压电薄膜上表面电学开路的情况，M_p 可通过 $e^s=0$ 退化得到，因此有

$$M_p \xi^2 + \left(\omega^2 - \omega_p^2\right)\rho^f = 0 \tag{7.50}$$

方程(7.48)和方程(7.50)给出了 TE-FBAR 两种电学边界条件下在小波数范围内的近似频散关系，对该近似频散关系的精确度讨论将在后面给出。

7.2.3　二维标量微分方程

7.2.2 节中我们得到了直峰波假设下 TE-FBAR 沿 x_1 方向的小波数范围内的近似频散关系。由于 FBAR 的压电薄膜(AlN 或 ZnO)在 x_1-x_2 平面上是横观各向同性的，且上下电极所选取的材料属于立方晶系，所以 7.2.2 节中的近似解沿着 x_2 方向也同样成立。在本小节中，我们将 7.2.2 节直峰波假设下的近似频散关系推广到 x_1-x_2 平面上，使其能够描述 TE-FBAR 面内的位移场变化规律。

由于压电薄膜在 x_1-x_2 平面上是各向同性的，我们只需要考虑上下电极。方程(7.7)和方程(7.8)分别给出了立方晶系材料在本章坐标系下的控制方程和本构方程，按照我们之前列出的高阶小量的顺序，将阶数大于二阶的小量 $u_{1,11}$、$u_{1,12}$、$u_{1,22}$、$u_{2,11}$、$u_{2,12}$、$u_{2,22}$ 舍去，有

$$\left(c_{13}^d + c_{44}^d\right)u_{3,13} + c_{44}^d u_{1,33} = \rho^d \ddot{u}_1$$
$$\left(c_{13}^d + c_{44}^d\right)u_{3,23} + c_{44}^d u_{2,33} = \rho^d \ddot{u}_2 \tag{7.51}$$
$$\left(c_{44}^d + c_{13}^d\right)\left(u_{1,13} + u_{2,23}\right) + c_{44}^d\left(u_{3,11} + u_{3,22}\right) + c_{33}^d u_{3,33} = \rho^d \ddot{u}_3$$

$$T_{33} = c_{13}^d\left(u_{1,1} + u_{2,2}\right) + c_{33}^d u_{3,3}$$
$$T_{23} = c_{44}^d\left(u_{3,2} + u_{2,3}\right) \tag{7.52}$$
$$T_{13} = c_{44}^d\left(u_{3,1} + u_{1,3}\right)$$

我们看到方程(7.51)和方程(7.52)中只包含弹性常数 c_{13}^d、c_{66}^d 和 c_{33}^d，下面我们将证明上述方程在 x_1-x_2 平面坐标变换下是不变的。将方程(7.51)中的第一个方程与第二个方程相加并重新整理方程(7.51)中的第三个方程与方程(7.52)，重新得到控制方程：

$$\left(c_{13}^d + c_{44}^d\right)\nabla^p u_{3,3}^d + c_{44}^d \boldsymbol{u}_{,33}^{dp} = \rho^d \ddot{u}_1^{\,dp}$$
$$c_{44}^d\left(\nabla^p\right)^2 u_3^d + \left(c_{13}^d + c_{44}^d\right)\nabla^p \boldsymbol{u}_{,3}^{dp} + c_{33}^d u_{3,33}^d = \rho^d \ddot{u}_1^d \tag{7.53}$$

$$T_{33}^d = c_{13}^d \nabla^p \cdot \boldsymbol{u}^{dp} + c_{33}^d u_{3,3}, \quad \boldsymbol{t}^{dp} = c_{44}^d\left(\nabla^p u_3 + \boldsymbol{u}_{,3}^{dp}\right) \tag{7.54}$$

式中，

$$\boldsymbol{u}^{dp} = \boldsymbol{e}_1 u_1^d + \boldsymbol{e}_2 u_2^d, \, \boldsymbol{t}^{dp} = \boldsymbol{e}_1 T_{31}^d + \boldsymbol{e}_2 T_{32}^d, \, \nabla^p = \boldsymbol{e}_1 \frac{\partial}{\partial x_1} + \boldsymbol{e}_2 \frac{\partial}{\partial x_2} \tag{7.55}$$

式中，$\boldsymbol{e}_1$ 和 $\boldsymbol{e}_2$ 分别是 x_1 和 x_2 的方向基矢量。方程 (7.53) 和方程 (7.54) 表明在小波数情况下，近似频散关系 (7.48) 沿着 x_1-x_2 平面上任意方向都成立，因此根据方程 (7.48) 与方程 (7.50)，变峰波解为

$$M_s\left(\xi^2 + v^2\right) + \left(\omega^2 - \omega_s^2\right)\rho^f = 0$$
$$M_p\left(\xi^2 + v^2\right) + \left(\omega^2 - \omega_p^2\right)\rho^f = 0 \tag{7.56}$$

进一步，我们得到描述 x_1-x_2 平面内位移场变化的二维标量微分方程如下：

$$M_s\left(\frac{\partial^2 u_3^f}{\partial x_1^2} + \frac{\partial^2 u_3^f}{\partial x_2^2}\right) - \rho^f \ddot{u}_3^f - \rho^f \omega_s^2 u_3^f = 0$$
$$M_p\left(\frac{\partial^2 u_3^f}{\partial x_1^2} + \frac{\partial^2 u_3^f}{\partial x_2^2}\right) - \rho^f \ddot{u}_3^f - \rho^f \omega_p^2 u_3^f = 0 \tag{7.57}$$

将位移解的形式写为

$$u_3^f = \left(A_1^{f1} e^{i\eta_{f1}x_3} + A_3^{f1} e^{-i\eta_{f1}x_3} + A_1^{f2} e^{i\eta_{f2}x_3} + A_3^{f2} e^{-i\eta_{f2}x_3}\right) f(x_1, x_2, t) \tag{7.58}$$

则方程 (7.57) 变为

$$M_s\left(\frac{\partial^2 f(x_1, x_2, t)}{\partial x_1^2} + \frac{\partial^2 f(x_1, x_2, t)}{\partial x_2^2}\right) - \rho^f \ddot{f}(x_1, x_2, t) - \rho^f \omega_s^2 f(x_1, x_2, t) = 0$$

$$M_p\left(\frac{\partial^2 f(x_1, x_2, t)}{\partial x_1^2} + \frac{\partial^2 f(x_1, x_2, t)}{\partial x_2^2}\right) - \rho^f \ddot{f}(x_1, x_2, t) - \rho^f \omega_p^2 f(x_1, x_2, t) = 0$$

$$\tag{7.59}$$

7.3　二维标量微分方程的有限元解法

在 7.2 节中，我们推导了能够描述 TE-FBAR 位移场沿面内变化的二维标量控制方程 (7.59)。与其他二维近似板理论一样，二维标量微分方程可以与其他多种求解方法相结合，对 TE-FBAR 的三维模型进行求解分析。在这些方法中使用相对广泛的有有限元[9]、里兹法[8,10] 及一维有限元[11] 等。与传统石英谐振器不同，FBAR 的驱动电极形状多变，通常在工程实际器件中不是规则的矩形或圆形，因此传统方法在求解驱动电极形状不规则的 FBAR 时需要进行冗长的推导，并且当电极形状改变时，甚至可能还需要重复一遍冗长的推导过程，这使得 FBAR 的分析变得相对烦琐。因此，与第 6 章中介绍的工作类似，我们同样利用 COMSOL

软件的 PDE 模块，对二维标量微分方程进行数值求解。

　　在二维标量微分方程的推导中，我们已经将位移场沿板厚度方向的变量从控制方程(7.59)中分离出来。因此我们首先使用 COMSOL 分析方程(7.59)描述的 TE-FBAR 在 x_1-x_2 平面上的二维平面模型(图 7.3)，再结合从控制方程中分离出的沿厚度方向(x_3 方向)的场变量，即可实现 TE-FBAR 三维模型的仿真分析。我们同样把如图 7.3 所示的厚度方向场量经过处理之后的二维平面模型称为等效三维模型分析。在等效三维模型的有限元分析中，无需对厚度方向进行网格划分，极大地缩减了有限元网格的数量。毫无疑问，等效三维模型的分析结果必然与三维实际模型的结果存在一定的差异。因此，我们会在后续的章节中通过频散关系、频谱关系及振型分析等多个方面证明等效三维模型的准确性及其适用范围。

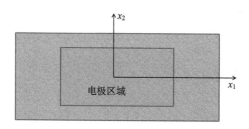

图 7.3　TE-FBAR 模型俯视图

　　选取 PDE 模块的广义型偏微分方程接口，其在 COMSOL 软件中的标准形式为

$$\lambda^2 e_a \boldsymbol{u} - \lambda d_a \boldsymbol{u} + \nabla \cdot \boldsymbol{\Gamma} = \boldsymbol{f} \tag{7.60}$$

结合本章所推导的二维标量微分方程(7.59)，对上式中的变量给出如下表达式：

$$\boldsymbol{u} = f(x_1, x_2), \quad e_a = \frac{\rho}{M_s} \cdot \omega_s^2 \cdot f(x_1, x_2), \quad d_a = 0$$

$$\boldsymbol{\Gamma} = \left[\frac{\partial f(x_1, x_2)}{\partial x}, \frac{\partial f(x_1, x_2)}{\partial y} \right]^{\mathrm{T}}, \quad \boldsymbol{f} = \frac{\rho}{M_s} \cdot \omega_s^2 \cdot f(x_1, x_2) \tag{7.61}$$

式(7.61)中的各个变量在先前的方程推导中均给出过定义。将上述式中的各个变量输入 COMSOL 中相对应的位置，再按照有限元软件使用的常规步骤即可实现等效三维模型的有限元分析。

7.4　结果与讨论

7.4.1　频散关系验证

　　由于我们在公式推导的过程中引入了高阶小量假设,因此首先需要验证所得近似结果的精确程度。根据频散关系的不同,TE-FBAR 可以分为 I 型和 II 型:对于 I 型 TE-FBAR,当器件的工作频率高于 TE 模态的截止频率时,声波能够在器件中沿着横向传播,而当器件的工作频率低于 TE 模态的截止频率时,声波则在器件中沿着横向衰减,其压电薄膜的典型材料为 ZnO;对于 II 型 TE-FBAR,当器件的工作频率高于 TE 模态的截止频率时,声波在器件中沿着横向衰减,而当器件的工作频率低于 TE 模态的截止频率时,声波能够在器件中沿着横向传播,其压电薄膜的典型材料为 AlN。对方程(7.48)和方程(7.50)的观察可知,M 的符号决定了频散关系的类型:当 M 为正时是 I 型频散关系而当 M 为负时是 II 型频散关系。两种类型 TE-FBAR 的频散结果将在本小节中给出。

　　图 7.2 所示的三层结构的频散曲线的近似解和精确解在图 7.4 中给出,其中近似解由方程(7.48)和方程(7.50)得到,精确解由三维线弹性压电理论求得。图 7.4(a)是由两个铝电极和氧化锌压电薄膜组成的 I 型 TE-FBAR 模型的结果,图 7.4(b)是由两个钼电极和氮化铝压电薄膜组成的 II 型 TE-FBAR 模型的结果。

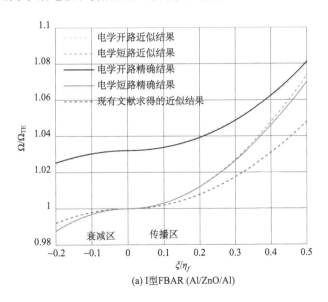

(a) I型FBAR (Al/ZnO/Al)

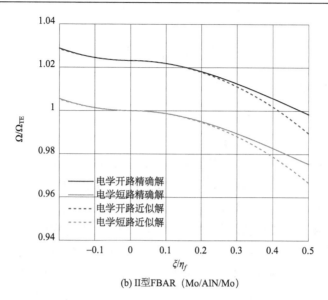

(b) II型FBAR（Mo/AlN/Mo）

图 7.4　横向尺寸无限大三层结构近似频散曲线（虚线）和精确频散曲线（实线）对比

从图 7.4 中可以看出，在 TE-FBAR 的工作频率范围内，即对于波数 ξ 较小的长波长情况，近似解与精确解吻合效果良好。因此可得出结论，在我们感兴趣的 TE-FBAR 的工作频率范围内，近似理论具有足够的精度用来分析 TE-FBAR 的工作特性。此外，本章所用的近似方法在工作频率范围内的求解精度还将在第 8 章中通过频谱图和振型图的对比进一步得到验证。在 Tiersten 的相关文献中，假设压电薄膜中的弱压电效应仅仅影响频散关系的截止频率，而其在小波数情况下对频散曲线曲率的影响可忽略，因此 Tiersten 只推导了压电薄膜上表面电学开路边界条件的结果。与 Tiersten 推导的近似频散关系不同[3-5]，我们首先推导了压电薄膜上表面电学短路边界条件下的近似频散关系，而电学开路边界条件下的近似频散关系 (7.50) 由方程 (7.48) 退化得到。换句话说，本章考虑了压电薄膜上表面电学边界条件对 M_p 和 M_s 的影响，在本章中 M_p 和 M_s 分别为两个不同的值，而在 Tiersten 的相关文献中 $M_p=M_s$。显然通过 Tiersten 的假设可大大简化推导过程，但同时也牺牲了结果的部分精度。因此为了验证我们这种做法的意义，图 7.4 (a) 中还给出了由如下方程得到的频散关系

$$M_p\xi^2 + \left(\omega^2 - \omega_s^2\right)\rho^f = 0 \qquad (7.62)$$

通过图 7.4 (a) 所示的比较，可以清楚地发现，考虑电学边界条件对频散关系的影响后，本章所推导的近似频散关系在精度上有显著提高。这必将使得后续 TE-FBAR 分析与优化的结果更为精确，尤其是在求解横向寄生模态谐振频率的分

析中。

7.4.2　完全覆盖电极模型分析

　　在 BAW 谐振器中，由于能陷现象[3,4,6]普遍存在，使得 BAW 器件的振动主要发生在压电薄膜上表面带有驱动电极的活跃区域，而在压电薄膜上表面不覆盖驱动电极的区域，位移会迅速衰减。因此，完全覆盖电极模型(图 7.5)作为 BAW 器件理论分析中最简单的一种模型，在器件的分析工作中具有重要的意义[12-14]。尽管该模型与器件的真实构型相比做了一定程度的简化，但通过对完全覆盖电极模型的分析，我们能够了解 TE-FBAR 最基本的振动规律，并且其结果也能够为后续器件真实结构的分析提供一定的参考意义。本小节我们将结合有限元软件 COMSOL 给出如图 7.5 所示的完全覆盖电极模型的自由振动分析。如前所述，目前诸多理论对 FBAR 的仿真分析主要集中在二维截面模型分析上，因此除了等效三维模型的分析之外，我们还给出了二维近似模型的分析，以展示二维模型分析与三维分析的区别。对于二维近似模型，可由等效三维模型中的 $l_1=0$ 退化得到，其在 COMSOL 中表现为一条两端固支的线。

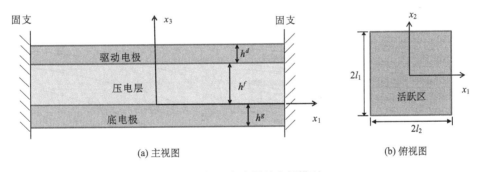

图 7.5　矩形完全覆盖电极模型

　　图 7.6 和图 7.7 分别为 I 型和 II 型 TE-FBAR 的频谱图，其揭示了在给定宽度 l_1 的情况下，器件横向尺寸 l_2 与各阶谐振频率 Ω 之间的关系，其中 Ω_{TE} 为截止频率。在许多 BAW 器件的分析中，频谱分析起着十分关键的作用[4,5]。图中每个数据点代表在某固定尺寸下，某特定模态的谐振频率结果。从频谱图中可看出，对于 I 型 TE-FBAR，其各阶谐振频率发生在截止频率之上，而对于 II 型 FBAR，其各阶谐振频率发生在截止频率之下。这是因为对于 I 型频散曲线，当频率高于截止频率时，波数为虚数，这意味着声波能够沿着结构的横向传播从而在结构的横向边界上发生反射形成谐振；而当频率低于截止频率时，波数为负实数，声波沿

着横向衰减，无法在结构的横向边界上发生反射形成谐振。对于 II 型 FBAR，上述情况正好相反，声波在频率低于频散曲线截止频率时能够在结构中传播而在高于频散曲线截止频率时发生衰减。

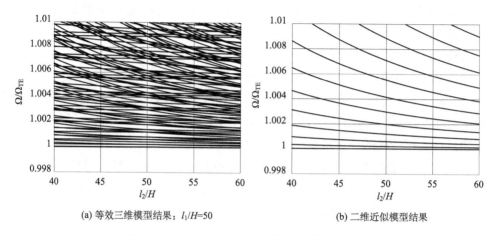

(a) 等效三维模型结果：$l_1/H=50$　　　　　　　(b) 二维近似模型结果

图 7.6　I 型 TE-FBAR 完全覆盖电极模型频谱图

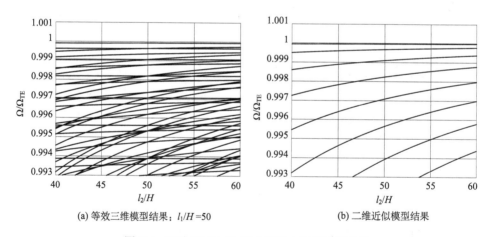

(a) 等效三维模型结果：$l_1/H=50$　　　　　　　(b) 二维近似模型结果

图 7.7　II 型 TE-FBAR 完全覆盖电极模型频谱图

对于给定横向尺寸 l_1 和 l_2，有无数多个谐振频率结果。图 7.8 给出了横向尺寸 $l_1/H=50$，$l_2/H=60$ 的 I 型 FBAR 完全覆盖电极模型前三阶谐振频率及其振型。对于图 7.8(a) 所示振型，其位移场在 x_1-x_2 平面上没有零点，这意味着位移场通过压电效应在 x_1-x_2 平面上所产生的自由电荷同号(即均为正电荷或均为负电荷)；图 7.8(b)、图 7.8(c) 中的位移场在 x_1-x_2 平面上具有零点，由压电效应所产生的正负自由电荷将相互抵消一部分，最后剩下的电荷才为器件最终的电学响应。因此，如图 7.8(a) 所示的第一阶谐振频率，即频谱图上最靠近 $\Omega/\Omega_{TE}=1$ 的点，为 TE-FBAR 工作时电学响应最大的频率点，被称为主模态或工作模态。而其他的频率点则被称为寄生模态，这些寄生模态同样能够产生电学响应，这导致 FBAR 频率响应曲线不够光滑，通常在 FBAR 的设计中是一个重要的优化对象，我们将在后续章节中进行讨论。此外，由于我们讨论的矩形电极模型在结构上具有对称性，TE-FBAR 结构中还会出现如图 7.9 所示的振型。这类振型的位移场沿着 x_1 轴或 x_2 轴反对称分布，使得由压电效应所产生的自由电荷在 x_1-x_2 平面上可完全相互抵消。当外加激励的频率在该谐振点上时，器件会发生谐振，但不产生电信号，对 FBAR 器件最终的电学响应曲线没有影响，我们称具有这类振型的模态为反对称模态。上述对称模态和反对称模态在矩形电极 TE-FBAR 中是完全解耦的，在图 7.6 和图 7.7 的频谱结果中，我们已经将反对称模态的解剔除。

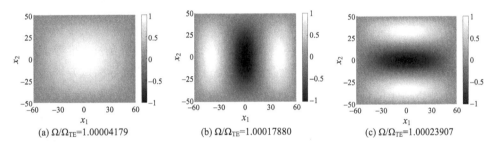

(a) $\Omega/\Omega_{TE}=1.00004179$　　　(b) $\Omega/\Omega_{TE}=1.00017880$　　　(c) $\Omega/\Omega_{TE}=1.00023907$

图 7.8　I 型 TE-FBAR 完全覆盖电极模型 $l_1/H=50$，$l_2/H=60$ 前三阶对称模态振型

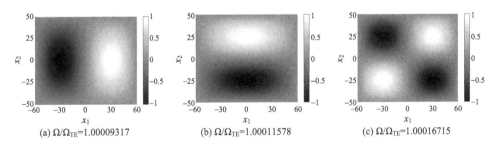

(a) $\Omega/\Omega_{TE}=1.00009317$　　　(b) $\Omega/\Omega_{TE}=1.00011578$　　　(c) $\Omega/\Omega_{TE}=1.00016715$

图 7.9　I 型 TE-FBAR 完全覆盖电极模型 $l_1/H=50$，$l_2/H=60$ 前三阶反对称模态振型

通过三维模型分析 [图 7.6(a) 和图 7.7(a)] 与二维模型分析 [图 7.6(b) 和图 7.7(b)] 结果的对比，我们可知三维模型分析的结果要比二维模型复杂许多。在等效三维模型的分析结果中，存在许多二维模型分析中无法得到的寄生模态。此外，二维模型和三维模型在 TE-FBAR 串联谐振频率点的预测方面也存在一定的差异。因此，二维模型分析的主要作用为帮助我们了解 FBAR 的基本振动、对近

似理论的验证及对 FBAR 做部分定性的分析，而在分析表征真实 FBAR 三维模型时，二维模型的分析结果显然是不完备的，还需要结合等效三维模型的分析结果加以补充完善。

7.5　总　　结

本章作为后续工作的基础，具体工作包括以下几个部分：

(1) 从三维线弹性压电理论出发，结合已有文献的结论，引入高阶小量近似假设，得到了 TE-FBAR 工作频率范围及其附近的近似频散关系。结合具体数值算例，分别给出了 I 型和 II 型 TE-FBAR 的近似频散曲线并与三维理论所求得的精确频散曲线进行对比，验证了所推导的近似频散关系在 TE-FBAR 工作频率附近的可靠性。与传统的传递矩阵方法及有限元方法相比，本章所推导的近似频散关系为解析表达式，在求解效率上显著提升。

(2) 针对 TE-FBAR 分析中压电薄膜上表面的两类电学边界条件，推导了形式一致但系数有所不同的两组二维标量微分方程。与现有文献推导标量方程的思路相比，本章考虑了电极厚度及压电薄膜中的压电效应对二维标量微分方程的影响，大大提高了所得近似结果的精确程度。从形式上看，本章所推导的近似频散关系和二维标量微分控制方程的最终形式十分简单，为 FBAR 相关从业者提供了一个十分简便、高效、可靠的理论分析工具。

此外，本章所推方程从宏观理论出发，仅适用于微米级 FBAR 器件。若 FBAR 尺寸下降到纳米级尺寸时，考虑到一些在纳米级器件中可能出现的微观效应，本章理论将不再适用。

参 考 文 献

[1] Chang W T, Chen Y C, Lin R C, et al. Investigation of liquid sensor using a dual-mode thin film bulk acoustic resonator (FBAR) combined with Au/Cr layers. Advanced Materials Research, 2011, 201-203: 700-707.

[2] Jamneala T, Bradley P, Shirakawa A, et al. An investigation of lateral modes in FBAR resonators. IEEE Transactions on Ultrasonics, Ferroelectrics, and Frequency Control, 2016, 63(5): 778-789.

[3] Tiersten H F, Stevens D S. An analysis of thickness-extensional trapped energy resonant device structures with rectangular electrodes in the piezoelectric thin film on silicon configuration. Journal of Applied Physics, 1983, 54(10): 5893-5910.

[4] Tiersten H F. Analysis of trapped-energy resonators operating in overtones of coupled thickness-shear and thickness-twist. Acoustical Society of America Journal, 1976, 59(4):

879-888.

[5]　Tiersten H F. Analysis of intermodulation in thickness-shear and trapped energy resonators. Journal of the Acoustical Society of America, 1975, 57(3): 667-681.

[6]　Zhao Z N, Qian Z H, Wang B, et al. Energy trapping of thickness-extensional modes in thin film bulk acoustic wave resonators. Journal of Mechanical Science and Technology, 2015, 29(7): 2767-2773.

[7]　Li N, Qian Z H, Wang B. Forced coupling vibration analysis of FBAR based on two-dimensional equations associated with state-vector approach. AIP Advances, 2018, 8(9): 095306.

[8]　Jamneala T, Kirkendall C, Ivira B, et al. The main lateral mode approximation of a film bulk acoustic resonator with perfect metal electrodes. IEEE Transactions on Ultrasonics, Ferroelectrics, and Frequency Control, 2018, 65(9): 1703-1716.

[9]　Wang J, Yong Y K, Imai T. Finite element analysis of the piezoelectric vibrations of quartz plate resonators with higher-order plate theory. International Journal of Solids and Structures, 1997, 36(15): 2303-2319.

[10]　Zhao Z N, Qian Z H, Wang B, et al. Analysis of thickness-shear and thickness-twist modes of AT-cut quartz acoustic wave resonator and filter. Applied Mathematics and Mechanics, 2015, 36(12): 1527-1538.

[11]　Ishizaki A, Sekimoto H, Watanabe Y. Three-dimensional analysis of spurious vibrations in rectangular AT-cut quartz plates. Proceedings of the IEEE International Frequency Control Symposium, Honolulu, 1996: 518-525.

[12]　Sung P H, Fang C M, Chang P Z, et al. The method for integrating FBAR with circuitry on CMOS chip. Proceedings of the 2004 IEEE International Frequency Control Symposium and Exposition, Montreal, 2004: 562-565.

[13]　Zhang Y X, Wang Z Q, Cheeke J D N. Resonant spectrum method to characterize piezoelectric films in composite resonators. IEEE Transactions on Ultrasonics, Ferroelectrics, and Frequency Control, 2003, 50(3): 321-333.

[14]　Jung J H, Yong H L, Lee J H, et al. Vibration mode analysis of RF film bulk acoustic wave resonator using finite element method. Proceedings of the IEEE Ultrasonics Symposium. Atlanta, 2001: 847-850.

第 8 章　TE-FBAR 二维标量微分方程的应用

在第 7 章中，我们推导了 TE-FBAR 自由振动(不受外加电压激励)的二维标量微分方程，并与有限元软件 COMSOL 中的 PDE 模块结合，得到了 TE-FBAR 完全覆盖电极模型的频谱关系和振型。在本章中，我们进一步将第 7 章中推导的二维标量微分方程推广到 TE-FBAR 的受迫振动问题中，结合有限元软件 COMSOL，给出 TE-FBAR 在驱动电压激励下的频率响应特性。

8.1　理　论　基　础

8.1.1　纯厚度模态的受迫振动

与第 7 章的推导思路一样，我们先从纯厚度模态的受迫振动问题开始。TE-FBAR 中各层的运动方程分别为

$$\bar{c}_{33}^f u_{3,33}^f = \rho^f \ddot{u}_3^f$$
$$c_{33}^d u_{3,33}^d = \rho^d \ddot{u}_3^d \tag{8.1}$$
$$c_{33}^g u_{3,33}^g = \rho^g \ddot{u}_3^g$$

式中，d、f、g 分别代表驱动(上)电极、压电层及接地(下)电极。假设在上下电极间施加简谐激励的幅值为 V，则有边界条件：

$$c_{33}^d u_{3,3}^d = 0, \text{ 在 } x_3 = h^f + h^d \text{ 处}$$
$$c_{33}^f u_{3,3}^f + e_{33}^f \varphi_{,3} - c_{33}^d u_{3,3}^d = 0, \ u_3^d = u_3^f, \ \varphi = V\exp(\mathrm{i}\omega t), \text{ 在 } x_3 = h^f \text{ 处}$$
$$c_{33}^f u_{3,3}^f + e_{33}^f \varphi_{,3} - c_{33}^g u_{3,3}^g = 0, \ u_3^g = u_3^f, \ \varphi = 0, \text{ 在 } x_3 = 0 \text{处} \tag{8.2}$$
$$c_{33}^g u_{3,3}^g = 0, \text{ 在 } x_3 = -h^g \text{处}$$

我们设压电层中的位移解和电势解如下[1-4]：

$$u_3^f = \bar{u}_3^f + Kx_3 \exp(\mathrm{i}\omega t)$$
$$\varphi^f = \bar{\varphi}^f + \frac{V}{h^f} x_3 \exp(\mathrm{i}\omega t) \tag{8.3}$$

式中，$\bar{u}_3^f$ 和 $\bar{\varphi}^f$ 为压电层中自由振动问题的解，且根据方程(7.16)，有

$$\bar{\varphi}^f = \frac{e_{33}^f}{\varepsilon_{33}^f}\left[\bar{u}_3^f - \left(1 - \frac{x_3}{h^f}\right)\bar{u}_3^f(0) - \frac{x_3}{h^f}\bar{u}_3^f(h^f)\right] \tag{8.4}$$

联立方程(8.2)～方程(8.4)，可得如下关系：

$$K = -\frac{e_{33}^f}{c_{33}^f}\frac{V}{h^f} \tag{8.5}$$

根据位移连续条件，我们可以很容易地得到受迫振动问题上电极和下电极的位移解分别为

$$u_3^d = \bar{u}_3^d + Kh^f$$
$$u_3^g = \bar{u}_3^g \tag{8.6}$$

式中，$\bar{u}_3^d$ 和 $\bar{u}_3^g$ 分别为上、下电极中自由振动问题的位移解。

下面我们首先讨论当驱动电压幅值 $V=0$ 时，即自由振动情况下，各阶厚度模态的正交性。第 7 章中指出，对于纯厚度模态，方程(7.27)有无限多个解，每一个解对应于这类板结构的每一阶厚度模态的谐振频率。为了方便阅读，我们列出如下运动方程：

$$\bar{c}_{33}^f\bar{u}_{3,33}^{fn} = -\rho^f\omega_n^2\bar{u}_3^{fn}$$
$$c_{33}^g u_{3,33}^{gn} = -\rho^g\omega_n^2 u_3^{gn}$$
$$c_{33}^d u_{3,33}^{dn} = -\rho^d\omega_n^2 u_3^{dn} \tag{8.7}$$

同样地，有

$$\bar{c}_{33}^f\bar{u}_{3,33}^{fm} = -\rho^f\omega_m^2\bar{u}_3^{fm}$$
$$c_{33}^g u_{3,33}^{gm} = -\rho^g\omega_m^2 u_3^{gm}$$
$$c_{33}^d u_{3,33}^{dm} = -\rho^d\omega_m^2 u_3^{dm} \tag{8.8}$$

式中，n 和 m 分别代表第 n 阶和第 m 阶振动模态。以方程(8.7)中的第一个方程为例，有

$$0 = \int_0^{h^f}\left(\bar{c}_{33}^f\bar{u}_{3,33}^{fn} + \rho^f\omega_n^2\bar{u}_3^{fn}\right)\cdot\bar{u}_3^{fm}\mathrm{d}x_3 = \int_0^{h^f}\bar{c}_{33}^f\cdot\bar{u}_3^{fm}\mathrm{d}\bar{u}_{3,3}^{fn} + \rho^f\omega_n^2\int_0^{h^f}\bar{u}_3^{fn}\cdot\bar{u}_3^{fm}\mathrm{d}x_3$$
$$= \rho^f\omega_n^2\int_0^{h^f}\bar{u}_3^{fn}\bar{u}_3^{fm}\mathrm{d}x_3 + \bar{c}_{33}^f\bar{u}_3^{fm}\bar{u}_{3,3}^{fn}\Big|_0^{h^f} - \int_0^{h^f}\bar{c}_{33}^f\bar{u}_{3,3}^{fn}\bar{u}_{3,3}^{fm}\mathrm{d}x_3 \tag{8.9}$$

方程(8.7)中余下的两个方程均有同式(8.9)类似的关系，因此我们可构造如下正交关系：

$$0 = \int_0^{h^f}(8.7)_1\cdot\bar{u}_3^{fm}\mathrm{d}x_3 + \int_{-h^g}^0(8.7)_2\cdot\bar{u}_3^{gm}\mathrm{d}x_3 + \int_{h^f}^{h^f+h^d}(8.7)_3\cdot\bar{u}_3^{dm}\mathrm{d}x_3$$
$$-\int_0^{h^f}(8.8)_1\cdot\bar{u}_3^{fn}\mathrm{d}x_3 - \int_{-h^g}^0(8.8)_2\cdot\bar{u}_3^{gn}\mathrm{d}x_3 - \int_{h^f}^{h^f+h^d}(8.8)_3\cdot\bar{u}_3^{dn}\mathrm{d}x_3$$

$$= \left(\omega_n^2 - \omega_m^2 \right) \left(\rho^f \int_0^{h^f} \bar{u}_3^{fn} \bar{u}_3^{fm} \mathrm{d}x_3 + \rho^s \int_{-h^s}^0 u_3^{gn} u_3^{gm} \mathrm{d}x_3 + \rho^p \int_{h^f}^{h^f+h^p} u_3^{dn} u_3^{dm} \mathrm{d}x_3 \right)$$

$$= \Lambda_n \delta_{mn} \tag{8.10}$$

式中，

$$\Lambda_n = \rho^f \int_0^{h^f} \left[\bar{u}_3^{fn} \right]^2 \mathrm{d}x_3 + \rho^g \int_{-h^g}^0 \left[u_3^{gn} \right]^2 \mathrm{d}x_3 + \rho^d \int_{h^f}^{h^f+h^d} \left[u_3^{dn} \right]^2 \mathrm{d}x_3 \tag{8.11}$$

接下来我们准备好求解非齐次$(V \neq 0)$方程。根据微分方程的基本知识，非齐次方程的解可表示为齐次方程的通解与非齐次方程的特解叠加的形式。对于本章的问题，齐次方程的通解即为自由振动位移解的叠加，因此结合方程(8.6)，非齐次方程的位移解为

$$u_3^f = Kx_3 + \sum_{n=1,2}^{\infty} B^n \bar{u}_3^{fn}, \bar{u}_3^g = \sum_{n=1,2}^{\infty} B^n \bar{u}_3^{gn}, \bar{u}_3^d = Kh^f + \sum_{n=1,2}^{\infty} B^n \bar{u}_3^{dn} \tag{8.12}$$

式中，B^n为每个模态前的权重系数。根据方程(7.19)，有

$$u_3^{fn} = A_{1n}^f \mathrm{e}^{\mathrm{i}\eta_f x_3} + A_{3n}^f \mathrm{e}^{-\mathrm{i}\eta_f x_3}$$

$$u_3^{dn} = A_{1n}^d \mathrm{e}^{\mathrm{i}\eta_d x_3} + A_{3n}^d \mathrm{e}^{-\mathrm{i}\eta_d x_3} \tag{8.13}$$

$$u_3^{gn} = A_{1n}^g \mathrm{e}^{\mathrm{i}\eta_g x_3} + A_{3n}^g \mathrm{e}^{-\mathrm{i}\eta_g x_3}$$

式中，A_{1n}^f、A_{3n}^f、A_{1n}^d、A_{3n}^d、A_{1n}^g和A_{3n}^g中只有一个自由变量，即其中一个确定，其余五个也随之确定。将方程(8.12)代入运动方程，并结合方程(7.20)有

$$\sum_{n=1,2}^{\infty} \rho^f \left(\omega^2 - \omega_n^2 \right) B^n \bar{u}_3^{fn} = -\rho^f \omega^2 K x_3$$

$$\sum_{n=1,2}^{\infty} \rho^g \left(\omega^2 - \omega_n^2 \right) B^n \bar{u}_3^{gn} = 0 \tag{8.14}$$

$$\sum_{n=1,2}^{\infty} \rho^d \left(\omega^2 - \omega_n^2 \right) B^n u_3^{dn} = -\rho^d \omega^2 K h^f$$

为了利用方程(8.10)所得的正交关系，我们构造如下方程：

$$\sum_{n=1,2}^{\infty} \rho^f \left(\omega^2 - \omega_n^2 \right) B^n \int_0^{h^f} \bar{u}_3^{fn} \bar{u}_3^{fm} \mathrm{d}x = -\rho^f \omega^2 K \int_0^{h^f} \bar{u}_3^{fm} x_3 \mathrm{d}x$$

$$\sum_{n=1,2}^{\infty} \rho^g \left(\omega^2 - \omega_n^2 \right) B^n \int_{-h^s}^0 u_3^{gn} u_3^{gm} \mathrm{d}x = 0 \tag{8.15}$$

$$\sum_{n=1,2}^{\infty} \rho^d \left(\omega^2 - \omega_n^2 \right) B^n \int_{h^f}^{h^f+h^d} u_3^{dn} u_3^{dm} \mathrm{d}x = -\rho^d \omega^2 K h^f \int_{h^f}^{h^f+h^d} \bar{u}_3^{dm} \mathrm{d}x$$

将上式中三个方程相加，有

$$\sum_{n=1,2}^{\infty} \left(\omega^2 - \omega_n^2 \right) B^n \left(\rho^f \int_0^{h^f} \bar{u}_3^{fn} \bar{u}_3^{fm} dx + \rho^g \int_{-h^s}^0 u_3^{gn} u_3^{gm} dx + \rho^d \int_{h^f}^{h^f + h^d} u_3^{dn} u_3^{dm} dx \right)$$

$$= -\rho^f \omega^2 K \int_0^{h^f} \bar{u}_3^{fm} x_3 dx - \rho^d \omega^2 K h^f \int_{h^f}^{h^f + h^d} \bar{u}_3^{dm} dx$$

$$(8.16)$$

联立方程(8.10)和方程(8.11)，振型前的权重系数为

$$B^n = -\frac{\rho^f \omega^2}{\omega^2 - \omega_n^2} \frac{K G_1^n}{G_2^n} = \frac{e_{33}^f}{c_{33}^f} \frac{V}{h^f} \frac{\omega^2}{\omega^2 - \omega_n^2} \frac{G_1^n}{G_2^n} \qquad (8.17)$$

式中，

$$G_1^n = \rho^f \int_0^{h^f} \bar{u}_3^{fn} x_3 dx + \rho^p \omega^2 K h^f \int_{h^f}^{h^f + h^d} \bar{u}_3^{dn} dx$$

$$G_2^n = \rho^f \int_0^{h^f} \left(\bar{u}_3^{fn} \right)^2 dx_3 + \rho^g \int_0^{h^g} \left(\bar{u}_3^{gn} \right)^2 dx_3 + \rho^d \int_{h^f}^{h^f + h^d} \left(\bar{u}_3^{dn} \right)^2 dx_3$$

$$(8.18)$$

将位移表达式方程(8.13)代入上式，沿厚度方向积分并化简，即可得到振型系数 B^n 的表达式。

联立方程(7.6)、(8.12)、(8.17)和(8.18)，令 $k_t^2 = \left(e_{33}^f \right)^2 / \varepsilon_{33}^f c_{33}^f$，可得电位移表达式为

$$D_3 (x_3) = e_{33}^f u_{3,3} - \varepsilon_{33}^f \phi_{,3}$$

$$= -\frac{\varepsilon_{33}^f V}{h^f} \left\{ 1 + k_t^2 + \frac{k_t^2}{h^f} \sum_{n=1,2}^{\infty} \frac{\omega^2}{\omega_n^2 - \omega^2} \frac{G_1^n}{G_2^n} \left[\bar{u}_3^{fn} \left(h^f \right) - \bar{u}_3^{fn} (0) \right] \right\} \quad (8.19)$$

注意到电位移表达式方程(8.19)中不包含 x_3，即电位移沿着压电薄膜厚度方向为常数。进一步地，流过 TE-FBAR 的电流由下式求得

$$I = -\int_A \dot{D}_3 \left(h^f \right) dA$$

$$= \frac{A \varepsilon_{33}^f V i \omega}{h^f} \left\{ 1 + k_t^2 + \frac{k_t^2}{h^f} \sum_{n=1,2}^{\infty} \frac{G_1^n}{\left(\omega_n^2 / \omega^2 - 1 \right) G_2^n} \left[\bar{u}_3^{fn} \left(h^f \right) - \bar{u}_3^{fn} (0) \right] \right\} \quad (8.20)$$

于是 TE-FBAR 单位面积的导纳表达式为

$$Y = \frac{I}{V \cdot A} = \frac{\varepsilon_{33}^f i \omega}{h^f} \left\{ 1 + k_t^2 + \frac{k_t^2}{h^f} \sum_{n=1,2}^{\infty} \frac{G_1^n}{\left(\omega_n^2 / \omega^2 - 1 \right) G_2^n} \left[\bar{u}_3^{fn} \left(h^f \right) - \bar{u}_3^{fn} (0) \right] \right\} \quad (8.21)$$

由之前的结论可知，对于 TE-FBAR，其工作频率范围为一阶厚度拉伸模态谐振频率附近的一个窄带宽，即 $n=1$。通过对方程(8.21)的观察，我们发现，在不引

入材料阻尼的情况下，当激励频率 ω 在一阶厚度拉伸谐振频率附近时，导纳 Y 趋近于无穷，此时方程中的其他项对导纳最终值的影响较小，因此上述导纳表达式简化为

$$Y = \frac{I}{V} = \frac{\varepsilon_{33}^f \mathrm{i}\omega}{h^f}\left(1 + k_t^2 + \frac{k_t^2 G_1}{h^f G_2}\frac{\Delta}{\omega_s^2/\omega^2 - 1}\right) \tag{8.22}$$

上式中 $n=1$ 被省略且

$$\Delta = A_1^f\left(\mathrm{e}^{\mathrm{i}\eta_f h^f} - 1\right) + A_3^f\left(\mathrm{e}^{-\mathrm{i}\eta_f h^f} - 1\right) \tag{8.23}$$

8.1.2 等效三维模型的受迫振动

本节考虑 TE-FBAR 等效三维模型的受迫振动，与之前类似，等效三维模型受迫振动分析的位移解也为自由振动齐次方程的通解加上非齐次方程的特解。通过对图 7.6～图 7.9 的观察可知，对于等效三维模型，声波除了在器件的上下表面发生反射形成驻波外，也会在其横向边界发生反射，因此其自由振动齐次方程的通解叠加如下：

$$\bar{u}_3^f = \sum_n^\infty \sum_\mu^\infty H^{n\mu}\bar{u}_3^{fn\mu}, \quad u_3^g = \sum_n^\infty \sum_\mu^\infty H^{n\mu}\bar{u}_3^{gn\mu}, \quad u_3^d = \sum_n^\infty \sum_\mu^\infty H^{n\mu}\bar{u}_3^{dn\mu} \tag{8.24}$$

式中，n 代表由厚度方向边界声波反射产生的模态阶数；μ 代表由面内有限大横向尺寸声波反射产生的模态阶数。则等效三维模型受迫振动的位移解为

$$u_3^f = \sum_n^\infty \sum_\mu^\infty H^{n\mu}\bar{u}_3^{fn\mu} - \frac{e_{33}^f}{c_{33}^f}\frac{V}{h^f}x_3$$

$$u_3^g = \sum_n^\infty \sum_\mu^\infty H^{n\mu}\bar{u}_3^{gn\mu} - \frac{e_{33}^f}{c_{33}^f}\frac{V}{h^f}h^f \tag{8.25}$$

$$u_3^d = \sum_n^\infty \sum_\mu^\infty H^{n\mu}\bar{u}_3^{dn\mu}$$

根据方程(7.36)和方程(7.38)，等效三维模型压电薄膜中齐次方程的位移解为

$$u_1^f = \left(r^f\frac{\xi}{\eta_{f1}}A_1^{f1}\mathrm{e}^{\mathrm{i}\eta_{f1}x_3} - r^f\frac{\xi}{\eta_{f1}}A_3^{f1}\mathrm{e}^{-\mathrm{i}\eta_{f1}x_3} + B_1^{f2}\mathrm{e}^{\mathrm{i}\eta_{f2}x_3} + B_3^{f2}\mathrm{e}^{-\mathrm{i}\eta_{f2}x_3}\right)f(x_1, x_2, t)$$

$$u_3^f = \left(A_1^{f1}\mathrm{e}^{\mathrm{i}\eta_{f1}x_3} + A_3^{f1}\mathrm{e}^{-\mathrm{i}\eta_{f1}x_3} - r^f\frac{\xi}{\eta_{f2}}B_1^{f2}\mathrm{e}^{\mathrm{i}\eta_{f2}x_3} + r^f\frac{\xi}{\eta_{f2}}B_3^{f2}\mathrm{e}^{-\mathrm{i}\eta_{f2}x_3}\right)f(x_1, x_2, t)$$

$$\tag{8.26}$$

在 TE-FBAR 工作频率范围内，u_1 与 u_3 相比是一个小量，所以以下只考虑 u_3 对

FBAR 电学性能的影响，而将 u_1 的影响舍去。根据高阶小量近似假设，每一层中的各模态的齐次方程的位移解可简化为

$$\bar{u}_3^{fn\mu} = \left(A_{1n}^f e^{i\eta_{fn}x_3} + A_{3n}^f e^{-i\eta_{fn}x_3} \right) f^{n\mu}\left(x_1, x_2, t\right)$$

$$\bar{u}_3^{dn\mu} = \left(A_{1n}^d e^{i\eta_{dn}x_3} + A_{3n}^d e^{-i\eta_{dn}x_3} \right) f^{n\mu}\left(x_1, x_2, t\right) \qquad (8.27)$$

$$\bar{u}_3^{gn\mu} = \left(A_{1n}^g e^{i\eta_{gn}x_3} + A_{3n}^g e^{-i\eta_{gn}x_3} \right) f^{n\mu}\left(x_1, x_2, t\right)$$

联立方程(8.25)、方程(8.27)与方程(7.57)，有

$$\sum_{\mu} \sum_{n=1,2}^{\infty} \rho^d \left(\omega^2 - \omega_{n\mu}^2 \right) H^{n\mu} \bar{u}_3^{fn\mu} = \frac{e_{33}^f}{c_{33}^f} \frac{V}{h^f} \rho^d \omega^2 h^f$$

$$\sum_{\mu} \sum_{n=1,2}^{\infty} \rho^f \left(\omega^2 - \omega_{n\mu}^2 \right) H^{n\mu} \bar{u}_3^{dn\mu} = \frac{e_{33}^f}{c_{33}^f} \frac{V}{h^f} \rho^f \omega^2 x_3 \qquad (8.28)$$

$$\sum_{\mu} \sum_{n=1,2}^{\infty} \rho^g \left(\omega^2 - \omega_{n\mu}^2 \right) H^{n\mu} \bar{u}_3^{gn\mu} = 0$$

根据文献[1-3]所述，横向波数 ζ 和 ν 是一阶小量，其二阶项对受迫振动振型前的系数影响很小，因此我们在上式中将方程(7.56)中的 ζ^2 和 ν^2 省略。根据 Tiersten 在文献[1-3]中阐述的压电板结构振型的正交性，当 $m \neq n$ 时，有

$$\int_V u_j^m u_j^n \mathrm{d}V = 0 \qquad (8.29)$$

因此重复我们在 8.1.1 节中研究纯厚度振动问题时求解振型权重系数的步骤，令 $n = m = 1$，$\sigma = \mu$，得到振型前的系数表达式：

$$H^\mu = \frac{\omega^2}{\omega^2 - \omega_\mu^2} \frac{e_{33}^f G_1}{c_{33}^f h^f G_2} \frac{\displaystyle\int_{S_1} \bar{f}^\mu \mathrm{d}S_1}{\displaystyle\int_{\sum S_i} \left(\bar{f}^\mu \right)^2 \mathrm{d}S_i} V \qquad (8.30)$$

上式推导过程与方程(8.17)类似，此处不再详细给出。上式中 S_1 代表 FBAR 施加驱动电压的区域，$\sum_i S_i$ 则代表 FBAR 等效三维模型在 x_1-x_2 平面的总面积。将上式代入单位面积导纳的表达式，得

$$Y = i\omega \frac{\varepsilon_{33}^f}{h^f} \left(1 + k_t^2 + \Delta \cdot \frac{k_t^2}{h^f \cdot S_1} \sum_{\mu}^{\infty} \frac{\omega^2}{\omega_\mu^2 - \omega^2} \frac{G_1^\mu}{G_2^\mu} \right) \qquad (8.31)$$

式中，

$$G_1^\mu = G_1 \cdot \left(\int\limits_{S_1} \overline{f}^\mu \, \mathrm{d}S_1 \right)^2, \; G_2^\mu = G_2 \cdot \int\limits_{\sum S_i} \left(\overline{f}^\mu \right)^2 \, \mathrm{d}S_i \tag{8.32}$$

8.2　完全覆盖电极模型

8.2.1　完全覆盖电极模型背景介绍

完全覆盖电极模型作为一种最简单的模型,在 FBAR 的研究中具有基础意义。先前的研究直接将完全覆盖电极模型的横向边界条件简化为固支边界条件,即 $u=0$,这与 FBAR 器件的真实模型存在一定程度的差异。近些年来,为了优化 FBAR 的性能,人们提出了多种 FBAR 构型,活跃区(驱动电极)周围的边界条件有多种情况,包括:①活跃区域与不覆盖电极区域直接相连接的部分覆盖电极模型[5,6];②将活跃区域电极四周加厚或减薄以保证能量大部分集中在电极区域的 Frame 构型电极模型[7-9];③FBAR 与一些声学结构,如声子晶体等,相结合的模型[10]。因此,本节将研究横向边界条件对二维完全覆盖电极模型受迫振动电学响应曲线的影响。根据文献[11],我们将模型两端的横向边界条件设为“准自由边界”,如图 8.1 所示。其中 $0 \leqslant k \leqslant 1$,当 $k=0$ 时,即为固支边界条件,变化 k 的值即可探究横向边界条件对 TE-FBAR 性能的影响。本节的这类“准自由边界”仍然与真实边界条件存在差距,但相关结论能够为后续 FBAR 等效三维模型的优化提供思路。

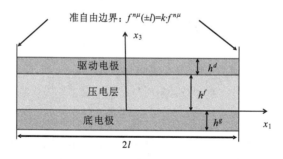

图 8.1　二维完全覆盖电极及准自由边界

8.2.2　完全覆盖电极模型基本方程

由前可知,FBAR 中的模态可分为对称模态和反对称模态,其中反对称模态通过压电效应所产生的自由电荷沿着 x_1 轴的积分为 0,对受迫振动时的电学频率响应曲线没有影响,因此在位移解中仅保留对称模态,有

$$f^{n\mu}(x_1) = \cos(\xi_{n\mu}x_1) \tag{8.33}$$

将方程(8.33)代入"准自由边界"条件且令 $n=1$，有

$$\cos(\xi_\mu l) = k$$

$$\Rightarrow \xi_\mu = \left(\mu + \frac{1}{2}\right)\frac{\pi}{l} - (-1)^\mu \frac{\arcsin k}{l} \quad (\mu = 0,1,2,\cdots) \tag{8.34}$$

联立方程(7.48)、方程(8.31)～方程(8.34)，即可得到单位面积导纳的解析表达式为

$$Y = \frac{\varepsilon_{33}^f i\omega}{h^f}\left[1 + k_t^2 + \frac{k_t^2}{h^f l}\sum_{\mu=1,2}^{\infty}\frac{2G_1 \sin^2(\xi_\mu l)\cdot\Delta}{(\omega_\mu^2/\omega^2 - 1)\xi_\mu^2 G_2 L_\mu}\right] \tag{8.35}$$

式中，

$$L_\mu = l\left(1 + \frac{\sin(2\xi_\mu l)}{2\xi_\mu l}\right) \tag{8.36}$$

8.2.3　完全覆盖电极模型振动分析

本小节给出完全覆盖电极二维模型的电学响应曲线，并进一步探讨器件尺寸和横向边界条件对 FBAR 串并联谐振频率 f_s 和 f_p、等效机电耦合系数 k_{eff}^2 和品质因数等衡量谐振器工作性能的主要指标的影响。在受迫振动的分析中，材料的阻尼与电极上的"旋涡电流"[12]所产生的热损耗的影响不可避免，因此我们引入表征器件整体损耗的 Q 如下：

$$\omega_\mu = \omega_\mu + i\omega_\mu / 2Q \tag{8.37}$$

式中，Q 在计算过程中通常取一个数值较大的正实数。选择合适的材料参数进行计算，激励电压幅值 $V=1$ V，代入方程(8.35)即可得到导纳响应曲线。在开始讨论之前，首先给出 FABR 的相位角 Φ、等效机电耦合系数 k_{eff}^2 和串并联谐振点处的品质因数的表达式[13]如下：

$$\Phi = \arctan\left(\text{Im}(Y)/\text{Re}(Y)\right)$$

$$k_{\text{eff}}^2 = \frac{\pi^2}{4}\frac{f_p - f_s}{f_p} \tag{8.38}$$

$$Q_s = \frac{f_s}{2}\frac{\partial\Phi}{\partial f}\bigg|_{f_s}, \quad Q_p = \frac{f_p}{2}\frac{\partial\Phi}{\partial f}\bigg|_{f_p}$$

如前所述，一维模型(纯厚度模态)作为 FBAR 的一种最经典、最简单且最高效的模型，目前仍然被 FBAR 相关从业者广泛使用。因此，图 8.2 和图 8.3 分别

给出了 I 型和 II 型 TE-FBAR 纯厚度模态与二维完全覆盖电极模型的导纳曲线和相位曲线,并且在图中给出了其串并联谐振频率附近的局部放大图。图中虚线为一维模型的结果,由方程(8.22)得到;实线为二维模型的结果,由方程(8.35)得到。对于二维完全覆盖电极模型有 $l/H=50$, $k=0$(固支边界条件),阶数 μ 的叠加取前 500 项以保证准确度。与一维模型相比,二维模型的导纳曲线和相位曲线上有许多小波动,其中每一个小波动对应的是由声波在器件的横向边界上发生反射而形成的一个寄生模态。对于 I 型 TE-FBAR,其寄生模态谐振频率大于主模态谐振频率,而对于 II 型 TE-FBAR,其寄生模态谐振频率小于主模态谐振频率,这与之前的频谱结果一致。观察图 8.2(a)和图 8.3(a)在串并联谐振点处的局部放大图可知,二维模型的串并联谐振频率与一维模型有一定差异,且二维模型所求得的导纳峰值比一维模型更低。另外,将导纳相位曲线上的数据代入方程(8.38),对于 I 型 TE-FBAR,有

$$_{1D}Q_s = 4999.8, \, _{1D}Q_p = 4999.9, \, _{1D}k_{\text{eff}}^2 = 7.78\%$$

$$_{2D}Q_s = 4800.9, \, _{2D}Q_p = 4900, \, _{2D}k_{\text{eff}}^2 = 7.68\%$$

对于 II 型 TE-FBAR,有

$$_{1D}Q_s = 4999.7, \, _{1D}Q_p = 4999.8, \, _{1D}k_{\text{eff}}^2 = 5.60\%$$

$$_{2D}Q_s = 4882.6, \, _{2D}Q_p = 4900.8, \, _{2D}k_{\text{eff}}^2 = 5.46\%$$

我们发现,由于二维模型中存在寄生模态,能量不再完全集中于主模态上,串并联谐振频率点的品质因数及器件的等效机电耦合系数都有所降低。

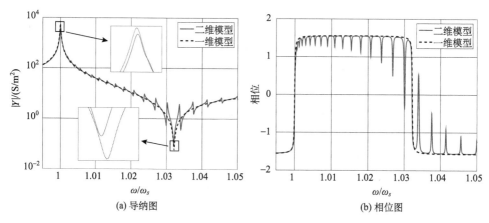

(a) 导纳图　　　　　　　　　　　　　(b) 相位图

图 8.2　I 型 TE-FBAR 一维模型(纯厚度模态)与二维完全覆盖电极模型的导纳图和相位图
($l/H=50$, $k=0$, $Q=5000$)

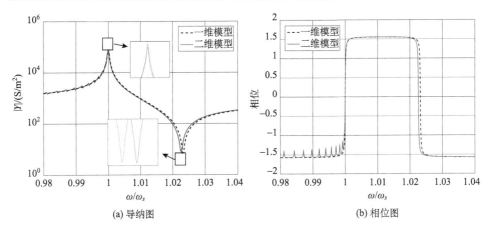

图 8.3　II 型 TE-FBAR 一维模型(纯厚度模态)与二维完全覆盖电极模型的导纳图和相位图
(l/H =50, k=0, Q=5000)

　　图 8.4 和图 8.5 分别给出了不同长厚比下 I 型和 II 型 TE-FBAR 的电学频率响应曲线，其中图 8.5(c)为图 8.5(b)的局部放大图。从图中可以看出，无论是 I 型还是 II 型 TE-FBAR，随着器件长厚比的增加，其寄生模态的电学响应幅值下降，但寄生模态频率之间的间距减小，即在相同带宽内寄生模态的个数增加。Zhao 等[5]也曾通过二维模型分析得出类似的结论，并认为在 FBAR 的设计过程中长厚比越大，其最终工作性能越好。显然，这种优化方式在理论上可行，但在工程器件中并不适用，且 FBAR 长厚比太大也不符合现代通信器件微型化的发展需求。

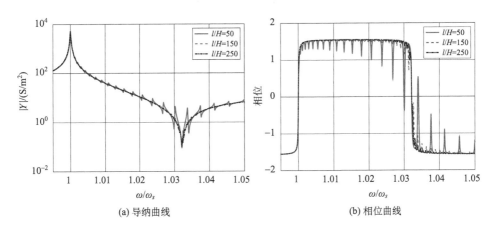

图 8.4　不同长厚比对 I 型 TE-FBAR 导纳曲线和相位曲线的影响(k=0, Q=5000)

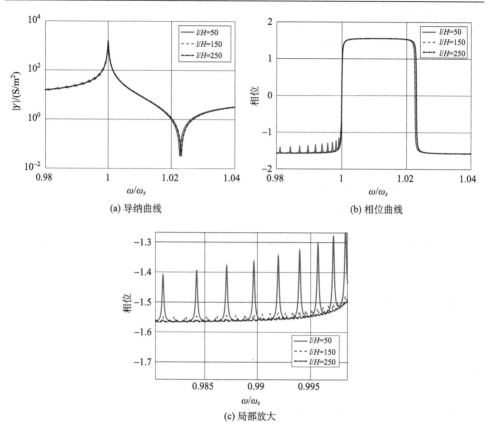

(a) 导纳曲线　　　　　　　　　(b) 相位曲线

(c) 局部放大

图 8.5　不同长厚比对 II 型 TE-FBAR 导纳曲线和相位曲线的影响($k=0$, $Q=5000$)及局部放大

　　图 8.6 给出了当 k 分别取 0、0.5、1 时 I 型和 II 型 TE-FBAR 的相位响应曲线。由图可知，随着 k 的增大，寄生模态的电学响应减小，当 $k=1$ 时，寄生模态的电

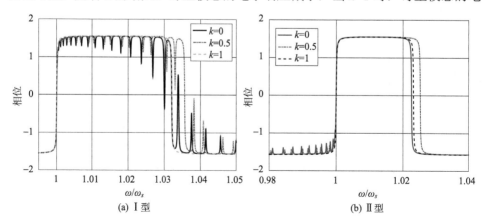

(a) I 型　　　　　　　　　　(b) II 型

图 8.6　横向边界条件对 I 型和 II 型 TE-FBAR 相位响应曲线的影响

学响应完全被消除。与之前文献[5]中提出的增大长厚比的方式不同，改变横向边界条件在抑制寄生模态电学响应的同时并不会显著增大器件的横向尺寸，这为我们在保证器件微型化的同时提供了一种抑制寄生模态电学响应的思路。

此外，在图 8.7 中我们还给出了等效机电耦合系数 k_{eff}^2 和横向边界条件因子 k 的关系。我们发现，除了对寄生模态电学响应产生影响之外，横向边界条件还会对器件等效机电耦合系数，即工作带宽，产生影响。随着 k 增加，器件的带宽会逐渐增加到一个最大值，进而再逐渐减小。这为我们对器件的性能进行优化提供了理论基础，但完全覆盖电极模型及"准自由"横向边界条件与实际工程器件的真实模型均存在一定程度的差异，因此本小节仅阐述该现象，不对等效机电耦合系数 k_{eff}^2 最大值所对应的 k 值做定量分析。

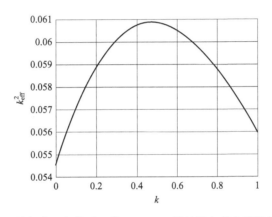

图 8.7　横向边界条件对 I 型 TE-FBAR 等效机电耦合系数的影响

8.3　二维截面模型的 Frame 型结构优化

8.3.1　Frame 型结构背景介绍

上一小节通过 TE-FBAR 完全覆盖电极二维模型的电学响应分析，阐述了由于横向边界的存在，声波会在边界处发生反射形成驻波，进而产生寄生模态影响电学性能。进一步的结果表明，可以通过改变 FBAR 的横向边界条件来改善 TE-FBAR 的电学性能。目前已有众多学者从该角度出发[14-24]，通过对上电极周围区域的构型进行设计，改变 TE-FBAR 活跃区域的横向边界条件，进而改善 TE-FBAR 的电学性能，这类 FBAR 通常被称为 Frame 构型 FBAR。根据已有结论，直接求解 FBAR 的三维实际模型是十分困难的，因此我们在本节中给出 Frame 型

TE-FBAR 的二维近似模型分析,并将结果与二维实际模型的有限元仿真结果进行对比,用以证明本书所推导的二维标量微分方程在有限尺寸 FBAR 模型的设计工作中是准确且高效的。

与之前一样,本节将同时给出 I 型和 II 型 TE-FBAR 的 Frame 型结构优化分析。由于频散特性不同,I 型和 II 型 TE-FBAR 的 Frame 结构也不同,其简化二维截面模型如图 8.8 所示。对于图 8.8(a)所示 I 型 TE-FBAR,其长度为 l_0 的活跃区域边缘是长度为 l_1 的电极"加厚"区域;而对于图 8.8(b)所示 II 型 TE-FBAR,其活跃区域的边缘为电极"减薄"区域。此外,在结构的最外围,我们还设计了长度为 l_2 的"衰减"区域。当声波在"衰减"区域传播时,波数为实数,幅值迅速衰减到 0,以避免 TE 模态与其他模态发生强耦合对器件的性能产生影响。类似地,对于 I 型 TE-FBAR,其"衰减"区域电极厚度小于活跃区域,而对于 II 型 TE-FBAR,其"衰减"区域电极厚度大于活跃区域。

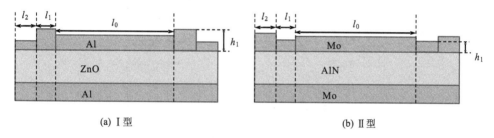

(a) I 型　　　　　　　　　　　　　　　　(b) II 型

图 8.8　I 型和 II 型 TE-FBAR 的 Frame 型优化结构简化模型图

8.3.2　Frame 型结构自由振动分析

根据 8.2 节的结论,$k=1$ 时完全覆盖电极模型的寄生模态响应完全被消除,结合方程(8.34)可知,当 $k=1$ 时横向波数 $\xi=0$。因此我们可以通过设计各个区域的长度及电极的厚度,使得整个结构的第一阶谐振频率与活跃区域的截止频率 Ω_{TE} 相等(或称零波数条件),即可达到抑制寄生模态电学响应的效果[24,25]。l_1/H 的值在设计 Frame 型结构的横向尺寸时十分重要,图 8.9 给出了 l_1/H 与归一化谐振频率之间的关系,以确定在给定 l_0 和 l_2 情况下 l_1 的最佳尺寸。为了进一步验证二维标量微分方程在 Frame 型 FBAR 设计工作中的准确性,图 8.9 同时给出了传统有限元仿真的结果。

观察图 8.9 可知,对于两种类型的 TE-FBAR,二维标量微分方程与传统有限元法的结果吻合得很好,进一步证明了本书所提出的二维标量微分方程在分析横向尺寸有限大模型时的可靠性。根据零波数条件,当器件的第一阶谐振频率 $\Omega/\Omega_{TE}=1$

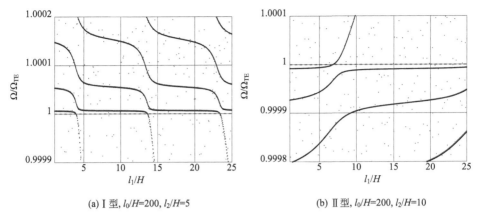

(a) I 型, $l_0/H=200$, $l_2/H=5$　　　　　　　　(b) II 型, $l_0/H=200$, $l_2/H=10$

图 8.9　二维标量微分方程和传统有限元仿真得到的 Frame 型 TE-FBAR 的频谱图对比

灰点为 COMSOL 结果；黑点为二维标量微分方程结果

(图 8.9 中虚线)时，寄生模态电学响应将被抑制。因此，我们可以通过图 8.9 中的频谱曲线和虚线的交点得到横向尺寸 l_1/H 的最佳值。由图 8.9 可知，频谱曲线和虚线的交点可以有无数多个，为了满足现代电子器件微型化的需求，根据图 8.9(a) 所示结果，我们选择频谱曲线和虚线的第一个交点 $l_1/H=4.195$ 作为 Frame 型 TE-FBAR 的最佳横向尺寸进行分析。而对于图 8.9(b) 所示的 II 型 TE-FBAR，其 Frame 构型的分析结果与 I 型 TE-FBAR 的结果类似，在下面的分析过程中不再详细给出。

此外，在传统有限元法的结果中我们可以找到一些"混沌点"，而在二维标量方程的结果中却没有出现，如图 8.9 所示。这是因为推导过程中只考虑了 TE-FBAR 的工作(TE)模态，而忽略了其他确实存在但对主模态影响很小的耦合模态，如拉伸模态、弯曲模态、一阶厚度剪切模态和二阶厚度剪切模态等。先前的结论证明了正是由于这些耦合模态的存在产生了图中所谓的"混沌点"，并且证明了器件在这类"混沌点"处发生谐振时将产生强烈的模态耦合现象。图 8.10 给出了 $l_1/H=4.195$ 时，由传统有限元法求得的压电薄膜上表面前三阶对称模态和第一阶强耦合模态("混沌点")的振型分布。图 8.11 给出了由二维标量微分方程求得的前三阶对称模态的振型分布。如图 8.10(d) 所示，强耦合模态的振型与 x_1 轴有诸多交点，且能量也没有集中在活跃区域内，这导致了器件振动通过压电效应所产生的自由电荷互相抵消，最终产生的电学响应很小甚至几乎为 0，对最终的 FBAR 电学响应影响很小。FBAR 作为电子器件，电学响应是其最重要的性能指标，对于能够产生电学响应的模态耦合情况较弱的寄生模态，我们都能在二维标量微分方程的结果中找到并且与传统有限元法的结果一一对应，如图 8.10(a) ~ (c) 与图 8.11 所示。因此，我们认为，尽管本书推导的二维标量微分方程在振型分析时无法提供最完备的结果，即无法表征发生在器件中的模态耦合现象，但是其依旧具有足够高的精度来研究和分析 FBAR 的电学特性。此外，正是由于耦合模态的存在，要使传统有限元法达到收敛，需要使用大量的网格，耗费了大量的时间成本。

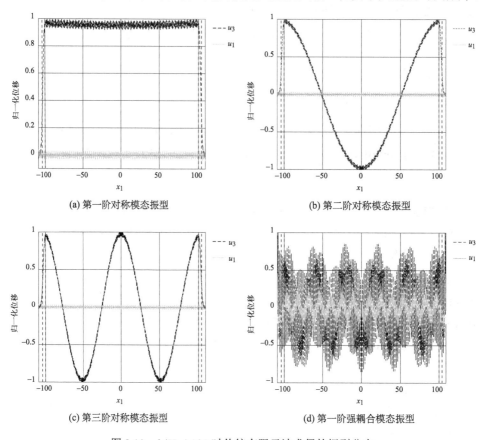

(a) 第一阶对称模态振型

(b) 第二阶对称模态振型

(c) 第三阶对称模态振型

(d) 第一阶强耦合模态振型

图 8.10　l_1/H=4.195 时传统有限元法求得的振型分布

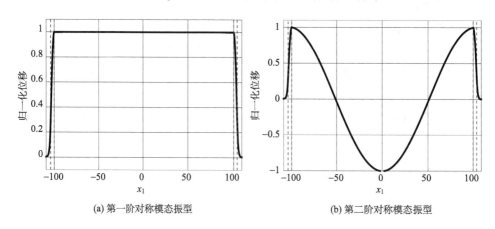

(a) 第一阶对称模态振型

(b) 第二阶对称模态振型

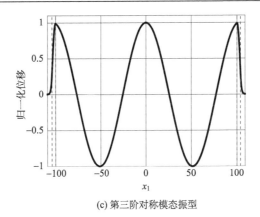

(c) 第三阶对称模态振型

图 8.11　l_1/H=4.195 时二维标量微分方程求得的振型分布

　　此外观察图 8.9 可知，随着 l_1/H 的变化，器件的谐振频率只在频谱曲线和虚线的交点处附近变化较大，而在远离交点处变化较小。因此，在图 8.12 中分别给出了交点附近 l_1/H=2、3.8、4.1、4.195（交点）和 4.3 时的振型分布，其中图 8.12(a)～(e) 为传统有限元法的结果，图 8.12(f) 为 l_1/H=2、3.8、4.1、4.195、4.3 的二维近似模型的结果。由图可知，二维模型所得结果能够与传统有限元结果一一对应，且当"加厚"区域长度在交点附近变化时，其振型变化明显。随着 l_1/H 的增大，活跃区域边缘的位移幅值相比谐振中心的幅值逐渐增大，且在 l_1/H=4.195 时与谐振中心处幅值相等，形成"活塞"模态。而随着 l_1/H 继续增大，活跃区域边缘的位移幅值也继续增大，将大于活跃区域中心的位移幅值，呈现出中间凹陷的振型。因此我们可以通过改变"加厚"区域的长度来调整其发生谐振时的振型分布，达到 8.2 节中所述的改变"准自由"横向边界条件的效果。

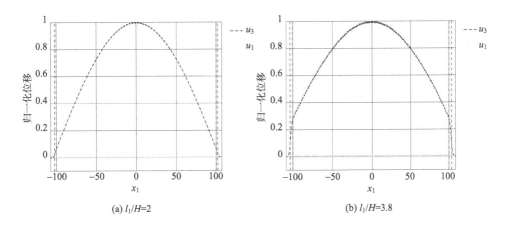

(a) l_1/H=2　　　　　　　　　　　　　　　　(b) l_1/H=3.8

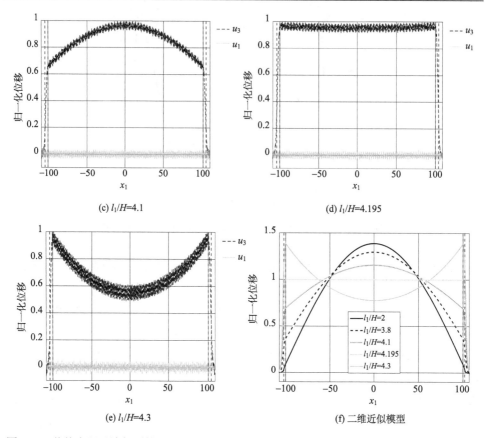

图 8.12　传统有限元法得到的当 $l_1/H=2$、$l_1/H=3.8$、$l_1/H=8.1$、$l_1/H=4.195$、$l_1/H=4.3$ 时的振型分布和由二维近似模型得到的振型分布

8.3.3　Frame 型结构受迫振动分析

由 8.3.2 节可知，当 $l_1/H=4.195$ 时，Frame 型 TE-FBAR 工作模态的位移分量 u_3 的幅值在活跃区域几乎完全相等，而在电极加厚区域和外围区域则迅速衰减。本小节将 COMSOL 中 PDE 模块的模态分析结果代入方程(8.31)与方程(8.32)，研究 TE-FBAR 二维截面模型的 Frame 构型的受迫振动电学响应曲线。为了方便阅读，我们将方程(8.31)与方程(8.32)罗列如下：

$$Y = \mathrm{i}\omega \frac{\varepsilon_{33}^f}{h^f}\left(1 + k_t^2 + \Delta \cdot \frac{k_t^2}{h^f \cdot S_1}\sum_{\mu}^{\infty}\frac{\omega^2}{\omega_\mu^2 - \omega^2}\frac{G_1^\mu}{G_2^\mu}\right)$$

$$G_1^\mu = G_1 \cdot \left(\int_{S_1}\overline{f}^\mu \mathrm{d}S_1\right)^2, \quad G_2^\mu = G_2 \cdot \int_{\sum S_i}\left(\overline{f}^\mu\right)^2 \mathrm{d}S_i$$

式中，$\mu=1,2,3,\cdots$ 代表谐振模态所对应的阶数，而每一阶谐振模态的 G_1^μ 和 G_2^μ 均可由有限元软件 COMSOL 求出。我们注意到在导纳表达式中有一个关于 μ 的无穷项数的叠加，且当工作频率 ω 与该阶谐振频率 ω_μ 差值越大时，该项对导纳响应的贡献越小。通过此前一维模型的分析可知，该所求几何尺寸的 TE-FBAR 的工作频率范围大约在 $\Omega/\Omega_{TE} \in [1,1.035]$ 上，为了保证结果的准确性，我们在 COMSOL 中求解出等效三维模型在 $[1,1.05]$ 上的所有特征值，并将结果与方程(8.31)结合，即可得到 TE-FBAR 的电学响应曲线，如图 8.13 所示。图 8.13(a) 为 $l_1/H=0$ (非 Frame 构型)的电学响应曲线，而图 8.13(b) 为 $l_1/H=4.195$ 时的电学响应曲线。通过对比可知当 $l_1/H=4.195$ 时 Frame 结构对 FBAR 的寄生模态电学响应确实存在显著的抑制作用，其抑制效果在靠近串联谐振频率点附近的前几阶寄生模态表现得尤为明显。如前所述，二维模型在 FBAR 的研究中仅起到定性分析的作用，因此本小节所得结论将作为后续研究的基础，我们不再进一步对二维截面模型所求得的其他电学参数进行讨论。

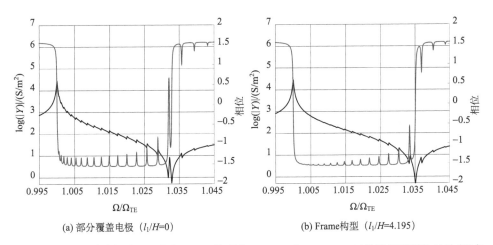

(a) 部分覆盖电极 ($l_1/H=0$)   (b) Frame构型 ($l_1/H=4.195$)

图 8.13 部分覆盖电极($l_1/H=0$)和 Frame 构型($l_1/H=4.195$)TE-FBAR 三维近似模型的导纳(黑色实线)曲线与相位(灰色实线)曲线

8.4 矩形电极模型及其 Frame 型结构优化

8.4.1 矩形电极模型背景介绍

在本节之前，我们完成了所推导的二维标量微分方程的准确性的验证和 TE-FBAR 及其 Frame 构型的二维截面模型的分析。就目前而言，现有针对 FBAR

及其 Frame 构型的研究工作大多为二维模型分析,我们之前介绍过,二维模型分析或多或少都存在局限性。从本小节开始,我们将对 TE-FBAR 的等效三维模型进行分析。在本节中,我们将基于 8.2 节和 8.3 节已有的结论,利用所推二维标量微分方程与有限元软件COMSOL,给出矩形电极 TE-FBAR 等效三维模型的分析及其 Frame 构型的优化设计方法。

8.4.2　矩形电极模型自由振动分析

由第 7 章的结论可知,对于矩形电极 TE-FBAR 这类具有结构对称性的模型,根据其振型沿 x_1-x_2 平面的分布情况,模态可分为对称模态和反对称模态。其中只有对称模态通过压电效应所产生的自由电荷在 x_1-x_2 平面上的积分不为 0,产生电学响应,因此我们在 COMSOL 的 PDE 模块建立如图 8.14 所示的四分之一平面模型,选择广义型偏微分方程的子接口,并在模型的下边界和左边界分别施加如下狄氏边界条件:

$$\left.\frac{\partial f\left(x_1,x_2\right)}{\partial x_2}\right|_{x_2=0}=0;\quad \left.\frac{\partial f\left(x_1,x_2\right)}{\partial x_1}\right|_{x_1=0}=0 \tag{8.39}$$

上述建模方式将 x_1-x_2 平面上的对称模态和反对称模态解耦,使对称模态从所有模态中分离出来,减少了需要求解的特征值和特征模态,并且减少了四分之三的网格数量,大大提高了有限元的计算效率。图 8.14 的四分之一平面模型为 I 型矩形电极 TE-FBAR 的 Frame 结构,对于 II 型 TE-FBAR 其电极"加厚"区域与"减薄"区域正好相反。

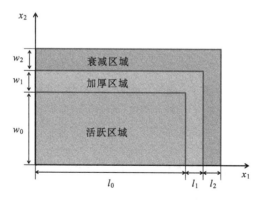

图 8.14　I 型 Frame 结构 TE-FBAR 的四分之一平面模型

结合方程(7.60)和方程(7.61),对上述模型进行网格划分,即可完成对 I 型矩形电极 TE-FBAR 及其 Frame 结构的自由振动分析,计算中所采用的网格为常见的映射网格。为方便后续的分析，同样对有限元结果进行无量纲处理。为保证 COMSOL 计算结果的准确性，需要对 COMSOL 的计算结果进行收敛性验证，定义在每单位无量纲长度中的映射网格节点数为 N。根据二维模型的结果，所选几何尺寸 I 型 TE-FBAR 的工作频率范围大约为[1, 1.035]。在使用有限元软件对器件进行分析时，器件振动频率越高，其结果达到收敛所需的网格数量也越多，因此对该模型来讲，我们必须保证有限元结果在 $\Omega = 1.035$ 附近时仍然收敛。图 8.15 给出了无量纲频率 $\Omega > 1.035$ 时，COMSOL 求得的前五阶谐振频率 $\Omega/\Omega_{(N=10)}$ 随着单位无量纲长度中映射网格节点数 N 变化的结果，其中 $\Omega_{(N=10)}$ 表示在网格数量 $N=10$ 时该阶频率的结果。由图 8.15 可知，当单位无量纲长度上的映射网格节点数 $N \geqslant 5$ 时，有限元法求得的频率结果已经开始收敛。因此在之后的等效三维模型分析中，我们选择 $N=6$ 进行求解，以保证有限元计算结果的准确性。此处是对并联谐振频率点附近的模态进行收敛性验证，若仅仅对串联谐振频率点附近的模态进行收敛性验证，如第 3 章中给出的完全覆盖电极等效三维模型的前四阶振型，会发现当 $N \leqslant 5$ 时有限元法求得的结果就已经开始收敛。然而随着谐振频率的增加，波数增加，波长变短，振型变得更加复杂，需要更多的网格才能准确地将整个器件中的物理场变量表征出来。我们在图 8.16 中给出了第一阶谐振模态(串联谐振频率点)和大于 1.035 的第一阶模态(图 8.15 中 1st)的振型图。从图中可以看出，为了表征图 8.16(b)所示的模态，需要的网格数量要比表征图 8.16(a)所示模态所需的网格数量多出许多。

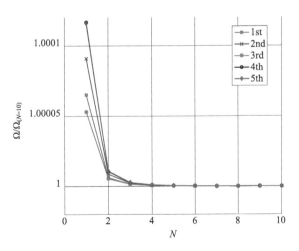

图 8.15　有限元结果收敛性验证

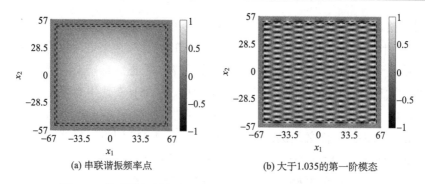

(a) 串联谐振频率点　　　　　　　　(b) 大于1.035的第一阶模态

图 8.16　串联谐振频率点和大于 1.035 的第一阶模态的振型图

本小节计算四分之一模型所选取的几何参数为：$l_0/H=60$，$l_1/H=2$，$l_2/H=5$，$w_0/H=50$，$w_1/H=2$，$w_2/H=5$，COMSOL 仅需要求解 $67×57×6×1$ 个自由度。与之相比，如果直接使用有限元软件对三维模型进行建模与仿真，假定厚度方向的网格个数为 15，则有限元软件将至少需要求解 $67×57×6×3×8×15≈8.3×10^6$ 个自由度。尽管此自由度数量已经十分巨大，但想要使有限元结果达到收敛，上述网格数量还远远不够，因为在三维真实模型的有限元仿真中还存在耦合模态，这些耦合模态相对于主模态来说波数更大，波长更短，所需要的网格尺寸也更小。以上结论进一步说明使用有限元软件对 FBAR 的三维模型进行仿真和分析需要耗费巨大的时间成本。

验证完收敛性之后，我们将 PDE 模块与方程(7.60)和方程(7.61)结合，对矩形电极 TE-FBAR 及其 Frame 构型的等效三维模型进行分析。图 8.17 分别给出了在固定 $l_0/H=60$、$w_0/H=50$、$l_2/H=w_2/H=5$ 的情况下，$l_1/H=w_1/H=3.8$、4.195 和 4.3 时器件的第一阶模态的振型分布。结合图 8.16(a) 和图 8.17 可知：①当 l_1/H 的值远离 4.195 时，活跃区域中间位移幅值最大并且沿着 x_1-x_2 平面迅速衰减，在活跃区域的边缘位移幅值已经衰减到近似 0，如图 8.16(a) 所示。②当 l_1/H 的值≤4.195 且在 4.195 附近时，随着 l_1/H 逐渐增加，活跃区域位移幅值衰减的速度变慢，活跃区域边缘位移幅值与活跃区域中心位移幅值的差值逐渐减小，而在"加厚"区域位移迅速衰减，如图 8.17(a) 所示。③当 $l_1/H=4.195$ 时，出现"活塞"模态，在活跃区域内位移幅值几乎相等，位移不发生衰减或衰减得相当缓慢，活跃区域边缘位移幅值与活跃区域中心位移幅值的差值几乎为 0。但对于本章讨论的矩形电极，其"活塞"模态并不完美，即矩形电极的四个直角处位移衰减得相对较快，如图 8.17(b) 所示。④当 l_1/H 的值≥4.195 且在 4.195 附近时，器件模态呈现出"凹陷"现象，活跃区域边缘的位移幅值大于活跃区域中心的位移幅值，并在"加厚"区域迅速衰减，如图 8.17(c) 所示。此时器件的主要振动区域在活跃区域边缘及长度较短的"加厚"区域，且无法形成较好的能陷现象，这对器件的工作性能会产生极大的影响，设计时应该避免这样的几何尺寸。

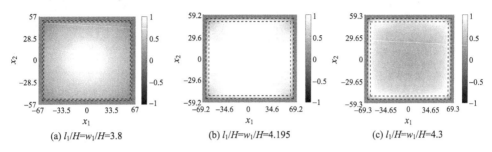

(a) $l_1/H=w_1/H=3.8$　　　　(b) $l_1/H=w_1/H=4.195$　　　　(c) $l_1/H=w_1/H=4.3$

图 8.17　不同"加厚"区域长度对器件的第一阶模态振型的影响

8.4.3　矩形电极模型受迫振动分析

将模态分析结果代入方程(8.31)，即可求得矩形电极 TE-FBAR 的电学频率响应曲线。图 8.18(a)和图 8.18(b)分别为如图 8.14 所示矩形电极 TE-FBAR 及其 Frame 构型在固定 $l_0/H=60$、$w_0/H=50$、$l_2/H=w_2/H=5$ 情况下 $l_1/H=w_1/H=0$ 和 $l_1/H=w_1/H=4.195$ 的电学响应曲线。图 8.19 和图 8.20 分别给出了这两种几何尺寸下矩形电极 TE-FBAR 及其 Frame 型结构的第二阶到第四阶(第一阶为主模态，已经在 8.4.2 节给出)对称模态的振型分布。

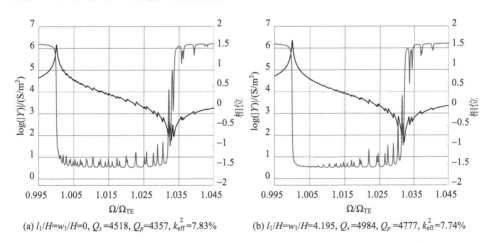

(a) $l_1/H=w_1/H=0$, $Q_s=4518$, $Q_p=4357$, $k_{eff}^2=7.83\%$　　(b) $l_1/H=w_1/H=4.195$, $Q_s=4984$, $Q_p=4777$, $k_{eff}^2=7.74\%$

图 8.18　固定 $l_0/H=60$、$w_0/H=50$、$l_2/H=w_2/H=5$ 情况下改变"加厚"区域长度的矩形电极及其 Frame 构型 TE-FBAR 的电学响应曲线

黑色实线为导纳；灰色实线为相位

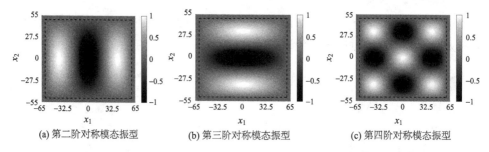

(a) 第二阶对称模态振型　　　(b) 第三阶对称模态振型　　　(c) 第四阶对称模态振型

图 8.19　无 Frame 构型 TE-FBAR 第二阶到第四阶对称模态分布

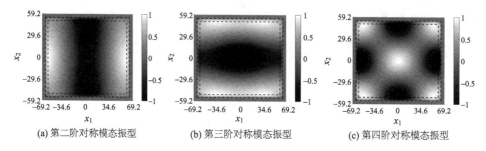

(a) 第二阶对称模态振型　　　(b) 第三阶对称模态振型　　　(c) 第四阶对称模态振型

图 8.20　Frame 构型 TE-FBAR 第二阶到第四阶对称模态分布

　　首先，通过等效三维模型(图 8.18)与二维近似模型(图 8.13)电学响应曲线结果的对比，可知 TE-FBAR 三维模型的电学响应曲线上寄生模态的数量要多出许多。这是因为在三维模型中，声波在 x_1-x_2 平面上两个方向的横向边界都会发生反射形成驻波，进而通过压电效应产生电学响应，即产生相比于二维模型数量更多的寄生模态电学响应。另外，通过图 8.18(a)和图 8.18(b)的对比可知，设计良好的 Frame 型结构可以抑制寄生模态的电学响应，得到一个相对纯净的导纳响应曲线，且工作频率带内的相位突变状况也得到改善。但其抑制效果与二维模型一样，即对于靠近串联谐振频率点附近的前几阶寄生模态抑制效果显著，对于阶数较高的寄生模态抑制效果较差。观察图 8.20 中 Frame 型结构的寄生模态的振型分布发现，位移通过压电效应产生的自由电荷相互抵消，最终几乎为 0，而对于无 Frame 构型 TE-FBAR(图 8.19)，位移通过压电效应产生的部分自由电荷也能相互抵消，但显然最终不为 0，这就是 Frame 型结构抑制横向寄生模态电学响应的原因。

　　此外，将电学响应曲线与方程(8.38)结合，我们可求得串并联谐振频率点的 Q 值以及等效机电耦合系数 k_{eff}^2：①$l_1/H=w_1/H=0$，$Q_s=4518$，$Q_p=4357$，$k_{\text{eff}}^2=7.83\%$；②$l_1/H=w_1/H=4.195$，$Q_s=4984$，$Q_p=4777$，$k_{\text{eff}}^2=7.74\%$。对比可知，通过对矩形电极 TE-FBAR 的 Frame 结构进行良好的设计，还将提高串并联谐振频率点的 Q 值，这对改善基于 FBAR 器件的滤波器的性能有着重要的意义。

8.5　圆形电极模型与椭圆形电极模型

8.5.1　圆形、椭圆形电极模型背景介绍

在过去的几十年里，基于石英晶体谐振器(QCR)的石英晶体微天平(QCMs)在质量传感领域得到了广泛的应用。然而，由于石英晶体板的厚度通常为毫米级，QCR 通常在 MHz 频段工作，限制了 QCMs 的质量灵敏度[26, 27]。随着 MEMS (micro-electro-mechanical systems) 技术的发展，TE-FBAR 中压电薄膜的厚度为微米量级，使得其通常在 GHz 的超高频率下工作，因此基于 FBAR 的传感器可获得比传统 QCMs 更高的质量灵敏度[28]。除了更高的质量灵敏度外，均匀的质量灵敏度分布也是提高传感器性能的关键因素[29, 30]。质量传感器工作的基本原理即为传感器表面沉积的附加质量引起的传感器频率的变化，频率变化量与附加质量的关系为[31]

$$\Delta f = -\frac{\left|f^n\left(r,\theta\right)\right|^2}{2\pi\int_0^\infty r\left|f^n\left(r,\theta\right)\right|^2 \mathrm{d}r} \cdot C_f \cdot \Delta m \tag{8.40}$$

式中，Δf 为频率变化量；$f^n\left(r,\theta\right)$ 为位移分布；Δm 为附加质量；C_f 为 Sauerbrey 灵敏度常数。从方程(8.40)中可以看出，频率变化量依赖于附加质量的位置。因此，均匀的位移分布 $f^n\left(r,\theta\right)$ 对提高传感器性能也起着至关重要的作用。

在 8.4 节中，我们给出了矩形电极 TE-FBAR 及其 Frame 构型三维近似模型的研究分析。对第一阶谐振频率的振型分布图 8.17 (b) 的观察可知，由于四个直角的存在，矩形电极 TE-FBAR 的 Frame 构型无法在活跃区域内形成完美均匀分布的"活塞"模态。顺着体声波谐振器的研究思路和发展历程，圆形电极的体声波谐振器进入我们的视野。随着石英谐振器的发展，人们对圆形电极石英谐振器的理论研究分析也层出不穷且日趋成熟，许多学者曾用 Tiersten 针对石英谐振器推导的二维标量微分方程对圆形电极和环形电极的石英晶体谐振器进行分析，并且将数值计算的近似结果与实验结果或仿真结果进行对比，取得了良好的一致性[32-34]。因此，本节我们将给出电极形状为圆形和椭圆形的 TE-FBAR 及其 Frame 构型的分析。

8.5.2　圆形电极及其 Frame 构型自由振动分析

本小节将对圆形电极 TE-FBAR 及其 Frame 构型进行研究分析，其简化结构示意图如图 8.21 (a) 所示。与矩形电极一样，圆形电极显然也具有结构对称性。为

了减少网格数量以提高计算效率，类似地我们在 COMSOL 中建立了四分之一 Frame 构型圆形电极 TE-FBAR 的三维近似模型，如图 8.21(b) 所示，其中 $w/H=70$，$r_0/H=60$。对于圆形电极（无 Frame 型结构）TE-FBAR，$r_1/H=0$；而对于 Frame 型结构圆形电极 TE-FBAR，r_1/H 的值将在后续通过频谱图上的零波数条件给出。为了产生规则的映射网格，我们采用"古钱币"法生成映射网格。如前所述，在实际计算中需要每单位长厚比中网格节点的数量 $N=6$ 才能使有限元软件计算结果收敛，以保证计算结果的准确性，因此图 8.21(b) 中 $N=6$。为了便于观察，我们还在图 8.21(c) 中给出了每单位长厚比中网格节点数 $N=1$ 时 COMSOL 中的三维近似模型，此模型仅仅为示意图，并不用于计算分析圆形电极 TE-FBAR。

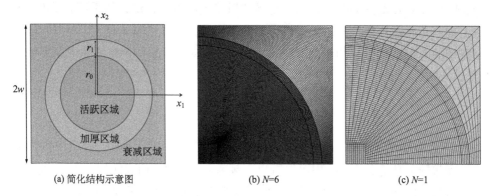

(a) 简化结构示意图　　　　　　　(b) $N=6$　　　　　　　(c) $N=1$

图 8.21　圆形电极 TE-FBAR（Frame 构型）示意图、其在 COMSOL 中的三维近似模型（四分之一）及映射网格（$N=6$）和 Frame 构型圆形电极 TE-FBAR 在 COMSOL 中的三维近似模型（四分之一）及映射网格（$N=1$）

我们首先将 COMSOL 与二维标量微分方程相结合，给出圆形电极 TE-FBAR（$r_1/H=0$，无 Frame 构型）的自由振动分析。如前所述，矩形电极 TE-FBAR 的模态根据其在 x_1-x_2 平面内关于坐标轴的对称性分布情况可以分为对称模态和反对称模态，其中反对称模态因压电效应所产生的自由电荷在 x_1-x_2 平面上互相抵消而不产生电学响应，只有对称模态产生电学响应。对于图 8.21 所示圆形电极 TE-FBAR 的模态分布也存在类似的情况，但与矩形电极不同的是，我们将在圆形电极 TE-FBAR 中存在的模态分别称为"轴向"模态和"周向"模态。其中，"轴向"模态的振型分布仅沿着轴向变化而沿着周向不变，如图 8.22 所示，这类模态能够产生电学响应；"周向"模态的位移分布沿着轴向和周向均变化，并且关于周向呈现反对称性，如图 8.23 所示，其位移在圆周上的积分为 0，故这类模态无法产生电学响应。计算所选取的几何参数为 $w/H=60$，$r_0/H=40$。

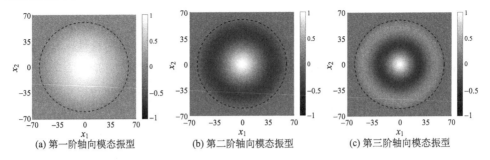

图 8.22　圆形电极 TE-FBAR 前三阶轴向模态振型分布（w/H=60, r_0/H=40, r_1/H=0）

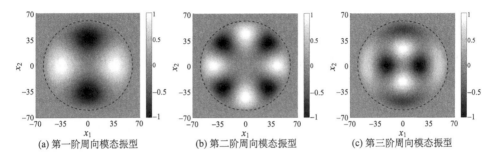

图 8.23　圆形电极 TE-FBAR 前三阶周向模态振型分布（w/H=60, r_0/H=40, r_1/H=0）

　　为了得到圆形电极 Frame 构型中"加厚"区域的最佳横向尺寸，我们利用 COMSOL 中参数化扫描的功能，在固定 w/H=60 和 r_0/H=40 的情况下，求得"加厚"区域长厚比 r_1/H 与各阶归一化谐振频率的频谱关系，如图 8.24 所示。根据零波数条件，当归一化串联谐振频率 Ω/Ω_{TE}=1 时，我们得到"加厚"区域长厚比 r_1/H=4.315。与对矩形电极分析的过程一样，我们还在图 8.24 中给出当"加厚"

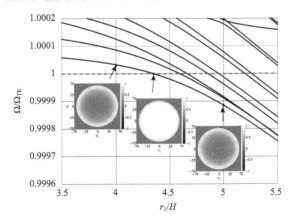

图 8.24　圆形电极 TE-FBAR Frame 型结构"加厚"区域长厚比 r_1/H 与各阶频率的频谱关系
（w/H=60, r_0/H=40）

区域 r_1/H 分别为 4、4.315 和 5 时第一阶谐振频率的模态分布。由图可知，当"加厚"区域长厚比 r_1/H=4.315 时，由于圆形电极几何形状上的轴对称性，其活跃区域的位移分布相较于矩形电极更加均匀，理论上在活跃区域内可形成完美均匀分布的"活塞"模态。这样的"活塞"模态可以为 TE-FBAR 质量传感器提供均匀的质量灵敏度分布，进而提高 TE-FBAR 的质量传感器的性能。因此 Frame 构型圆形电极 TE-FBAR 可作为高性能微质量传感器的一个具有吸引力的选择。

8.5.3　圆形电极及其 Frame 构型受迫振动分析

图 8.25 分别为图 8.21(a) 所示圆形电极 TE-FBAR 及其 Frame 型结构在固定 r_0/H=40 和 w_0/H=60 情况下 r_1/H=0(无 Frame 构型) 和 r_1/H=4.315(设计良好的 Frame 构型) 的电学响应曲线。由结果可知，在工作带宽内圆形电极 TE-FBAR 及其 Frame 构型寄生模态所产生的电学响应随着阶数的增加而增大。对比图 8.25(a) 和图 8.25(b) 可知，与矩形电极一样，尺寸设计良好的 Frame 型结构抑制了圆形电极 TE-FBAR 寄生模态的电学响应，并使其带内的相位突变状况也得到了明显的改善。然而从整个工作频率范围上看，其抑制效果对靠近并联谐振附近的阶数较大的寄生模态电学响应并不理想，因此 Frame 构型圆形电极 TE-FBAR 在制备高性能滤波器时并不是一个具有吸引力的选择。但其串联谐振频率点的振型分布为完美的"活塞"模态，如图 8.24 所示，且其 Frame 构型对靠近串联谐振频率点附近的寄生模态电学响应的抑制效果十分显著，如图 8.25(b) 所示，因此其在仅利用串联谐振频率附近的频段作为工作频率范围的传感领域值得被关注。

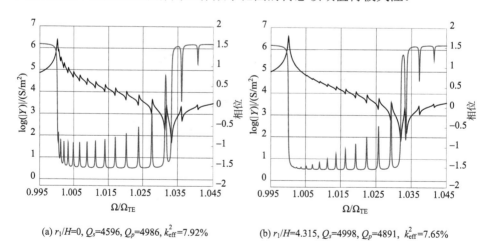

(a) r_1/H=0, Q_s=4596, Q_p=4986, k_{eff}^2=7.92%　　　(b) r_1/H=4.315, Q_s=4998, Q_p=4891, k_{eff}^2=7.65%

图 8.25　固定 r_0/H=40, w_0/H=60 情况下圆形电极及其 Frame 构型 TE-FBAR 的电学响应曲线

黑色实线为导纳；灰色实线为相位

将电学响应曲线与方程(8.38)结合，我们可求得串并联谐振频率点的 Q 值及等效机电耦合系数：① $r_1/H=0$, $Q_s=4596$, $Q_p=4986$, $k_{\text{eff}}^2=7.92\%$；② $r_1/H=4.315$, $Q_s=4998$, $Q_p=4891$, $k_{\text{eff}}^2=7.65\%$。通过对比可知，对圆形电极 TE-FBAR 的 Frame 结构进行良好的设计，除了可以抑制寄生模态的电学响应之外，还能提高串联谐振频率点的 Q 值。

8.5.4　椭圆形电极及其 Frame 构型自由振动分析

由 8.5.2 节和 8.5.3 节的结论可知，尽管几何尺寸设计良好的 Frame 构型可以抑制矩形电极和圆形电极 TE-FBAR 的横向寄生模态的电学响应，但其抑制效果仅对前几阶寄生模态(靠近串联谐振频率点)更加理想，而对于靠近并联谐振点的阶数较高的寄生模态抑制效果并不理想。为了更好地在整个工作频率带宽内抑制 TE-FBAR 横向寄生模态的电学响应，研究人员制备了带有不同几何形状电极的 FBAR，有实验结果表明，椭圆形电极在抑制寄生模态的电学响应上具有一定优势[35-37]。因此本小节给出椭圆形电极 TE-FBAR 及其 Frame 构型的分析，其简化结构示意图如图 8.26(a)所示，其中 $l/H=80$, $w/H=60$。图 8.26(b)为 COMSOL 中建立的 Frame 型结构椭圆形电极 TE-FBAR 的三维近似模型及其网格划分。在本小节的分析中，固定椭圆形电极的长轴 $a_0/H=70$，短轴 $b_0/H=50$。与之前类似，对于 Frame 型结构椭圆形电极 TE-FBAR，其"加厚"区域尺寸 a_1/H 和 b_1/H 的值将在后面的分析中通过频谱图上的零波数条件给出。

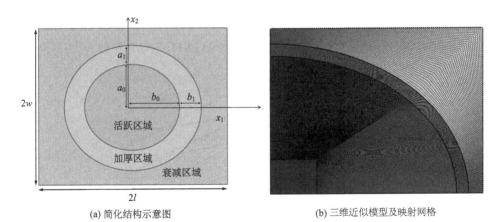

(a) 简化结构示意图　　　　　　　　　　(b) 三维近似模型及映射网格

图 8.26　椭圆形电极 TE-FBAR(Frame 构型)示意图和 Frame 构型椭圆形电极 TE-FBAR 在 COMSOL 中的三维近似模型及其映射网格($N=6$)

首先对椭圆电极 TE-FBAR($a_1/H=0$, $b_1/H=0$，无 Frame 构型)进行自由振动分

析。图 8.27 给出了在固定 $a_0/H=70$，$b_0/H=50$，$a_1/H=b_1/H=0$ 情况下椭圆形电极 TE-FBAR 前三阶对称模态的振型分布情况。与圆形电极 TE-FBAR 不同，在椭圆形电极 TE-FBAR 的对称模态中，不存在如图 8.23 所示的周向反对称模态，因此其所有对称模态均可产生电学响应。在椭圆形电极 TE-FBAR 中同样存在着反对称模态，这些模态的振型沿着坐标轴呈反对称分布而无法产生电学响应，本小节未给出其振型分布结果。

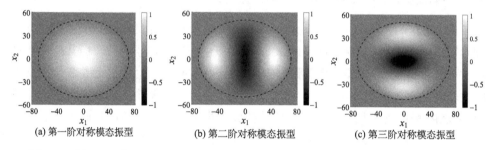

(a) 第一阶对称模态振型　　　　(b) 第二阶对称模态振型　　　　(c) 第三阶对称模态振型

图 8.27　椭圆形电极 TE-FBAR 前三阶对称模态分布图($a_0/H=70$, $b_0/H=50$, $a_1/H=b_1/H=0$)

为了得到椭圆形电极 Frame 构型中"加厚"区域的最佳横向尺寸，我们利用 COMSOL 中参数化扫描的功能，求得在固定 $l_0/H=80$，$w_0/H=60$，$a_0/H=70$，$b_0/H=50$ 情况下"加厚"区域长厚比 a_1/H 和 b_1/H 与各阶频率的频谱关系，如图 8.28 所示。根据已有结论，活跃区域的尺寸对"加厚"区域的最佳横向尺寸影响较小，因此在参数化扫描过程中始终令 $a_1/H=b_1/H$。根据零波数条件，当归一化串联谐振频率 $\Omega/\Omega_{TE}=1$ 时，可得"加厚"区域长厚比 $a_1/H=b_1/H=4.352$。图 8.29 给出了当"加厚"区域长厚比 $a_1/H=b_1/H=4.352$ 时 Frame 型椭圆形电极 TE-FBAR 的前三阶对称模态

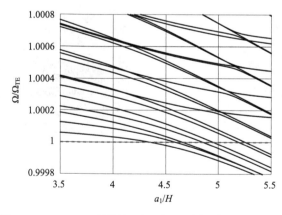

图 8.28　椭圆形电极 TE-FBAR Frame 型结构"加厚"区域长厚比 a_1/H(b_1/H)与各阶频率的频谱关系($l_0/H=80$, $w_0/H=60$, $a_0/H=70$, $b_0/H=50$)

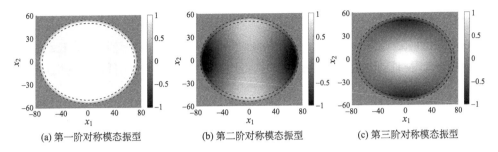

(a) 第一阶对称模态振型　　　　(b) 第二阶对称模态振型　　　　(c) 第三阶对称模态振型

图 8.29　Frame 构型椭圆形电极 TE-FBAR 前三阶对称模态分布图($a_0/H=70$, $b_0/H=50$,
$a_1/H=b_1/H=4.352$)

振型分布。与之前矩形电极和圆形电极的结论类似，其第一阶模态[图 8.29(a)]的位移在活跃区域分布均匀，呈现相对完美的"活塞"模态，但其分布的均匀程度不如圆形电极。对于横向寄生模态[图 8.29(b)和图 8.29(c)]，位移通过压电效应产生的自由电荷相互抵消，导致其最终产生的电学响应很小甚至几乎为 0，这点会在 8.5.5 节受迫振动的结果中体现。

8.5.5　椭圆形电极及其 Frame 构型受迫振动分析

图 8.30(a)和图 8.30(b)分别为如图 8.26(a)所示椭圆形电极 TE-FBAR 及其 Frame 构型在固定 $l_0/H=80$，$w_0/H=60$，$a_0/H=70$，$b_0/H=50$ 情况下 $a_1/H=b_1/H=0$（无 Frame 构型）和 $a_1/H=b_1/H=4.352$（设计良好的 Frame 构型）的电学响应曲线。通过图 8.30(a)与先前计算的矩形电极和圆形电极的 TE-FBAR 电学响应相比[图 8.25(a)和图 8.18(a)]可知，椭圆形电极 TE-FBAR 横向寄生模态数量明显多于矩形电极和圆形电极构型，但在整个工作频率带宽内，其寄生模态的响应被明显抑制，整个带内的相位突变状况也得到明显改善。在不对其进行 Frame 构型的优化情况下，即可得到十分纯净的电学响应曲线。从该结果来看，椭圆形电极 TE-FBAR 的电学性能要明显优于矩形电极和圆形电极构型。因此，我们对此进行更加详细的讨论。如前所述，在工作频率带宽内 TE-FBAR 可近似为横观各向同性结构，即波的相速度与其传播方向无关，能量沿着波阵面的法线传播[38]。对于椭圆形谐振腔，我们假设波阵面从椭圆边界的任意点 A 开始向内传播，波阵面将沿着与点 A 相切的垂线，到达下一个点 B。同时，第二个波阵面开始沿着与点 B 相切的垂线向内传播。我们知道，当点 A 为椭圆边界上的绝大多数点时，点 A 和点 B 的波阵面的传播方向都不平行，无法发生干涉。只有当 A 点为椭圆两个主轴上的四个（两对）点之一时，点 A 和点 B 的垂线相互平行才能发生干涉。对应于椭圆两个主轴上的四个点的波的总能量分数实际上为零，换句话说，这四个点所形成的谐振

腔物理长度为零[36]。因此，我们得到的椭圆形电极 TE-FBAR 的电学响应曲线十分纯净。此外，通过图 8.30(a) 与图 8.30(b) 的对比可知，尺寸设计良好的 Frame 型结构能够使得椭圆形电极 TE-FBAR 横向寄生模态的电学响应更低，带内更加纯净。

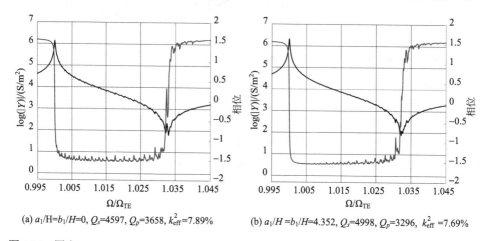

(a) $a_1/H=b_1/H=0$, Q_s=4597, Q_p=3658, k_{eff}^2=7.89%　　(b) $a_1/H=b_1/H$=4.352, Q_s=4998, Q_p=3296, k_{eff}^2=7.69%

图 8.30　固定 l_0/H=80, w_0/H=60, a_0/H=70, b_0/H=50 情况下椭圆形电极及其 Frame 构型 TE-FBAR 的电学响应曲线

黑色实线为导纳；灰色实线为相位

将电学响应曲线与方程(8.38)结合，可求得串并联谐振频率点的 Q 值及等效机电耦合系数：①$a_1/H=b_1/H=0$, Q_s=4597, Q_p=3658, k_{eff}^2=7.89%；②$a_1/H=b_1/H$=4.352, Q_s=4998, Q_p=3296, k_{eff}^2=7.69%。通过对比可知，对椭圆形电极 TE-FBAR 的 Frame 结构进行良好的设计，除了可以抑制寄生模态的电学响应之外，还能提高串联谐振频率点的 Q 值。此外，通过并联谐振频率点 Q 值的对比我们发现，椭圆形电极 TE-FBAR 的局限性在于其并联谐振点 Q 值相比于先前讨论的矩形电极与圆形电极来说相对较低。

8.6　TE-FBAR：五边形电极模型

8.6.1　五边形电极模型背景介绍

任意两条边不平行的多边形是现如今高性能滤波器所使用的 TE-FBAR 采用的最广泛的电极形状[39-41]。从几何形状的角度上看，与椭圆形谐振腔一样，在任意两条边不平行的多边形谐振腔内波阵面同样无法形成干涉。从制备的角度上看，几何形状为任意两条边不平行的多边形相较于椭圆形来说显然更加容易制备，因此电极形状为任意两条边不平行的多边形 TE-FBAR 已成为当今市场的主流。图

8.31 为 FBAR 在射频前端集成结构的俯视图。

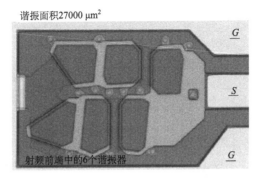

谐振面积27000 μm²

射频前端中的6个谐振器

图 8.31　射频前端中的多个 FBAR 集成结构[42]

　　本小节给出正五边形电极 TE-FBAR 的理论分析,其简化结构示意图如图 8.32(a) 所示。由于该结构仅关于 x_2 轴左右对称而关于 x_1 轴上下不对称,因此我们在 COMSOL 中建立如图 8.32(b) 所示的二分之一正五边形电极 TE-FBAR 的等效三维模型,并在左边界上利用方程(8.39)第一个方程的对称性条件将关于 x_2 轴对称分布的模态分离出来。为了方便阅读,在图 8.32(b) 中每单位长度中网格节点数 $N=1$,在实际计算中则取 $N=6$。

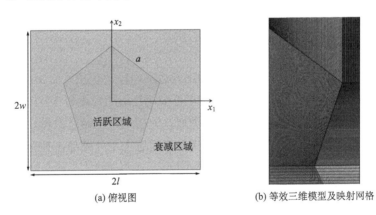

(a) 俯视图

(b) 等效三维模型及映射网格

图 8.32　正五边形电极 TE-FBAR 俯视图和正五边形电极 TE-FBAR 在 COMSOL 中的等效三维模型及其映射网格($N=1$)

8.6.2　五边形电极自由振动分析

　　我们首先对正五边形电极 TE-FBAR 进行自由振动分析。图 8.33 中给出了利用 COMSOL 得出的正五边形电极 TE-FBAR 的前四阶对称模态的振型分布,其中第一阶对称模态为工作模态，后三阶均为横向寄生模态。模型的几何尺寸为 $l/H=$ $w/H=80$，正五边形电极边长 $a=80$，中心位于坐标原点处，图中虚线即为正五边形轮廓线。

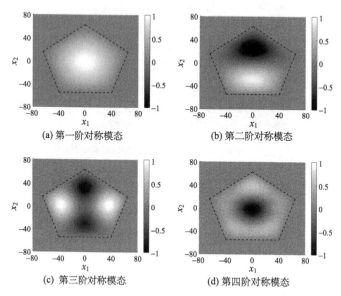

(a) 第一阶对称模态 (b) 第二阶对称模态

(c) 第三阶对称模态 (d) 第四阶对称模态

图 8.33　正五边形电极 TE-FBAR 的前四阶对称模态分布

8.6.3　五边形电极受迫振动分析

图 8.34 为固定 $l/H=w/H=80$ 情况下，正五边形电极边长长厚比 a/H 分别为 78、65、52 和 39 的电学响应曲线。由图 8.34 可知，正五边形电极 TE-FBAR 与椭圆形电极 TE-FBAR 电学响应曲线的特征类似，即横向寄生模态数量较多但在整个工作频率带内寄生模态的响应很小，工作频率带宽内十分纯净，拥有较好的电学特性。

将电学响应曲线与方程 (8.38) 结合，可求得串并联谐振频率点的 Q 值及等效机电耦合系数：①$a/H=78$, $Q_s=4599$, $Q_p=2612$, $k_{\text{eff}}^2=7.86\%$；②$a/H=65$, $Q_s=4731$, $Q_p=2786$, $k_{\text{eff}}^2=7.91\%$；③$a/H=52$, $Q_s=4858$, $Q_p=3758$, $k_{\text{eff}}^2=7.86\%$；④$a/H=39$, $Q_s=4946$, $Q_p=4370$, $k_{\text{eff}}^2=7.84\%$。结合上述数据及图 8.34 可知，当电极的面积减小时，Q 值增大，但横向寄生模态的电学响应也将增大，且带内波动变大。因此在设计器件时，需要选择合适的几何尺寸，以保证在 Q 值较大的基础上尽可能地降低带内横向寄生模态的响应对整体电学性能的影响。该结论与我们先前在二维截面模型分析中对寄生模态响应和相位突变情况的讨论能够相互对应。此外，本节中计算的如图 8.34(a) 所示的并联谐振频率点 Q 值 Q_p=2612，这与 8.2 节二维模型分析给出的结果相差甚远。因此我们说 TE-FBAR 的二维模型分析可以在设计过程中起一定的定性参考作用，但想要对 TE-FBAR 的性能进行较为精确的仿真还需对 TE-FBAR 进行三维分析。

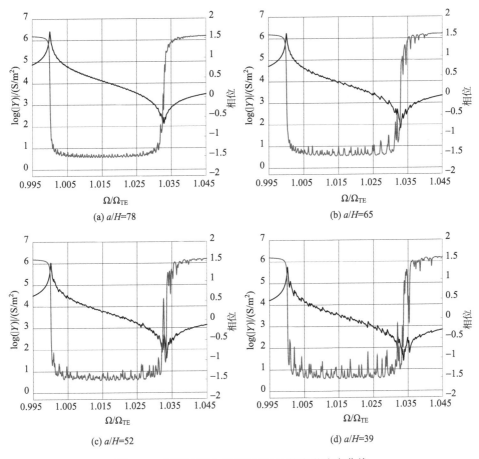

图 8.34　正五边形电极 TE-FBAR 的电学响应曲线

黑色实线为导纳；灰色实线为相位

8.7　总　　结

本章将二维标量微分方程与 COMSOL 中的 PDE 模块结合，给出了 TE-FBAR 受迫振动问题的分析与讨论，具体内容如下。

(1) 本章在第 7 章所推导的 TE-FBAR 自由振动二维标量微分方程的基础上，

利用固有振型的正交性原理及模态叠加法，进一步给出了 TE-FBAR 在受迫振动下的电学响应表达式，为 TE-FBAR 的结构设计与分析提供了一种高效可靠的理论工具。

(2)利用上述理论工具给出 TE-FBAR 二维截面模型的定性分析，探究了横向边界条件对 TE-FBAR 电学响应的影响，为后续三维近似模型的分析与设计提供了基础。针对 Frame 构型 TE-FBAR 的二维截面模型，本章对 Frame 构型区域的几何尺寸进行了设计，使得器件的整体谐振频率满足零波数条件。将上述理论工具求得的近似结果与精确结果进行对比，对于能够产生较大电学响应的弱耦合模态，二维标量微分方程求得的近似结果与有限元软件求得的结果能够一一对应且具有很高的吻合度。对于二维标量微分方程无法表征的强耦合模态，有限元软件的结果表明，其压电效应所产生的正负自由电荷在活跃区域互相抵消，最终的电学响应十分微弱，与弱耦合模态所产生的电学响应相比可忽略不计。因此本书所推导的二维标量微分方程具有足够高的精度表征 TE-FBAR 的电学响应。

(3)在二维截面模型下完成二维标量微分方程的准确性验证之后，运用本书所提出的理论工具对 TE-FBAR 的三维近似模型进行分析，探究了不同电极形状对 TE-FBAR 电学性能的影响，其中包括矩形电极及其 Frame 构型，圆形电极及其 Frame 构型、椭圆形电极及其 Frame 构型和正五边形电极等。结果表明：①Frame 构型 TE-FBAR 能够改变活跃区域的横向边界条件，抑制横向寄生模态的电学响应并提高串联谐振频率点的 Q 值，改善 TE-FBAR 的电学特性。②当 TE-FBAR 的电极形状为矩形或圆形时，波阵面在谐振腔内能够通过横向边界的反射而发生干涉，其串并联谐振频率点的 Q 值高，横向寄生模态数量少但电学响应强，工作频率带内相位突变明显。尽管其对应的 Frame 构型能够对前几阶横向寄生模态的电学响应产生明显的抑制效果，但从整个工作频率带宽上看，其抑制效果对阶数较高的寄生模态并不理想，因此矩形电极和圆形电极 TE-FBAR 通常不用在射频通信领域的电子元器件中。而由于 Frame 型结构圆形电极 TE-FBAR 结构的特殊性，理论上能够产生完美的"活塞"模态使得活跃区域位移分布均匀，这在传感领域有着广阔的应用前景。③对于电极形状为在谐振腔内不能发生干涉的(椭圆形电极、任意两边不平行的多边形电极)TE-FBAR，其频率点的 Q 值较低，尤其表现在并联谐振频率点的 Q 值上，横向寄生模态数量多但电学响应十分微弱，工作频率带内纯净。因此这两种电极形状为现如今射频通信领域电子元器件中 TE-FBAR 的主流形状。根据本章计算结果，椭圆形电极和任意两边不平行的多边形电极在抑制横向寄生模态的效果上同样优秀，但椭圆形电极 TE-FBAR 比多边形电极 TE-FBAR 的 Q 值高，尤其体现在并联谐振频率点的 Q 值上。因此在不考虑加工工艺难度的情况下，我们认为椭圆形电极比多边形电极 TE-FBAR 更具优势。此外我们还给出了 Frame 构型椭圆形电极 TE-FBAR 的分析结果，结果表明 Frame 结构能够进一步抑制椭圆形电极 TE-FBAR 的横向寄生模态的电学响应，使得工作频率带内更加纯净，同时提升串联谐振频率点的 Q 值，但降低了并联谐振频率点的 Q 值。④我们给出了不同面积大小的正五边形电极 TE-FBAR 的电学响应曲线，结果表明，电极面积越小，其串并联谐振频率点的 Q 值越大，但横向寄生模态的电学响应也越大。因此在实际器件的设计与生产过程中，需要综合考虑横向寄生模态的电学响应和串并联谐振频率点的 Q 值，从而得到满足设计要求的最佳尺寸。⑤最后值得注意的是，从结果上看，电极的 Frame 结构设计与任意两边不平行的多边形电极和椭圆形电极都能抑制 FBAR 中寄生模态的电学响应，但二者的本质是不同的。Frame 构型改变了寄生模态原本的振型分布，使通过压电效应产生的正负电荷在电极上相互抵消，导致其电学响应很小甚至几乎为 0；而对于任意两边不平行的多边形电极或者椭圆形 TE-FBAR，波阵面在谐振腔内无法形成干涉，因此其通过压电效应产生的电学响应本身就很小。

本章同时阐述了使用有限元软件直接对 TE-FBAR 三维模型进行分析需要大量的网格，且从电学响应结果上看，TE-FBAR 的横向寄生模态谐振频率相隔很近，串并联谐振频率点的品质因子 Q 值也很高，因此扫频步长间隔需要设置得很小才能保证结果的准确性。二维标量微分方程的应用大幅度减少了有限元网格的数量，并且利用模态叠加法，使我们仅需要对三维近似模型进行特征模态分析即可得到最终的电学响应曲线，并不需要使用有限元软件对模型进行扫频，大大减少了设计过程中的时间成本，与传统的有限元法相比具有突出的优势。本章所推导的理论工具在 TE-FBAR 三维近似模型的分析中得到了很好的应用，所得结论对 TE-FBAR 的设计过程具有重要的指导意义。

参 考 文 献

[1] Tiersten H F, Stevens D S. An analysis of thickness-extensional trapped energy resonant device structures with rectangular electrodes in the piezoelectric thin film on silicon configuration. Journal of Applied Physics, 1983, 54(10): 5893-5910.

[2] Tiersten H F. Analysis of trapped energy resonators operating in overtones of coupled thickness-shear and thickness-twist. Journal of the Acoustical Society of America, 1976, 59(4): 879-888.

[3] Tiersten H F. Analysis of intermodulation in thickness–shear and trapped energy resonators. Journal of the Acoustical Society of America, 1975, 59(3): 667-681.

[4] Tiersten H F. An analysis of overtone modes in monolithic crystal filters. Journal of the

Acoustical Society of America, 1977, 62(6): 1424-1430.

[5]　Zhao Z, Wang B, Qian Z, et al. Trapped-energy thickness-extensional mode of a partially electroded ZnO thin-film resonator. IEEE Transactions on Ultrasonics, Ferroelectrics, and Frequency Control, 2018, 65(9): 1669-1679.

[6]　Li N, Qian Z, Yang J. Effects of aspect ratio on the mode couplings of thin-film bulk acoustic wave resonators. AIP Advances, 2017, 7(5): 055113.

[7]　Nguyen N, Johannessen A, Rooth S, et al. The impact of area on BAW resonator performance and an approach to device miniaturization. Ultrasonics, 2019, 94: 92-101.

[8]　Nguyen N, Johannessen A, Rooth S, et al. A design approach for high-Q FBARs with a dual-step frame. IEEE Transactions on Ultrasonics, Ferroelectrics, and Frequency Control, 2018, 65(9): 1717-1725.

[9]　Fan L, Zhang SY, Ge H, et al. Theoretical investigation of acoustic wave devices based on different piezoelectric films deposited on silicon carbide. Journal of Applied Physics, 2013, 114(2): 024504.1-024504.7.

[10]　Chen Y, Lin Y, Wu T, et al, Anchor loss reduction of quartz resonators utilizing phononic crystals. Proceedings of the IEEE International Ultrasonics Symposium , Taipei, 2015: 1-4.

[11]　Jamneala T, Kirkendall C, Ivira B, et al. The main lateral mode approximation of a film bulk acoustic resonator with perfect metal electrodes. IEEE Transactions on Ultrasonics, Ferroelectrics, and Frequency Control, 2018, 65(9): 1703-1716.

[12]　Jamneala T, Bradley P, Shirakawa A, et al. An investigation of lateral modes in FBAR resonators. IEEE Transactions on Ultrasonics, Ferroelectrics, and Frequency Control, 2016, 63(5): 778-789.

[13]　Bhugra H, Piazza G. Piezoelectric MEMS Resonators. New York: Springer, 2017.

[14]　Kumar P, Tripathi C C. Design of a new step-like frame FBAR for suppression of spurious resonances. Radioengineering, 2013, 22(3): 687-693.

[15]　Kumar Y, Singh J, Kumari G, et al. Effect of shapes and electrode material on figure of merit (FOM) of BAW resonator. Proceedings of the AIP Conference Proceedings, Baroda, 2016, 1724: 020045.

[16]　Thalhammer R K, Larson J D. Finite-element analysis of bulk-acoustic-wave devices: A review of model setup and applications. IEEE Transactions on Ultrasonics, Ferroelectrics, and Frequency Control, 2016, 63(10): 1624-1635.

[17]　Robichaud A, Cicek P V, Deslandes D, et al. Frequency tuning technique of piezoelectric ultrasonic transducers for ranging applications. Journal of Microelectromechanical Systems, 2018, 27(3): 570-579.

[18]　Ishizaki A, Sekimoto H, Watanabe Y. Three-dimensional analysis of spurious vibrations in rectangular AT-cut quartz plates. Proceedings of the IEEE International Frequency Control Symposium, Honolulu, 1996: 518-525.

[19]　Gong X, Han M, Shang X, et al. Two-dimensional analysis of spurious modes in aluminum

nitride film resonators. IEEE Transactions on Ultrasonics, Ferroelectrics, and Frequency Control, 2007, 54(6): 1171-1176.

[20] Yoshino Y. Piezoelectric thin films and their applications for electronics. Journal of Applied Physics, 2009, 105(6): 061623.

[21] Rosen D, Bjurstrom J, Katardjiev I. Suppression of spurious lateral modes in thickness-excited FBAR resonators. IEEE Transactions on Ultrasonics, Ferroelectrics, and Frequency Control, 2005, 52(7): 1189-1192.

[22] Pensala T, Ylilammi M. Spurious Resonance Suppression in Gigahertz-Range ZnO thin-film bulk acoustic wave resonators by the boundary frame method: Modeling and experiment. IEEE Transactions on Ultrasonics, Ferroelectrics, and Frequency Control, 2009, 56(8): 1731-1748.

[23] Fattinger G G, Marksteiner S, Kaitila J, et al. Optimization of acoustic dispersion for high performance thin film BAW resonators. Proceedings of the IEEE Ultrasonics Symposium, Rotterdam, 2005: 1175-1178.

[24] Thalhammer R, Kaitila J, Zieglmeier S, et al. Spurious mode suppression in BAW resonators. Proceedings of the 2006 IEEE Ultrasonics Symposium, Vancouver, 2006: 456-459.

[25] Hara M, Kuwano H. Spurious suppression without energy dissipation in aluminum-nitride-based thin-film bulk acoustic resonator using thin ring on electrode edge. Japanese Journal of Applied Physics, 2012, 51(2):1514-1522.

[26] Lakin K M. A review of thin-film resonator technology. IEEE Microwave Magazine, 2003, 4(4): 61-67.

[27] Hao Z, Kim E. Micromachined acoustic resonant mass sensor. Journal of Microelectromechanical Systems, 2005, 14(4): 699-706.

[28] Zhang Y, Luo J K, Flewitt A J, et al. Film bulk acoustic resonators (FBARs) as biosensors: A review. Biosensors and Bioelectronics, 2018, 116: 1-15.

[29] Richardson A, Bhethanabotla V R, Smith A L, et al. Patterned electrodes for thickness shear mode quartz resonators to achieve uniform mass sensitivity distribution. IEEE Sensors Journal, 2009, 9(12): 1772-1777.

[30] Gao J, Huang X, Wang Y, et al. The modified design of ring electrode quartz crystal resonator for uniform mass sensitivity distribution. IEEE Transactions on Ultrasonics, Ferroelectrics, and Frequency Control, 2013, 60(9):2031-2034.

[31] Josse F, Lee Y, Martin S J, et al. Analysis of the radial dependence of mass sensitivity for modified electrode quartz crystal resonators. Analytical Chemistry, 1998, 70(2): 237-247.

[32] He H J, Yang J S, Jiang Q. Thickness-shear and thickness-twist vibrations of circular AT-cut quartz resonators. Acta Mechanica Solida Sinica, 2013, 26(3): 245-254.

[33] Zhu F, Wang B, Dai X Y, et al. Vibration optimization of an infinite circular AT-cut quartz resonator with ring electrodes. Applied Mathematical Modelling, 2019, 72: 217-229.

[34] Wang B, Dai X Y, Zhao X T, et al. A semi-analytical solution for the thickness-vibration of centrally partially-electroded circular AT-Cut quartz resonators. Sensors, 2017, 17(8): 1820.

[35] Tsutsumi J, Iwaki M, Iwamoto Y, et al. A miniatuirized FBAR duplexer with reduced acoustic loss for the W-CDMA application. Proceedings of the IEEE Ultrasonics Symposium, Rotterdam, 2005: 93-96.

[36] Park S E, Shrout T R. Characteristics of relaxor based piezoelectric single crystals For ultrasonic transducers. IEEE Transactions on Ultrasonics, Ferroelectrics, and Frequency Control, 1997, 44(5): 1140-1147.

[37] Hara M, Ueda M, Satoh Y. A thin-film bulk acoustic resonator and filter with optimal edge shapes for mass production. Ultrasonics, 2013, 53(1): 90-96.

[38] Katardjiev I V. A kinematic model of surface evolution during growth and erosion: Numerical analysis. Journal of Vacuum Science and Technology A: Vacuum, Surfaces, and Films, 1989, 7(6): 3222-3232.

[39] Yang D Y, Kim H W. Film bulk acoustic resonator with improved lateral mode suppression. FPO, US20020196103. 2002.

[40] Kirkendall C, Ivira B. A fast thermo-piezoelectric finite element model of 3D transient FBAR dynamics under large RF signal. IEEE International Ultrasonics Symposium (IUS), Kobe, 2018: 1-6.

[41] Kirkendall C, Ivira B. A hybrid 3D thermal / 1D piezoelectric finite element model for rapid simulation of FBAR filter response under high power. Proceedings of the IEEE International Ultrasonics Symposium (IUS), Kobe, 2018: 1-6.

[42] Ivira B, Larson J, Ruby I, et al. Integrated split 3-BAR resonator structure for higher power handling capability. Proceedings of the IEEE International Ultrasonics Symposium, Tours, 2016.

附录　第7章公式详细推导过程

本附录将给出得到方程(7.47)的详细推导步骤。在交界面 $x_3 = h^f$ 和 $x_3 = 0$ 上，将位移解代入本构方程，有

$$\begin{bmatrix} u_1^f \\ T_{33}^f \\ u_3^f \\ T_{31}^f \end{bmatrix}^h = \boldsymbol{S}^f \begin{bmatrix} \alpha_{1h}^f \\ \beta_{2h}^f \\ \beta_{1h}^f \\ \alpha_{2h}^f \end{bmatrix} + \frac{e}{h^f} \boldsymbol{P} \left(\begin{bmatrix} \alpha_1^f \\ \beta_2^f \\ \beta_1^f \\ \alpha_2^f \end{bmatrix} - \begin{bmatrix} \alpha_{1h}^f \\ \beta_{2h}^f \\ \beta_{1h}^f \\ \alpha_{2h}^f \end{bmatrix} \right); \quad \begin{bmatrix} u_1^f \\ T_{33}^f \\ u_3^f \\ T_{31}^f \end{bmatrix}^0 = \boldsymbol{S}^f \begin{bmatrix} \alpha_1^f \\ \beta_2^f \\ \beta_1^f \\ \alpha_2^f \end{bmatrix} + \frac{e}{h^f} \boldsymbol{P} \left(\begin{bmatrix} \alpha_1^f \\ \beta_2^f \\ \beta_1^f \\ \alpha_2^f \end{bmatrix} - \begin{bmatrix} \alpha_{1h}^f \\ \beta_{2h}^f \\ \beta_{1h}^f \\ \alpha_{2h}^f \end{bmatrix} \right)$$

$$(A1)$$

式中，

$$\begin{bmatrix} \alpha_1^f \\ \alpha_2^f \end{bmatrix} = \begin{bmatrix} 1 & 1 \\ 1 & -1 \end{bmatrix} \begin{bmatrix} A_1^{f2} \\ A_2^{f2} \end{bmatrix}, \quad \begin{bmatrix} \beta_1^f \\ \beta_2^f \end{bmatrix} = \begin{bmatrix} 1 & 1 \\ 1 & -1 \end{bmatrix} \begin{bmatrix} B_1^{f1} \\ B_2^{f1} \end{bmatrix}$$

$$\begin{bmatrix} \alpha_{1h}^f \\ \alpha_{2h}^f \end{bmatrix} = \begin{bmatrix} \mathrm{e}^{\mathrm{i}\eta_{f2}h^f} & \mathrm{e}^{-\mathrm{i}\eta_{f2}h^f} \\ \mathrm{e}^{\mathrm{i}\eta_{f2}h^f} & -\mathrm{e}^{-\mathrm{i}\eta_{f2}h^f} \end{bmatrix} \begin{bmatrix} A_1^{f2} \\ A_2^{f2} \end{bmatrix}, \quad \begin{bmatrix} \beta_{1h}^f \\ \beta_{2h}^f \end{bmatrix} = \begin{bmatrix} \mathrm{e}^{\mathrm{i}\eta_{f1}h^f} & \mathrm{e}^{-\mathrm{i}\eta_{f1}h^f} \\ \mathrm{e}^{\mathrm{i}\eta_{f1}h^f} & -\mathrm{e}^{-\mathrm{i}\eta_{f1}h^f} \end{bmatrix} \begin{bmatrix} B_1^{f1} \\ B_2^{f1} \end{bmatrix}$$

$$(A2)$$

$$\boldsymbol{S}^f = \begin{bmatrix} 1 & r_1^f\xi & & \\ q_f\xi & -c_{13}^f r_1^f \xi^2 + \bar{c}_{33}^f \mathrm{i}\eta_{f1} & & \\ & & 1 & -r_2^f \xi \\ & & -q_f\xi & c_{55}^f\left(\mathrm{i}\eta_{f2} + r_2^f\xi^2\right) \end{bmatrix}, \quad \boldsymbol{P} = \begin{bmatrix} 0 & 0 & 0 & 0 \\ 0 & 0 & 1 & -r_2^f\xi \\ 0 & 0 & 0 & 0 \\ 0 & 0 & 0 & 0 \end{bmatrix}$$

$$(A3)$$

$$r_1^f = r^f/\eta_{f1}, \quad r_2^f = r^f/\eta_{f2}, \quad q_f = -c_{55}^f\left(\mathrm{i}r^{f0} - 1\right)$$

$$(A4)$$

通过 Taylor 展开并舍去高阶小量(阶数≥3)，我们得到

$$\left(\boldsymbol{S}^f\right)^{-1} = \begin{bmatrix} \Delta_1^f q_f r_1^f \xi^2 + 1 & -\Delta_1^f r_1^f \xi & & \\ -q_f \Delta_1^f \xi & \Delta_1^f\left(1 - \left(r_1^f\xi\right)^2\right) & & \\ & & \Delta_2^f q_f r_2^f \xi^2 + 1 & \Delta_2^f r_2^f \xi \\ & & q_f \Delta_2^f \xi & \Delta_2^f\left(1 - \left(r_2^f\xi\right)^2\right) \end{bmatrix}$$

$$(A5)$$

式中，

$$\Delta_1^f = \frac{1}{\overline{c}_{33}^f \mathrm{i}\eta_{f1}}, \Delta_2^f = \frac{1}{c_{55}^f \mathrm{i}\eta_{f2}} \tag{A6}$$

另一方面，通过消去式(A2)中的待定振幅系数，我们可得如下关系：

$$\begin{bmatrix} \alpha_{1h}^f \\ \beta_{2h}^f \\ \beta_{1h}^f \\ \alpha_{2h}^f \end{bmatrix} = \begin{bmatrix} cs^{f2} & & & sn^{f2} \\ & cs^{f1} & sn^{f1} & \\ & sn^{f1} & cs^{f1} & \\ sn^{f2} & & & cs^{f2} \end{bmatrix} \begin{bmatrix} \alpha_1^f \\ \beta_1^f \\ \alpha_2^f \\ \beta_2^f \end{bmatrix} = E^f \begin{bmatrix} \alpha_1^f \\ \beta_1^f \\ \alpha_2^f \\ \beta_2^f \end{bmatrix} \tag{A7}$$

式中，

$$sn^{f1} = \mathrm{i}\sin\left(\eta_{f1}h^f\right), \ sn^{f2} = \mathrm{i}\sin\left(\eta_{f2}h^f\right), \ cs^{f1} = \cos\left(\eta_{f1}h^f\right), \ cs^{f2} = \cos\left(\eta_{f2}h^f\right)$$

对于上下电极，S^d、E^d、S^g 和 E^g 可通过替换材料常数得到，因此这里不详细给出。在交界面 $x_3=h^f$ 和 $x_3=0$ 上，连续性条件如下：

$$S^d \begin{bmatrix} \alpha_1^d \\ \beta_2^d \\ \beta_1^d \\ \alpha_2^d \end{bmatrix} = S^f \begin{bmatrix} \alpha_{1h}^f \\ \beta_{2h}^f \\ \beta_{1h}^f \\ \alpha_{2h}^f \end{bmatrix} + \frac{e}{h^f} P \left(\begin{bmatrix} \alpha_1^f \\ \beta_1^f \\ \beta_1^f \\ \alpha_2^f \end{bmatrix} - \begin{bmatrix} \alpha_{1h}^f \\ \beta_{2h}^f \\ \beta_{1h}^f \\ \alpha_{2h}^f \end{bmatrix} \right), S^g \begin{bmatrix} \alpha_1^g \\ \beta_2^g \\ \beta_1^g \\ \alpha_2^g \end{bmatrix} = S^f \begin{bmatrix} \alpha_1^f \\ \beta_2^f \\ \beta_1^f \\ \alpha_2^f \end{bmatrix} + \frac{e}{h^f} P \left(\begin{bmatrix} \alpha_1^f \\ \beta_1^f \\ \beta_1^f \\ \alpha_2^f \end{bmatrix} - \begin{bmatrix} \alpha_{1h}^f \\ \beta_{2h}^f \\ \beta_{1h}^f \\ \alpha_{2h}^f \end{bmatrix} \right) \tag{A8}$$

在上下电极的上下表面上，边界条件为应力自由，如下：

$$\begin{bmatrix} T_{33}^d \\ T_{31}^d \end{bmatrix}^h = S^d([2,4], \ :) \begin{bmatrix} \alpha_{1h}^d \\ \beta_{2h}^d \\ \beta_{1h}^d \\ \alpha_{2h}^d \end{bmatrix} = 0, \quad \begin{bmatrix} T_{33}^g \\ T_{31}^g \end{bmatrix}^h = S^g([2,4], \ :) \begin{bmatrix} \alpha_{1h}^g \\ \beta_{2h}^g \\ \beta_{1h}^g \\ \alpha_{2h}^g \end{bmatrix} = 0 \tag{A9}$$

联立方程(A7)、(A8)和(A9)，可得

$$\begin{bmatrix} S^d([2,4], \ :)E^d\left(S^d\right)^{-1}\left(S^f E^f + \frac{e}{h^f} P\left(I - E^f\right)\right) \\ S^g([2,4], \ :)E^g\left(S^g\right)^{-1}\left(S^f + \frac{e}{h^f} P\left(I - E^f\right)\right) \end{bmatrix} \begin{bmatrix} \alpha_1^f \\ \beta_2^f \\ \beta_1^f \\ \alpha_2^f \end{bmatrix} = 0 \tag{A10}$$

将上式中前两个方程展开，并舍去高阶小量，得

$$\boldsymbol{S}^d\left([2,4],\ :\right)E^d\left(\left(\boldsymbol{S}^d\right)^{-1}\boldsymbol{S}^f E^f+\frac{e}{h^f}\left(\boldsymbol{S}^d\right)^{-1}\boldsymbol{P}\left(I-E^f\right)\right)$$

$$=\begin{bmatrix} W_{11}\xi & M_{12}\xi^2+N_{12} & M_{13}\xi^2+N_{13} & W_{14}\xi \\ M_{21}\xi^2+N_{21} & W_{22}\xi & W_{23}\xi & M_{24}\xi^2+N_{24} \end{bmatrix} \quad (A11)$$

式中，

$W_{11}=w_{11}^d cs^{f2}+w_{14}^d sn^{f2}+g_{11}^d;\ W_{14}=w_{11}^d sn^{f2}+w_{14}^d cs^{f2}+g_{14}^d;$

$W_{22}=w_{22}^d cs^{f1}+w_{23}^d sn^{f1};\ W_{23}=w_{22}^d sn^{f1}+w_{23}^d cs^{f1};$

$N_{12}=r_{12}^d cs^{f1}+r_{13}^d sn^{f1}+k_{12}^d;\ N_{13}=r_{12}^d sn^{f1}+r_{13}^d cs^{f1}+k_{13}^d;$

$N_{21}=r_{21}^d cs^{f2}+r_{24}^d sn^{f2};\ N_{24}=r_{21}^d sn^{f2}+r_{24}^d cs^{f2};$

$M_{12}=s_{12}^d cs^{f1}+s_{13}^d sn^{f1}+h_{12}^d;\ M_{13}=s_{12}^d sn^{f1}+s_{13}^d cs^{f1}+h_{13}^d;$

$M_{21}=s_{21}^d cs^{f2}+s_{24}^d sn^{f2}+h_{21}^d;\ M_{24}=s_{21}^d sn^{f2}+s_{24}^d cs^{f2}+h_{24}^d;$

$w_{11}^d=cs^{f2}q_d+cs^{f1}c_{33}^d i\eta_{d1}m_{21}^d,\ w_{14}=sn^{f1}c_{33}^d i\eta_{d1}m_{34}^d+n_{44}^d sn^{f2}q_d,$

$r_{12}^d=n_{22}^d cs^{f1}c_{33}^d i\eta_{d1},r_{21}^d=sn^{f2}c_{55}^d i\eta_{d2},$

$w_{22}^d=sn^{f2}c_{55}^d m_{12}^d i\eta_{d2}-n_{22}^d sn^{f1}q_d,\ w_{23}=-cs^{f1}q_d+c_{55}^d cs^{f2}i\eta_{d2}m_{43}^d,$

$r_{13}^d=sn^{f1}c_{33}^d i\eta_{d1},r_{24}^d=c_{55}^d cs^{f2}i\eta_{d2}n_{44}^d,$

$s_{12}^d=cs^{f2}q_d m_{12}^d-n_{22}^d cs^{f1}c_{13}^d r_1^d+cs^{f1}c_{33}^d i\eta_{d1}l_{22}^d,$

$s_{13}^d=-c_{13}^d r_1^d sn^{f1}+l_{33}^d sn^{f1}c_{33}^d i\eta_{d1}+sn^{f2}q_d m_{43}^d,$

$s_{21}^d=sn^{f2}c_{55}^d\left(i\eta_{d2}l_{11}^d+r_2^d\right)-sn^{f1}q_d m_{21}^d,$

$s_{24}^d=-cs^{f1}q_d m_{34}^d+c_{55}^d cs^{f2}\left(i\eta_{d2}l_{44}^d+r_2^d n_{44}^d\right),$

$l_{11}^d=\Delta_1^d r_1^d\left(q_d-q_f\right);\ l_{22}^d=-\Delta_1^d\left(q_d r_1^f+\overline{c}_{33}^f i\eta_{f1}\left(r_1^d\right)^2+c_{13}^f r_1^f\right),$

$m_{12}^d=r_1^f-\Delta_1^d r_1^d\overline{c}_{33}^f i\eta_{f1};m_{21}^d=\Delta_1^d\left(-q_d+q_f\right);$

$l_{33}^d=\Delta_2^d r_2^d\left(q_d-q_f\right);l_{44}^d=-\Delta_2^d\left(r_2^f q_d+c_{55}^f i\eta_{f2}\left(r_2^d\right)^2-c_{55}^f r_2^f\right),$

$m_{34}^d=-r_2^f+\Delta_2^d r_2^d i\eta_{f2}c_{55}^f;m_{43}^d=\Delta_2^d\left(q_d-q_f\right);$

$n_{22}^d=\Delta_1^d\overline{c}_{33}^f i\eta_{f1};n_{44}^d=\Delta_2^d c_{55}^f i\eta_{f2};$

$a_{11}^d=-r_1^d r_2^f sn^{f2},\ a_{14}^d=-r_1^d r_2^f\left(cs^{f2}-1\right),\ a_{22}^d=\left(r_1^d\right)^2 sn^{f1},\ a_{23}^d=-\left(1+cs^{f1}\right)\left(r_1^d\right)^2$

$b_{12}^d=r_1^d sn^{f1},\qquad b_{13}^d=-r_1^d\left(1+cs^{f1}\right),\qquad b_{21}^d=r_2^f sn^{f2},\qquad b_{24}^d=r_2^f\left(cs^{f2}-1\right)\xi$

$g_{11}^d=\Delta_1^d cs^{f1}c_{33}^d i\eta_{d1}b_{21},\qquad g_{14}^d=\Delta_1^d b_{24}cs^{f1}c_{33}^d i\eta_{d1}\xi,$

$g_{22}^d=\Delta_1^d\left(sn^{f2}c_{55}^d i\eta_{d2}b_{12}+sn^{f1}q_d sn^{f1}\right),\qquad g_{23}^d=\Delta_1^d\left(b_{12}sn^{f2}c_{55}^d i\eta_{d2}-sn^{f1}q_d\left(1+cs^{f1}\right)\right),$

$$h_{12}^d = \Delta_1^d \left(cs^{f2} q_d b_{12} + a_{22} + sn^{f1} cs^{f1} c_{13}^d r_1^d \right),$$

$$h_{13}^d = \Delta_1^d \left(cs^{f2} q_d b_{13} - \left(1 + cs^{f1} \right) cs^{f1} c_{13}^d r_1^d + cs^{f1} c_{33}^d i \eta_{d1} a_{23} \right),$$

$$h_{21}^d = \Delta_1^d \left(sn^{f2} c_{55}^d i \eta_{d2} a_{11} - sn^{f1} q_d b_{21} \right), \qquad h_{24}^d = \Delta_1^d \left(a_{14} sn^{f2} c_{55}^d i \eta_{d2} - b_{24} sn^{f1} q_d \right),$$

$$k_{12}^d = -\Delta_1^d sn^{f1} cs^{f1} c_{33}^d i \eta_{d1}, \quad k_{13}^d = \Delta_1^d \left(1 + cs^{f1} \right) cs^{f1} c_{33}^d i \eta_{d1}$$

显然，对于式(A11)中的后两个方程，同样有

$$\boldsymbol{S}^g \left([2,4], \; : \right) E^g \left(\left(\boldsymbol{S}^g \right)^{-1} \boldsymbol{S}^f E^f + \left(\boldsymbol{S}^g \right)^{-1} \boldsymbol{P} \left(I - E^f \right) \right)$$

$$= \begin{bmatrix} W_{31}\xi & M_{32}\xi^2 + N_{32} & M_{33}\xi^2 + N_{33} & W_{34}\xi \\ M_{41}\xi^2 + N_{41} & W_{42}\xi & W_{43}\xi & M_{44}\xi^2 + N_{44} \end{bmatrix} \tag{A12}$$

式(A12)中的系数可通过替换式(A11)系数表达式中的材料常数得到。根据非平凡解的条件，舍去高阶小量，有

$$\begin{vmatrix} W_{11}\xi & M_{12}\xi^2 + N_{12} & M_{13}\xi^2 + N_{13} & W_{14}\xi \\ M_{21}\xi^2 + N_{21} & W_{22}\xi & W_{23}\xi & M_{24}\xi^2 + N_{24} \\ W_{31}\xi & M_{32}\xi^2 + N_{32} & M_{33}\xi^2 + N_{33} & W_{34}\xi \\ M_{41}\xi^2 + N_{41} & W_{42}\xi & W_{43}\xi & M_{44}\xi^2 + N_{44} \end{vmatrix}$$

$$= W\xi^2 + \left(N_{13}N_{32} - N_{12}N_{33} \right) \left(N_{21}N_{44} - N_{24}N_{41} \right) = 0 \tag{A13}$$

上式中 W 的值可通过数值计算软件得到。将方程(7.40)和方程(7.47)代入 N_{12}、N_{13}、N_{32} 和 N_{33} 的表达式中，可得

$$N_{12} = N_{12}^0 + N_{12}^\delta \delta_f + N_{12}^\xi \xi^2, \; N_{13} = N_{13}^0 + N_{13}^\delta \delta_f + N_{13}^\xi \xi^2$$

$$N_{32} = N_{32}^0 + N_{32}^\delta \delta_f + N_{32}^\xi \xi^2, \; N_{33} = N_{33}^0 + N_{33}^\delta \delta_f + N_{33}^\xi \xi^2 \tag{A14}$$

式中，

$$N_{12}^\xi = sn^{f0} c_{33}^d i sn^{f0} K_d, \qquad\qquad N_{13}^\xi = cs^{f0} c_{33}^d i sn^{f0} K_d,$$

$$N_{12}^\delta = i \left(\begin{matrix} cs^{f0} \bar{c}_{33}^f \left(cs^{f0} + \eta_f^0 i h^f sn^{f0} \right) + r_{12}^{d0} h^f sn^{f0} + r_{13}^{d0} h^f cs^{f0} \\ -e\cos\left(2\eta_{f0} h^f \right) + \eta_d^0 cs^{f0} sn^{f0} c_{33}^d i + sn^{f0} c_{33}^d sn^{f0} \mu^d \end{matrix} \right),$$

$$N_{13}^\delta = i \left(\begin{matrix} sn^{f0} \bar{c}_{33}^f \left(cs^{f0} + \eta_f^0 i h^f sn^{f0} \right) + r_{12}^{d0} h^f cs^{f0} + r_{13}^{d0} h^f sn^{f0} \\ +e^s \left(1 + 2cs^{f0} \right) sn^{f0} + \eta_d^0 cs^{f0} cs^{f0} c_{33}^d i + cs^{f0} c_{33}^d sn^{f0} \mu^d \end{matrix} \right)$$

与之前一样，$N_{32}^\delta, N_{33}^\delta, N_{32}^\xi$ 和 N_{33}^ξ 的表达式可通过改变材料常数得到。然后将方程(A13)代入方程(A12)，保留关于 ξ 的二次项和 δ_f 的线性项，我们得到

$$U + W\xi^2 + HQ\delta_f + HR\xi^2 = 0 \tag{A15}$$

式中，

$L = N_{21}N_{44} - N_{24}N_{41}$；$U = N_{13}^0 N_{32}^0 - N_{12}^0 N_{33}^0$；

$Q = N_{13}^0 N_{32}^\delta + N_{32}^0 N_{13}^\delta - N_{12}^0 N_{33}^\delta - N_{33}^0 N_{12}^\delta$；$R = N_{13}^0 N_{32}^\varepsilon + N_{32}^0 N_{13}^\varepsilon - N_{12}^0 N_{33}^\varepsilon - N_{33}^0 N_{12}^\varepsilon$

我们发现，当 $\xi = 0$ 时，上式退化为 $U = N_{13}^0 N_{32}^0 - N_{12}^0 N_{33}^0 = 0$，正好与方程(7.27)一致，这也证明了推导过程是无误的。